W0262420

FAST-Gruppe
Kommission der Europäischen Gemeinschaften

Die Zukunft Europas

Gestaltung durch Innovationen

Mit 18 Abbildungen und 8 Tabellen

Springer-Verlag Berlin Heidelberg GmbH
London Paris Tokyo

Herausgeber:

FAST-Gruppe
Kommission der Europäischen Gemeinschaften

Übersetzung der Englischen Originalausgabe:

Eurofutures — The Challenges of Innovation
© Butterworth & Co (Publishers) Ltd., London, for CECA,
CEE, CEEA, Brussels and Luxembourg

CIP-Kurztitelaufnahme der Deutschen Bibliothek
Die *Zukunft Europas* : Gestaltung durch Innovationen /
FAST-Gruppe, Komm. d. Europ. Gemeinschaften. —
Berlin ; Heidelberg ; New York ; London ; Paris ; Tokyo : Springer, 1987
Orig.-Ausg. u.d.T.: Europäische Gemeinschaften / FAST-Team:
Le rapport FAST Europe 1995
ISBN 978-3-642-86404-9   ISBN 978-3-642-86403-2 (eBook)
DOI 10.1007/978-3-642-86403-2

NE: Europäische Gemeinschaften / FAST-Team

Ursprünglich erschienen bei Springer-Verlag Berlin Heidelberg New York 1987.

Softcover reprint of the hardcover 1st edition 1987

2160/3020-543210

Vorwort zur deutschen Ausgabe

Die Kommission der Europäischen Gemeinschaften legt hiermit den Schlußbericht ihres ersten vierjährigen Forschungsprogramms „Vorausschau und Bewertung im Bereich von Wissenschaft und Technik" (FAST) nunmehr auch einem weiten deutschsprachigen Leserkreis vor, den die vorausgegangenen englisch- und französischsprachigen Veröffentlichungen vielleicht nicht erreicht haben.

Das erste FAST-Programm hat unter der Leitung seines Direktors, Dr. Riccardo Petrella, ein Stück forschungsplanerische Kultur geprägt. Es hat die Methode des prospektiven Denkens für ein zusammenwachsendes Europa entwickelt, das entschlossen ist, die konstruktiven Kräfte von Wissenschaft und Technik für den Integrationsgedanken zu nutzen. Dabei mußten neue Wege gesucht werden, da das neue Europa im Gegensatz zu seinen einzelnen Mitgliedsländern seine Identität nicht aus dem Bewußtsein einer gemeinsamen Vergangenheit mit langer Tradition finden oder begründen kann. Die so entstandene Konzeption des prospektiven Denkens stößt in der Bundesrepublik noch immer auf Skepsis, da sie vielfach als Hilfsinstrument einer zentralistischen Industriestrukturpolitik mißverstanden wird. Das FAST-Team analysiert Sachverhalte, untersucht Operationen, entwickelt umfassende Sichten und formuliert Empfehlungen. Den Institutionen der Gemeinschaft steht es frei, ihre Nützlichkeit abzuwägen und Ergebnisse ausgewählt zu nutzen. Einige der gegenwärtig von der Kommission geförderten Forschungs- und Entwicklungsprogramme haben bereits aus FAST unmittelbaren Nutzen gezogen.

Vorschnelle Kritiker haben den FAST-Arbeiten vorgeworfen, das notwendigerweise induktive Vorgehen gehe — bei der Begrenztheit der eingesetzten Mittel — von einer zu schmalen empirischen Basis aus, um verläßliche Konzeptionen entwickeln zu können. Dabei wird übersehen, daß das FAST-Team sich auf korrespondierende Kenntnisträger aus dem Bereich nationaler Forschungsplanung in den Mitgliedsländern und damit auf eine breite empirische Basis abstützt.

Die deutsche Übersetzung des FAST-Programms kommt aus zwei Gründen zur rechten Zeit:

- Die Debatte um Technikfolgenabschätzung als Mittel zur rationelleren Entscheidungsvorbereitung im Bereich von Forschungspolitik findet in diesen Monaten auch in der Bundesrepublik Deutschland eine breitere Öffentlichkeit;
- Europa schafft, mit Verabschiedung der „Einheitlichen Europäischen Akte", eine neue Grundlage für technisch gestaltende Forschungs- und Entwicklungsprogramme in Brüssel, welche die Frage nach geeigneten Forschungsplanungsmethoden für ein enger zusammenstrebendes Europa aufwirft.

Zu diesem Prozeß hat FAST einen wichtigen Beitrag mit seinem ersten Programm geleistet. Ihm folgte deshalb ein zweites Jahrviert weiterentwickelter FAST-Forschung, das sich bereits seinem Ende nähert. Gegen Ende 1987 wird der Ergebnisbericht zu FAST II veröffentlicht werden. Gleichzeitig werden bereits jetzt Inhalte und Methodik des 1987 zu verabschiedenden Nachfolgeprogramms zu FAST II vorbereitet.

Die Einheitliche Europäische Akte formuliert große Ziele: einerseits ein Europa der Forscher als einen starken Mitbewerber um Spitzenpositionen im internationalen Wettbewerb zu entwickeln; zweitens mittels Forschung und Entwicklung zur Lösung der sicherlich nicht gering zu schätzenden Probleme eines Vielstaatengebildes beizutragen und drittens ein politisch geeintes Europa zu gestalten. Hier wird Neuland in vielerlei Weise beschritten, wozu prospektives Denken unerläßlich ist. Die vorliegende deutschsprachige Version des ersten FAST-Programms ist geeignet, die Diskussion über Inhalte und geeignete Wege auch in der Bundesrepublik Deutschland zu stimulieren.

Januar 1987　　　　　　　　　　　　　　　　Dr. Bernd Kramer
　　　　　　　　　　　　　　　　　　　　　　Vorsitzender des FAST
　　　　　　　　　　　　　　　　　　　　　　Beratenden Programmausschusses

Vorwort

Kann Europa auf Wissenschaft und Technik eine bessere Zukunft für seine Gesellschaften bauen? Wenn ja, wie? Da es niemals die Mittel geben wird, alle Möglichkeiten für Forschung und Entwicklung finanziell abzusichern, muß eine gewisse Zielauswahl vorgenommen werden. Diese Argumentation überzeugte die Mitgliedstaaten der Europäischen Gemeinschaft, ein experimentelles Pilotprogramm ins Leben zu rufen, ein Instrument, mit dem sich die langfristige Richtung der gemeinsamen Forschungs- und Entwicklungsvorhaben (F & E) bestimmen ließe.

Dieses Programm wurde auf den Namen FAST (Forecasting and Assessment in Science and Technology)[1] getauft – Vorausschau und Bewertung in Wissenschaft und Technologie. In diesem Buch werden die Schlüsselaussagen zusammengefaßt, wie sie aus den zwei Bänden des FAST-Abschlußberichts hervorgehen, der im Dezember 1982 der Kommission übergeben wurde. Dieser Bericht beruht wiederum auf über 30 Studien, Konferenzen und Arbeitsgruppen[2], die das FAST-Program unterstützten.

Das Buch beginnt mit Einschätzungen des vorhersehbaren Wandels in den Industriegesellschften und seiner offenkundigen Implikationen für eine Wissenschafts- und Technologiepolitik; es macht darüber hinaus klar, daß die europäischen Gesellschaften – insofern sie im Verlauf der nächsten zwanzig Jahre eine gewisse Autonomie und Kontrolle über ihre Zukunft behalten wollen – nur eine Wahl haben: in Hinsicht auf ihre sozioökonomische Entwicklung müssen sie in einer gemeinsamen Strategie zusammenarbeiten. Freiwillige Kooperation ist unumgänglich. Eine solche Strategie hängt ganz von einem koordinierten Herangehen ab, will sie den größtmöglichen Nutzwert aus dem wissenschaftlichen, technischen und industriellen Potential der Staaten der Gemeinschaft ziehen.

Die zweite Hauptaussage dieses Buchs ist, daß der hohe Stand des fachlichen Könnens und der technologischen Innovationen uns nicht von selbst aus der gegenwärtigen Krise herausführt. Technologische Entwicklung an sich garantiert weder ökonomisches Wachstum, noch langfristige Wettbewerbsfähigkeit, geschweige denn die soziale Wohlfahrt des Einzelnen, der Gesellschaft, der Regionen und Nationen. Wenn eine widerstandsfähige und effektive ökonomische Struktur erreicht werden soll, dann muß die technologische Entwicklung von

---

[1] Das Programm wurde durch Beschluß des Ministerrats im Juli 1978 aufgelegt. Es ist beim Generaldirektor für Wissenschaft, Forschung und Entwicklung (DG XII) der Kommission der Europäischen Gemeinschaften angesiedelt (vgl. Anhang 1).

[2] Vgl. Anhang 3 (Auflistung der Projekte und Forschungsteams) und Anhang 4 (Zusammenstellung der FAST-Publikationen).

kreativen Umgestaltungen sozialer Institutionen begleitet werden — nur auf diese Weise kann eine dauerhafte Lebensfähigkeit gesichert werden. Industrielle
und soziale Transformationen sind zwei Aspekte ein und desselben Prozesses,
sie spielen sich nicht in getrennten Welten ab, die voneinander unabhängig wären oder gar in Opposition zueinander stünden. Obwohl nur die grundsätzlichen Schlußfolgerungen und Empfehlungen des FAST-Programms dargestellt
werden, sollte hier betont werden, daß diese nur durch die Arbeit von 54 europäischen Forschungseinrichtungen zustandekamen. Diese und die Kontakte,
die das FAST-Team zu mehreren 100 europäischen Forschern sowohl in staatlichen Verwaltungen, als auch in akademischen, industriellen und anderen gesellschaftlichen Bereichen entwickelte, bildeten die Basis von FAST.

Das Programm profitierte auch von finanzieller Unterstützung, die ihm von
zahlreichen öffentlichen Organisationen auf regionaler, nationaler und europäischer Ebene gewährt wurde. Ohne diese Hilfe wären viele Vorhaben nur in ein-
geschränkter Form möglich gewesen.

Das Autorenteam steht auch in der Schuld vieler Kollegen aus anderen Abteilungen der Europäischen Kommission, besonders Wirtschaft, Industrie, Soziales, regionale Angelegenheiten, Transport, Energie, Landwirtschaft und Entwicklung, Information und vor allem Forschung. Das gleiche gilt gegenüber
den Mitgliedern der CERD- und CREST-Kommissionen[3], deren Meinungen,
Ratschläge und Kommentare für die FAST-Aktivitäten häufig anregend und
nützlich waren. Besonderen Dank schulden wir den Mitgliedern des ACPM:
Advisory Committee on Programme Management (Beratenden Programmausschusses)[4] und seinem Vorsitzenden, Walter Zegveld. Er förderte ein Klima gegenseitigen Vertrauens und der Zusammenarbeit zwischen dem ACPM und
dem FAST-Team, wodurch es dem ACPM ermöglicht wurde, aktiv an den
Hauptentscheidungen des Programms beteiligt zu werden: bei Forschungsthemen, Arbeitsmethoden, Finanzzuweisungen, bei der Auswahl der mitarbeiten-
den Teams und bei den großen „Anlässen", wie der Vorstellung der Programm-
ergebnisse in den zehn Ländern der Gemeinschaft.

Dank schulden wir auch Michel Godet und Roland Hüber für wichtige Beiträge und den Zuschnitt des Programms (das ihnen viel verdankt), sowie für die
frühen „Erfolge". Michel Godet ist Mitautor des Berichts „The Old World and
the New Technologies"[5] (Die Alte Welt und die Neuen Technologien). Roland
Hüber regte die Konzeption und Koordination der LTRD-IT-Aktivitäten (long
leadtime R & D in information technology — langfristige Entwicklung in der Informationstechnologie) an, die schließlich in das ESPRIT-Programm einmün-
deten. Die Autoren dieses Buchs möchten auch ihre Wertschätzung gegenüber
der Rolle ausdrücken, die Günter Schuster im FAST-Team spielte. Er war Generaldirektor des DG XII bis August 1981, einer der Gründerväter von FAST,

---

[3] CERD: Comité Européen pour la Recherche et le Développement (Europäisches Komitee
für Forschung und Entwicklung) — wissenschaftliche Experten, CREST: Comité de la Recherche Scientifique et Technique (wissenschaftliches und technisches Forschungskomitee)
— nationale Vertreter der wissenschaftlichen Dienste der Mitgliedsstaaten.
[4] Vgl. im Anhang 2 die Liste der Mitglieder des FAST-ACPM.
[5] Veröffentlicht durch die Kommission in der Reihe „European Perspectives" (Europäische
Perspektiven) 1982.

der dem Team ein guter Vorgesetzter war. Besonders gebührt ihm dafür Dank, die wissenschaftliche Unabhängigkeit des Teams unablässig verteidigt zu haben, auch dann, wenn er dessen Sichtweisen nicht teilte.

Das FAST-Forschungsteam, das im Dezember 1978 einberufen wurde, umfaßte die folgenden Mitglieder: Mark F. Cantley, Anne-Marie Christ, Anne de Greef (seit Mai 1981), Michel Godet (bis Ende 1980), Klaus Grewlich (seit Juni 1981), Olav Holst, Roland Hüber (bis Juni 1981), Elisabeth McDonnell, Riccardo Petrella (Leiter des Programms), Olga Priplata, Olivier Ruyssen, Albert Saint-Rémy und Kenneth Sargeant (seit Januar 1981).

Innerhalb des Teams waren Mark Cantley and Kenneth Sargeant für das Teilprogramm „Biogesellschaft" verantwortlich. Olav Holst und Roland Hüber, sowie später Klaus Grewlich, übernahmen Verantwortung für das Teilprogramm ‚Informationsgesellschaft'; Olivier Ruyssen und Riccardo Petrella zeichnen für das Teilprogramm ‚Arbeit und Beschäftigung' verantwortlich.

Inhaltsverzeichnis

Einleitung 1

Arbeit und Beschäftigung 1
Die „Informationsgesellschaft" 2
Die „Biogesellschaft" 2
Das Hauptproblem 3
FAST: Ein Instrument zur Festlegung von F&E Prioritäten 4
Die Ergebnisse 5

1 Auf dem Weg zur „Biogesellschaft" 6

1.1 Biotechnologie als langfristige strategische Herausforderung 6
    1.1.1 Biotechnologie: Bereich und Definitionen 6
    1.1.2 Reaktionen aus Wissenschaft, Industrie und Politik 14
        1.1.2.1 Antworten aus dem akademischen System 14
        1.1.2.2 Antworten aus der Industrie 14
        1.1.2.3 Antworten aus der Politik 16
    1.1.3 Die langfristige strategische Herausforderung an die Staaten
        der Europäischen Gemeinschaft 21
        1.1.3.1 Auf dem Weg zu einer europäischen Perspektive . . . 21
        1.1.3.2 Europäische Antworten von Wissenschaftlern 22
        1.1.3.3 Die Rolle der EG bei der Koordinierung der
            europäischen Kapazitäten in der Biotechnologie . . . 24

1.2 Grundlagen für eine europäische Biotechnologie 28
    1.2.1 Das Fundament einer Strategie der Gemeinschaft 28
    1.2.2 Zentren mit Schlüsselfunktionen, Netzwerke und die
        europäische Koordination 29
    1.2.3 Bildung und Ausbildung zur Heranbildung von Fachkräften
        und von Verständnis der Öffentlichkeit 31
    1.2.4 Service- und Fördereinrichtungen: Bioinformatik
        und Sammlung von Kulturen 33

1.3 Die Steuerung von Europas System natürlicher erneuerbarer
    Ressourcen 36
    1.3.1 Konventionelle Bodennutzung und neue Technologien 36
    1.3.2 Neue Technologien und Systeme 37
    1.3.3 (Überschüsse + Defizite) × (neue Technologien + neue Politik)
        = strategische Möglichkeiten 39
    1.3.4 Das Beispiel der ‚filière protéique' 40

1.3.5 Unkonventionelle Bodennutzungsarten 43
    1.3.5.1 Chemische Massengrundstoffe 43
    1.3.5.2 Feinchemie 45
    1.3.5.3 Energie 46
1.3.6 Schlußfolgerungen und Empfehlungen 46

1.4 Europa und die Entwicklungsländer: die Auswirkungen
der Biotechnologie 47
    1.4.1 Beziehungen zwischen Europa und der Dritten Welt 47
    1.4.2 Bevölkerung 48
    1.4.3 Gesundheit und Wohlfahrt 49
    1.4.4 Energie aus Biomasse 51
    1.4.5 Nahrungsmittel und Landwirtschaft 52
    1.4.6 Technologieentwicklung durch Bildung von Institutionen . . 55

1.5 Gesundheitswesen und biomedizinische Forschung 57
    1.5.1 Eine innovative „Industrie" in einem wachsenden Markt . . . 57
    1.5.2 Die Technologie: vom Pragmatismus zur
Verwissenschaftlichung 58
    1.5.3 Anwendungen 60
    1.5.4 Laufende F&E-Programme der Gemeinschaft im Bereich
medizinischer Forschung 61
    1.5.5 Soziales Lernen und soziale Kontrolle 63
    1.5.6 Risiko-Management 64

1.6 Vorschläge für F&E-Maßnahmen 65
    1.6.1 Verstärkung der Grundlagen 65
    1.6.2 Forschungsprogramme zu den „erneuerbaren Ressourcen" . . 66
    1.6.3 Ein Zentrum der Gemeinschaft für Biotechnologie 67
    1.6.4 Ergänzende Maßnahmen 68

**2 Europa und die Informationsgesellschaft –
Mythen, Gefahren und Chancen** 69

2.1 Eine doppelte Herausforderung für Europa 69
    2.1.1 Technologische Entwicklungen 69
    2.1.2 Technologie und Gesellschaft 70
    2.1.3 Neue Informationstechnologien und regionale Disparitäten . 77
    2.1.4 NIT stellen Europa vor eine doppelte Herausforderung . . . 78

2.2 Die Langzeitstrategien für die Gemeinschaft 79
    2.2.1 Die industrielle Beherrschung der Informationstechnologie . . 80
        2.2.1.1 Die Stellung der europäischen Industrie
auf dem Weltmarkt 81
        2.2.1.2 Welche Art von Schlüsseltechnologien? 82
        2.2.1.3 Wie sind diese Schlüsseltechnologien anzueignen? . . 83
        2.2.1.4 F&E-Bedarf 85
    2.2.2 Internationales Kommunikations- und Informationssystem . . 87
        2.2.2.1 Datennetzwerke 87

2.2.2.2 Ökonomische und politische Auswirkungen   87
2.2.2.3 Datenfernübertragung (DFÜ): ein Gegenstand
        für internationale Debatten?   90
2.2.2.4 F&E-Bedarf   92
2.2.3 Entfremdung und/oder aktive Beteiligung des Individuums .   93
2.2.3.1 Das Risiko zunehmender gesellschaftlicher
        Differenzierung   93
2.2.3.2 Die Geschwindigkeit des Wandels   95
2.2.4 Szenarien für technologischen und sozialen Wandel   96
2.2.5 Welches sind die gefährdeten Gruppen innerhalb
      der Gesellschaft?   99
2.2.6 Neue Informationstechnologie und Beschäftigung   103
2.2.6.1 Die Natur des Problems   103
2.2.6.2 Neue Informationstechnologie und Schaffung
        von Arbeitsplätzen   105
2.2.6.3 F&E-Bedarf   107
2.2.6.4 Maßnahmen zum besseren Verständnis
        der Nachfrageseite   108
2.2.7 Neue Informationstechnologien und Lernen, Bildung,
      Ausbildung und Weiterbildung   109

2.3 Eine integrierte Übersicht über F&E-Bedarf   116
2.3.1 Leitprinzipien 116
2.3.2 Initiativen auf wissenschaftlichem und technologischem Gebiet 118
2.3.3 Am europäischen Bedarf orientierte Maßnahmen   119

3 Beschäftigung, Technik und Gesellschaft –
  ein neues Konzept der Arbeit?   121

3.1 Die Beschäftigungskrise   121
3.1.1 Von der Energiekrise der 70er Jahre zur Beschäftigungskrise
      der 80er Jahre   121
3.1.2 Der Anstieg der Arbeitslosigkeit: langfristige und
      strukturelle Ursachen   123
3.1.3 Drei Konsequenzen für Europa   126
3.2 Der Wandel von Beschäftigung und Arbeit:
    langfristige Perspektiven und Probleme   127
3.2.1 Wachstum, Technik und Beschäftigung: neue Chancen   . . . 127
3.2.1.1 Reduziertes Wachstum und fehlgeleitete
        Technikanwendung   129
3.2.1.2 Technologischer Wandel und Beschäftigung:
        Ein Basar der Theorien   131
3.2.1.3 Technologischer Wandel und neue Beschäftigungsfelder 134
3.2.1.4 Kleine Unternehmen: Eine Schlüsselrolle   140
3.2.2 Technologiewahl, regionale Dimension und Arbeitsplätze   . . 142
3.2.2.1 Welt-Technologien, lokale Technologien   144
3.2.2.2 Welche Szenarien für Europa   148

3.2.3 Die Umwandlung der Arbeit, technologische und
      soziale Innovation 151
      3.2.3.1 Ist es möglich, die Zukunft der Arbeit vorherzusagen? . 151
      3.2.3.2 Sozialgeschichte und technologischer Wandel 152
      3.2.3.3 Das Auftauchen alternativer Modelle 155
      3.2.3.4 Die zentrale Rolle der Arbeit in unserer Gesellschaft . 156
      3.2.3.5 In Richtung neuer Arbeitsformen 157
      3.2.3.6 Auf der Suche nach neuen Wegen 161
      3.2.3.7 Aushandlungsprozesse über den Wandel:
              das entscheidende Merkmal der 80er Jahre 165

3.3 Vorschläge für F&E 167
    3.3.1 Konsolidierung und Erneuerung der industriellen
          Basis Europas 167
          3.3.1.1 F&E für technologische Erneuerung 167
          3.3.1.2 Modellprojekte und -versuche 168
          3.3.1.3 Kontextuelle und institutionelle Maßnahmen 169
    3.3.2 Die Umwandlung der Arbeit bewältigen 170

4 Vorschläge für Forschung und Entwicklung in der Gemeinschaft . . . 172

4.1 Fünf Hauptstrategien für die 80er Jahre 172
    4.1.1 Pfad Nr. 1 174
          4.1.1.1 Landwirtschaft–Chemie–Energie 174
          4.1.1.2 Weltraum- und Elektroniktechnologie 176
    4.1.2 Pfad Nr. 2 177
    4.1.3 Pfad Nr. 3 179
    4.1.4 Pfad Nr. 4 180
    4.1.5 Pfad Nr. 5 182

4.2 Die Organisation von F&E-Maßnahmen durch die Institutionen
    der Gemeinschaft 185
    4.2.1 Maßnahmen mit Bezug auf das wissenschaftliche Umfeld
          und den generellen sozioökonomischen Kontext 187

5 Versuch einer Synthese 188

5.1 Eine neue Art von Krise 188

5.2 Radikale Veränderungen in der Arbeitswelt? 189

5.3 Bereiche, die durch Innovation angekurbelt werden könnten 190

5.4 Informationstechnologie: Die Kontrolle unseres „Nervensystems" . 191

5.5 Biotechnologie – keine Stärke ohne Einheit 192

5.6 Vom europäischen Warenmarkt zum Weltmarkt für Dienstleistungen 193

5.7 Die Beherrschung des technologischen Wandels:
    Vorbereitung von Verhandlungen 194

5.8 Schlußfolgerungen 196

Anhang 1 198
Anhang 2 200
Anhang 3 202
Anhang 4 207

Einleitung

Nach einer Reihe von vorbereitenden Studien[1] entschied FAST, sich auf drei Themenbereiche zu konzentrieren:

- Arbeit und Beschäftigung – ein Hauptproblem der europäischen Gesellschaften in den 80er und darauf folgenden Jahren;
- die „Informationsgesellschaft" – ein größerer Wandel in den kommenden 20 Jahren;
- die „Biogesellschaft" – ein Kürzel für die Annahme, daß die Entwicklung von Biotechnologie und Naturwissenschaften eine Reihe bedeutender Änderungen und Chancen für die Gesellschaft der nächsten dreißig Jahre in sich bergen.

Arbeit und Beschäftigung

Die Ausgangsannahme ließ sich leicht festlegen: Arbeit und Beschäftigung sind in einem krisenhaften Zustand, und diese Krise ist nicht nur Ergebnis der ökonomischen Umstände – zusätzlich zu den steigenden Arbeitslosenzahlen berührt sie die Organisation wie auch den Stellenwert von Arbeit in unserer Gesellschaft. Die menschlichen, sozialen und ökonomischen Kosten sind hoch, während angesichts der mit dem Wachstumsrückgang verbundenen Risiken und Kosten die finanzielle Entschädigung für den Mangel an Arbeit wenig Aussicht bietet, Ungleichheit zu verringern. Der Staat ist bestenfalls ein schwerfälliger Regulator der Beziehungen zwischen Arbeitnehmern und Arbeitgebern.

Im Licht dieser Erkenntnis stellte FAST Fragen:

- nach dem arbeitsschaffenden Potential der neuen produktionstechnischen Komplexe, die jetzt in verschiedenen Branchen aufgebaut werden: in der Chemie, der Umweltschutz- und Bauindustrie, in Instandsetzung und in der Erzeugung von Energie aus Biomasse;
- nach regionalen Beschäftigungsaussichten im Europa der zwölf (mit Spanien und Portugal) angesichts der Transformation der Produktionstechnologie im sozioökonomischen Kontext und nach einer angemessenen Zielauswahl für Technologie- und Produktionsvorhaben, durch die eine ausgeglichenere und

---

[1] Daraus erwuchs der Bericht mit dem Titel „The Old World and the New Technologies", der einen Teil der Sammlung „European Perspectives" bildet, veröffentlicht durch die Kommission der Europäischen Gemeinschaften 1980.

wirkungsvollere Organisation der europäischen Gesellschaft sichergestellt
werden kann;
- nach dem Stellenwert der Arbeit in der Industriegesellschaft, insbesondere
  dem Wandel in den Einstellungen zur Arbeit und der Bedeutung sozialer Innovation, wobei letztere nicht im Gegensatz zur technischen Innovation gesehen wird.

Die „Informationsgesellschaft"

Seit 20 Jahren kreist die Erwartung einer neuen Gesellschaft um das magische
Wort „Information". Das Aufkommen von Mikroprozessoren in den 60ern, ihre
explosive Entwicklung und ihr gewaltiges Potential machten es jedoch glaub-
würdiger, von einer technologischen und sozialen „Revolution" zu sprechen.

Was wird nun aber das Wesen dieser vielbeschworenen „neuen" Informationsgesellschaft sein? Welche Bereiche werden von Grund auf davon berührt
werden? Welche Risiken, welche Nutzen birgt sie? Und wie werden diese unter
den Individuen, den sozialen Gruppen, den Regionen und Ländern verteilt werden? Handelt es sich bei der Informationstechnologie um einen „Jobkiller",
oder kann sie zur Quelle neuer Beschäftigungsmöglichkeiten werden? Hängt
die Zukunft der europäischen Industrie und Wirtschaft und deren Unabhängigkeit von der Fähigkeit ab, Neuerungen in der Informationstechnologie durch-
zusetzen?

Diese zu untersuchenden Fragen wurden um folgende drei Punkte gruppiert:

- das wirtschaftliche Überleben der europäischen Industrie unter besonderer
  Beachtung jener Veränderungen, die von der internationalen Arbeitsteilung
  zu erwarten sind;
- die Folgen der „Informationsgesellschaft" für den einzelnen, für Gruppen
  und für die Gesellschaft, besonders im Hinblick auf Interessenvertretung und
  Teilhabe an politischer Macht im Bereich Arbeitsbedingungen, Verkehr,
  Kommunikation und Lebenswelt [2];
- der Übergang zur „Informationsgesellschaft" — Zieldefinitionen und daraus
  erwachsende vielfältige Anpassungsmaßnahmen, besonders für die Beschäftigung.

Die „Biogesellschaft"

Die Wahrnehmung der Bedeutung von Biotechnologie in den 70er Jahren als
einer neuen Achse, entlang derer technologische Innovationen und ökonomisches Wachstum möglich sind, bestimmte das letzte Jahrzehnt, wobei besonders

---

[2] Grewlich, K. W., Pedersen, F. H.: Power and Participation in an Information Society.
Luxemburg, Kommission der Europäischen Gemeinschaften, 1984.

die Gesellschaft der Zukunft betont wurde. Mikroorganismen haben ebenso
wie Mikroprozessoren großes Interesse auf sich gezogen und wurden dementsprechend zur Quelle von Spekulationen. Wie läßt sich dieses außergewöhnliche Maß an Interesse gegenüber der „neuen" Biotechnologie erklären? Ist dieses Phänomen tatsächlich von Bedeutung für die europäischen Gesellschaften?
Welche langfristigen Probleme, potentiellen Konflikte und strategischen Auswirkungen wird die Entwicklung der Biotechnologie für die Länder der Gemeinschaft mit sich bringen? Kann man überhaupt von einer „Biogesellschaft"
sprechen? Handelt es sich dabei um eine mögliche Zukunft unter anderen, um
eine wünschenswerte Zukunft, um eine Zielvorstellung? Wenn es eine Zielvorstellung ist, kann sie überhaupt erreicht werden, und wenn ja, wie?

Gibt es Hoffnung, mit Hilfe der Biotechnologie gewisse Engpässe auf internationaler Ebene zu beseitigen? Wird eine blühende Biotechnologie der Entwicklung zahlreicher Beschäftigungsfelder für große, mittlere und kleine Unternehmen nach sich ziehen, und kommt es auf diese Weise zu neuen industriellen
Strategien? In welchen F&E-Feldern ist die vorrangige Förderung der Zusammenarbeit auf europäischer Ebene angemessen?

FAST richtete seine Aufmerksamkeit auf vier Problemkomplexe:

- Festlegung einer Gemeinschaftsstrategie für Biotechnologie in Europa, basierend auf einer systematischen Identifizierung aller Möglichkeiten, die die
  neue Biotechnologie bietet und aller Bedürfnisse, die durch sie befriedigt
  werden könnten; sowie eine Einschätzung derjenigen Bereiche, in denen eine
  Zusammenarbeit auf der Ebene der Gemeinschaft insbesondere für F&E
  unabdingbar ist;
- langfristige Implikationen für die landwirtschaftliche Produktionsstruktur
  aufgrund der Entwicklung von bestimmten Aspekten der Biotechnologie
  (z. B. größere Nutzung der industriellen Fertigung von Rohstoffen und Vor-
  materialien landwirtschaftlicher Herkunft);
- Auswirkungen auf unsere Handels- und Industriebeziehungen mit der Dritten Welt (drohende Einstellung des Handels mit traditionellen Waren, aber
  auch wachsende Möglichkeiten für industriellen Handel und für die Lösung
  der dortigen Nahrungs- und Energieprobleme);
- Untersuchung der sozialen Dimensionen (Wertvorstellungen, Risiken, Akzeptanz etc.).

Das Hauptproblem

Allen diesen Untersuchungen liegt schließlich wieder die Hauptfrage nach der
Rolle von Wissenschaft und Technik für die Organisation von Wirtschaft und
Gesellschaft zugrunde. Sind wir gegenwärtig Zeugen der Schaffung neuer Beziehungen zwischen Technik und Gesellschaft? Was heißt das für uns Europäer, für Unternehmen und für ganze Regionen? Und welche Schlußfolgerungen lassen sich daraus für die Zielrichtung des F&E-Programms der Gemeinschaft ziehen? Um diesen Fragenkreis aufzuhellen, bedurfte es der Entwicklung
eines Arbeitsmittels – eines Instruments mit dem neuen Namen FAST.

FAST: Ein Instrument zur Festlegung von F & E-Prioritäten

Die Hauptaufgabe für das FAST-Versuchsprogramm bestand darin, den Nutzen einer vorausschauenden und die Folgen abschätzenden Arbeit bei der Festlegung langfristiger Ziele und Prioritäten für die F & E (Forschung und Entwicklung) der Gemeinschaft zu testen. Das FAST-Programm[3] versuchte dieser Aufgabe gerecht zu werden, indem es

— ähnliche Arbeiten untersuchte, die innerhalb der EG oder anderswo durchgeführt wurden;
— das Augenmerk auf solche Vorhaben, Probleme und mögliche Konflikte richtete, die aller Wahrscheinlichkeit nach die langfristige Entwicklung der Gemeinschaft beeinflussen werden;
— eine Reihe von Netzwerken für die Zusammenarbeit innerhalb der Gemeinschaft bildete, die so flexibel und informell wie möglich gehalten wurden.

Zu diesem Zweck wurden in Zusammenarbeit mit rund 60 Forschungsgruppen aus Mitgliedsländern der Gemeinschaft 36 Studien erstellt.

FAST lag weder daran, ein Zukunftsbild für Europa im Jahr 2000 auszumalen, noch anzuvisieren, wie sich etwa Fabriken oder Büros durch eine perfektionierte technologische Entwicklung verwandeln werden. Demgegenüber ging FAST von zwei Grundprinzipien aus:

— Die Zukunft ist nicht vorherbestimmt. Die (Erb-) Last der Vergangenheit begrenzt natürlich die Bandbreite zukünftiger Möglichkeiten, doch bleibt der Manöverspielraum für jeden noch weit genug. Und die Rolle von Wissenschaft und Technologie ist es, fortwährend den Umfang realistischer Möglichkeiten zu erweitern.
— Die Zukunft erwächst aus dem Zusammenspiel von Aktivitäten, die von verschiedenen Entscheidungsträgern getroffen werden. Es gibt mehrere Optionen; doch das Zusammenspiel der Akteure und die Beziehungen der Kräfte zueinander sind mindestens ebenso bestimmend wie strukturelle Trägheit und technologischer oder ökonomischer „Determinismus".

Deshalb bevorzugte FAST einen „Szenarien"-Ansatz, der es möglich macht, alternative Entwicklungsmuster zu erkennen, anstatt mit Modellen zu arbeiten, die allzusehr an veraltetem Datenmaterial verhaftet sind. Ein angemessener Zeitrahmen für eine vorausschauende Analyse hängt vom jeweiligen Studienobjekt ab und muß auch die Möglichkeit einer plötzlichen Veränderung in Betracht ziehen (von daher hätte die Konzentration auf das Jahr 2000 keine besondere Bedeutung). FAST *versuchte* nur, die Bandbreite der Zukunftsmöglichkeiten zu umreißen und solche Vorschläge zu entwickeln, die angesichts der

---

[3] Gemäß den Richtlinien festgesetzt durch Beschluß des Ministerrats vom 25. Juli 1978. Das FAST-Team als solches bestand aus zehn Mitarbeitern (davon sechs Forscher). Die gesamten Hilfsmittel, die dem Programm vom Gemeinschaftshaushalt zur Verfügung gestellt wurden, betragen 4,4 Mio Europäische Währungseinheiten (ECUs), plus 1,2 Mio ECUs, die von öffentlichen und privaten Organisationen in den Mitgliedstaaten für kofinanzierte Studien beigesteuert wurden.

Unabwägbarkeiten der Zukunft ein Höchstmaß an Flexibilität und Anpassungsfähigkeit bieten. Schließlich zog FAST die Tatsache in Betracht, daß technischer Wandel bei weitem kein spontanes Ereignis ist, auf das Individuen oder Gesellschaften nur durch passive Anpassung oder Unterwerfung reagieren können; technischer Wandel findet in einem sozialen Kontext statt: Er wird von der Gesellschaft beeinflußt und hängt jeweils von ihren charakteristischen Strukturen, Verhaltensweisen und Werten ab.

Die Ergebnisse

Was hier vorgestellt wird, ist nur *ein* Aspekt aller Ergebnisse eines Programms wie FAST.

Der wirkliche Wert und die Wirksamkeit eines solchen Unterfangens können nicht durch das Lesen des einen oder anderen Berichts oder aufgrund der Bedeutsamkeit eines bestimmten Vorschlags gewürdigt werden. Der *Prozeß* selbst, innerhalb dessen die langfristigen Implikationen des technologischen Wandels für die Gemeinschaft beraten und analysiert werden, ist ein so fundamentales Ergebnis wie jedes andere; ein Prozeß, der durch das Programm initiiert und stimuliert wurde und der nun auf der institutionellen Ebene der Gemeinschaft wie auch zwischen Forschungsteams und den Verwaltungen der Mitgliedsländer stattfindet.

Das ist natürlich als Ergebnis schwierig zu würdigen, weder allumfassend, noch als Schnappschuß eines beliebigen Moments. Was hier vorgestellt wird, ist somit kein Tätigkeitsbericht. Statt dessen werden dem Leser die Analysen, Überlegungen und versuchten Antworten auf die oben gestellten Fragen dargeboten. Diese Analysen werden anhand der drei Themenkomplexe vorgenommen, auf die das Programm zugeschnitten ist.

Die drei ersten Kapitel (Kapitel 1 – Auf dem Wege zur „Biogesellschaft"; Kapitel 2 – Die Informationsgesellschaft – Mythen, Möglichkeiten und Gefahren; Kapitel 3 – Alternative Beschäftigung, neue Arbeitsformen und technologischer Wandel) stehen daher in direktem Zusammenhang zu den drei Themenkomplexen des Forschungsprogramms. Jedes dieser Kapitel stellt die Aussichten und die langfristigen Ergebnisse in den jeweils untersuchten Feldern vor und schließt mit einer Reihe von Empfehlungen für F & E-Maßnahmen der Gemeinschaft ab.

Kapitel 4 (Vorschläge für F & E der Gemeinschaft) präsentiert unter Bezugnahme auf die Teilvorschläge in den vorangegangenen Kapiteln die Bedeutung des Beitrags von FAST zur Erweiterung der F & E-Kriterien der Gemeinschaft. Hierfür werden fünf langfristige Zielsetzungen und eine Reihe von Begleitmaßnahmen entwickelt.

Schließlich werden in Kapitel 5 als einer Art übergreifender Synthese mehrere zentrale Punkte in unseren Schlußfolgerungen herausgestellt. Der Anhang enthält die Richtlinien des Programms, eine Zusammenstellung der 36 Studien, die unter der Ägide des Programms erarbeitet wurden, und eine Liste der FAST-Publikationen.

1 Auf dem Weg zur „Biogesellschaft"

Schon immer hat der Mensch in der Biogesellschaft gelebt, in seiner Existenz abhängig vom Kreislauf an Materialien, Informationen und Energie des sich selbst erhaltenden komplexen Systems der Biosphäre. Die Entwicklung der Menschheit vom Jagen und Sammeln zu seßhafter Landwirtschaft, zu höherer Pflanzenproduktivität und intensivem Ackerbau bis hin zur Kultivierung von mikrobischen, pflanzlichen und tierischen Zellen in Fermentern führt uns anschaulich vor Augen, wie die wirkungsvolle Umwandlung von Rohstoffen zur Unterstützung der menschlichen Bevölkerung und ihrer Zwecke fortlaufend zunimmt: Dies basiert auf dem ständig anwachsenden Verständnis der biologischen Mechanismen und ihrer Auswirkungen auf die Umwelt.

Warum hat es dann aber seit kurzem dieses explosionsartige Interesse an der „neuen" Biotechnologie gegeben? Worin liegt ihre Bedeutung für die europäische Gesellschaft? Und wird die europäische Zusammenarbeit auch auf diesem Gebiet – wie in so vielen anderen Bereichen – nur ein frommer Wunsch bleiben?

1.1 Biotechnologie als langfristige strategische Herausforderung

1.1.1 Biotechnologie: Bereich und Definitionen

Die Abb. 1.1 erhellt drei grundlegende Tatsachen:

- Die Vielfalt der wissenschaftlichen Disziplinen und Technologien, von denen Biotechnologie abhängt: die Fähigkeit, diese verschiedenen Wissensgebiete zu integrieren – und zwar auf allen Ebenen, vom strategischen Entwurf bis zur Steuerung multidisziplinärer Projekte – ist ein Prüfstein für die Entwicklung von Biotechnologie.
- Die Vielfalt an Anwendungsmöglichkeiten und das breite Spektrum an Produkten und Dienstleistungen, für deren Herstellung Biotechnologie relevant ist (was gleichzeitig bedeutet, daß einige wenige Sektoren von der Biotechnologie unbeeinflußt bleiben werden): d. h. die Entwicklung der Biotechnologie wird zu neuen Bedürfnissen im allgemeinen Interesse und zu neuen Konflikten innerhalb einzelner Sektoren, wie auch zwischen Ländern Anlaß geben.
- Die Vielfalt der ökonomischen, institutionellen und sozialen Dimensionen, die die Produktion, Verteilung und den Konsum von Gütern und Dienstleistungen mit Bezug zur Biotechnologie beeinflussen und von ihnen beeinflußt

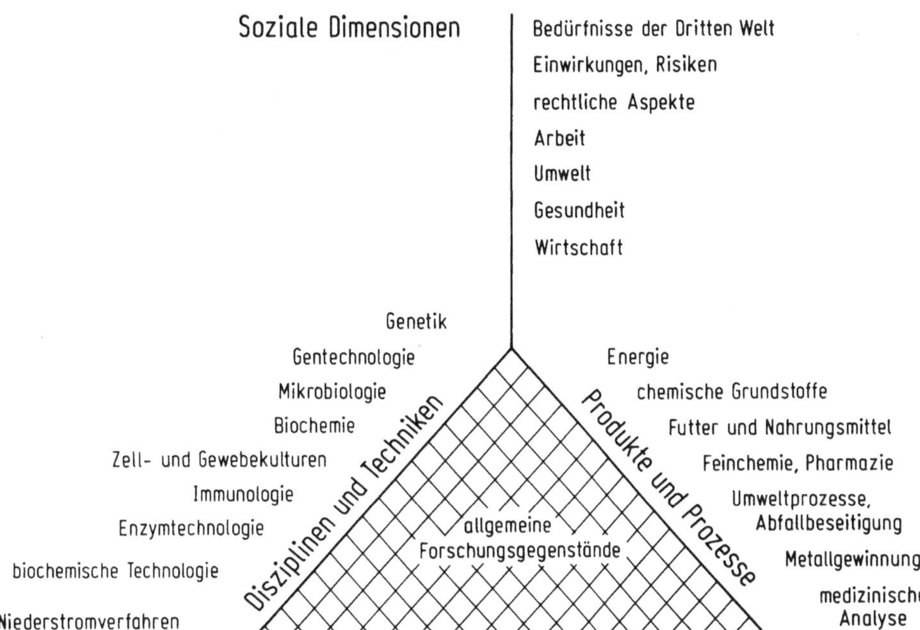

Abb. 1.1. Biotechnologie: ein multidimensionales Feld. Quelle: Europäische Gesellschaft für Biotechnologie/DECHEMA, Schlüsselnotizen, vorgestellt auf dem FAST „Biogesellschafts-Workshop", Oberursel (D), 27.–30. 9. 1981

werden. Wie für alle Technologien, so gilt auch hier, daß die durch Biotechnologie geschaffenen Möglichkeiten, die Probleme und sogar die Risiken, die sie nach sich zieht, nicht ausschließlich wissenschaftlicher oder technischer Natur sind.

Diese wenigen Bemerkungen deuten unseren relativ weiten Blickwinkel gegenüber der Biotechnologie an. Es wäre an dieser Stelle unangemessen, in eine ausgedehnte Diskussion der Definitionen auszuufern (es gibt eine Vielzahl von Definitionen, die sich in einigen Aspekten stark unterscheiden). Die von uns benutzte Definition steckt jedenfalls das zu beobachtende Feld ab, identifiziert Problembereiche und Möglichkeiten und damit die von uns vorgeschlagene Politik in F & E und in anderen Bereichen.

Unsere Betrachtungsweise von Biogesellschaft ist eine des gesamten Spektrums der Naturwissenschaften, ihrer Grundlagen und Anwendungen — jener allgemeinen Grundlagen, die all den Technologien zugrunde liegen, bei denen der Mensch mit lebendem Material und daraus gewonnenen Produkten arbeitet. Gerade weil diese Grundlagen allgemein sind, handelt es sich bei der Biotechnologie um ein interdisziplinäres Vorhaben, dessen Logik nicht immer jene Kategorien und Grenzen respektiert, auf denen Wissenschaft, Wirtschaft und Staat beruhen.

Daher schließen wir die Betrachtung zusätzlicher Gebiete wie Landwirtschaft, Züchtungen von Kulturpflanzen und Medizin mit ein; gleichzeitig aner-

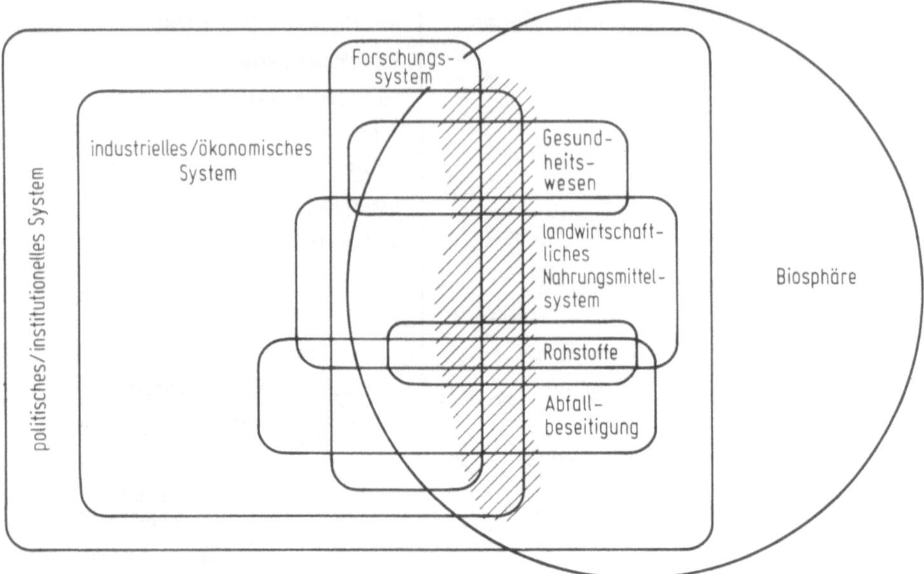

Abb. 1.2. Wie Biotechnologie (*schraffiertes Feld*) in die Systeme paßt (Definition, die von FAST übernommen wurde)

kennen wir die Notwendigkeit, für andere Zwecke (z. B. der statistischen Vergleichbarkeit) die Definition von Biotechnologie auf spezielle Termini zu begrenzen; z. B. die von der Europäischen Gesellschaft für Biotechnologie übernommenen Definitionen (vgl. S. 9 „Definitionen"). Die Abb. 1.2 stellt eine schematische Definition von Biotechnologie dar, Abb. 1.3 zeigt weitere Sichtweisen von Biotechnologie.

Die Biotechnologie rechtfertigt völlig den Enthusiasmus, der ihr in den letzten Jahren entgegengebracht wurde[1], als auch die Bedeutung, die ihr von seiten industrieller Investoren und Regierungen (nicht so sehr von Gewerkschaften und Verbänden) zugemessen wird – und zwar aus folgenden Gründen: Sie stellt ein grundlegendes Werkzeug für die sozioökonomische Entwicklung dar. Theoretiker der ökonomischen „Langwellen"-Zyklen betrachten die Biotechnologie (im Anschluß an die neuen Automations-, Informations- und Kommunikationstechnologien) als die treibende Kraft einer fundamentalen Erneuerung für den Zeitraum des nächsten langen Zyklusses, in den die Wirtschaftssektoren des Westens jetzt eintreten. Ohne notwendigerweise eine derartige Theorie zu ak-

---

[1] In der spezialisierten wissenschaftlichen Presse gab es zahllose Sonderausgaben zur Biotechnologie, ebenso in den populärwissenschaftlichen Magazinen und in der Massenpresse. Es erscheinen jetzt auch wissenschaftliche Hefte und „Newsletters", die sich exklusiv mit Biotechnologie beschäftigen, z. B. Bio-futur, Biotech Quarterly, Biomass, Biotech News, Bio/Technology, Biotechnology Bulletin, Biotechnology, Biotechnology Newswatch, Telegen Reporter, Practical Biotechnology, Biotechnology News, Bio-Engineering News, Bio-Sciences, Genetiv Technology News, etc.

Definitionen von Biotechnologie

Allgemein:
Die Wissenschaft angewandter biologischer Prozesse.

Speziell:
„Die integrierte Nutzung von Biochemie, Mikrobiologie und Ingenieurwissenschaften, um eine technologische (industrielle) Anwendung der Fähigkeiten von Mikroorganismen, kultivierten Gewebezellen und deren Teilen zu erreichen" (Europäische Gesellschaft für Biotechnologie, September 1982).

Der OECD-Bericht (Bull, A. T.; Holt, G.; Lilly, M. D.: International trends and perspectives in biotechnology: A state of the art report. Paris: OECD, September 1982) übernimmt eine weite Sichtweise:
„Die Anwendung von Prinzipien aus Wissenschaft und Ingenieurwesen zur Herstellung biologischen Trägermaterials, um Güter und Dienstleistungen zur Verfügung zu stellen ... Wir schließen in unsere Definition nicht nur den aktuellen Prozeß ein, innerhalb dessen der biologische Träger benutzt wird, sondern auch alle jene Prozesse, die sich mit der Vorbereitung und Herstellung von biologischen Materialien, die aus dieser Aktion herrühren, beschäftigen."

Eine weitere Sammlung von Definitionen findet sich im Anhang des OECD-Berichts; als Beispiel für eine ausgewogene Diskussion siehe Kapitel 1 „Was ist Biotechnologie?" des holländischen Berichts (J. H. F. van Apeldoorn, (ed): Biotechnology: A Dutch Perspective. STT Publikationen. Delft University Press, Mai 1981).

Biogesellschaft:
Der Ausdruck „Biogesellschaft" wurde von FAST benutzt, um die sozialen und technologischen Aspekte unserer Abhängigkeit von den angewandten Naturwissenschaften hervorzuheben: Landwirtschaft, Nahrungsmittelverarbeitung, Gesundheitswesen – eine weite Sichtweise wird benutzt. Wir hängen von der Biosphäre ab und sind gleichzeitig ein immer wichtiger werdendes Element von ihr. Trotz der komplexen Artefakte, mit denen wir uns umgeben, müssen wir uns ganz und gar des Lebens in all seinen Formen bewußt bleiben, wenn wir die Biosphäre in einer produktiven und aufrechterhaltbaren Weise benutzen und steuern wollen. Die jüngsten Fortschritte in den Naturwissenschaften und der Biotechnologie erweitern unser Verständnis und damit auch unsere Kapazitäten, aber sie ändern in keiner Weise das grundlegende Wesen einer Biogesellschaft: eine Gesellschaft, die sich auf die bewußte Steuerung von sich selbst organisierenden Systemen gründet, um menschliches Leben und dessen Zwecke zu unterhalten und zu bereichern.

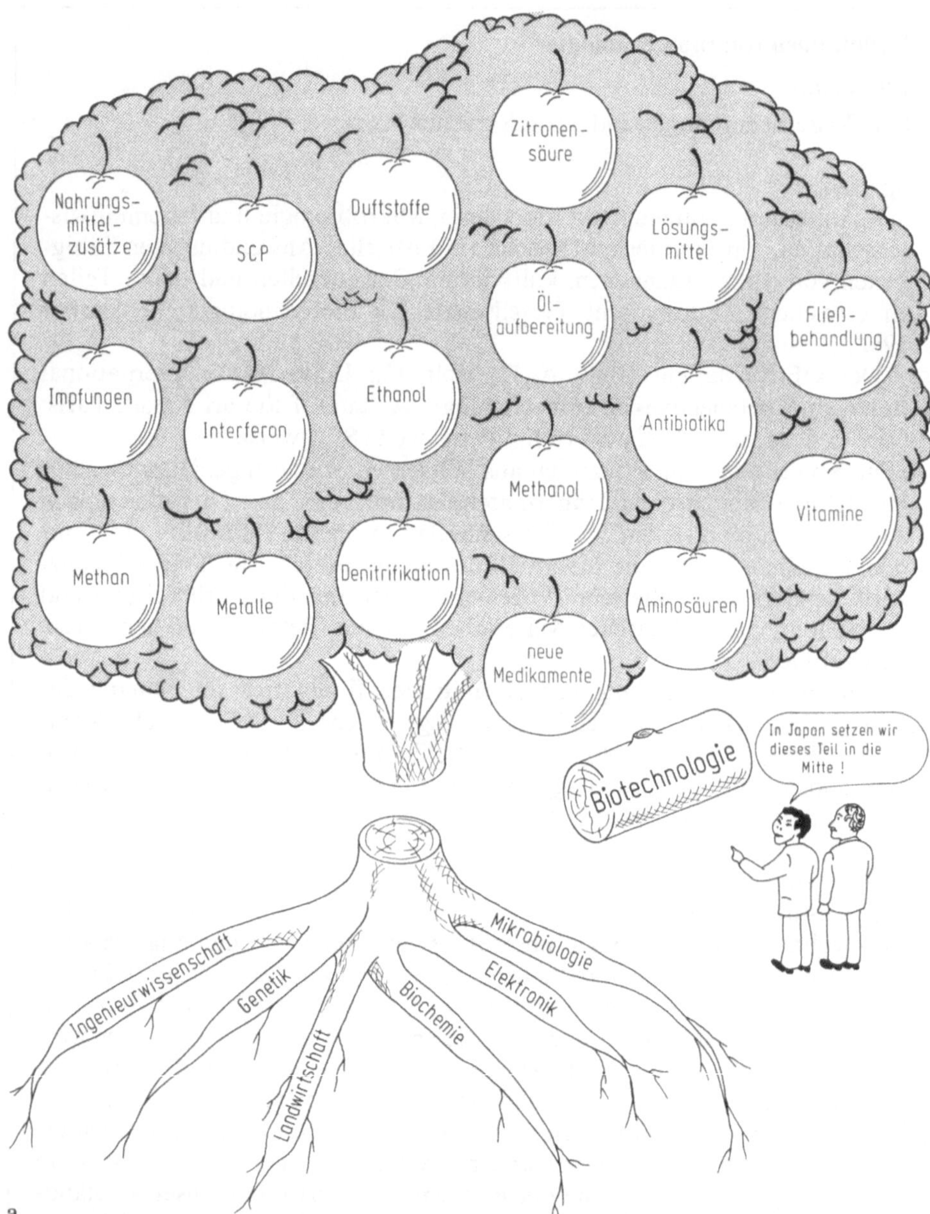

Abb. 1.3a−c. Sichtweisen von Biotechnologie. Quellen: **a** A. Bull und J. Bu'Lock, GB, 1979; **b** N.W.F. Kossen, Niederlande, 1981; **c** C.−G. Hedén, "Some roots of biotechnology", Schweden, 1978

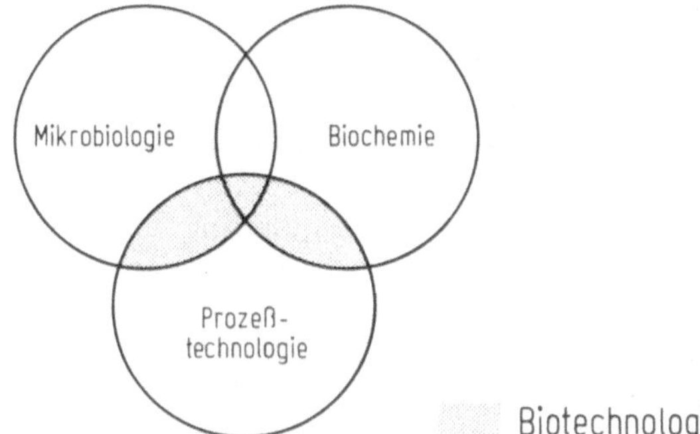

Abb. 1.3 b

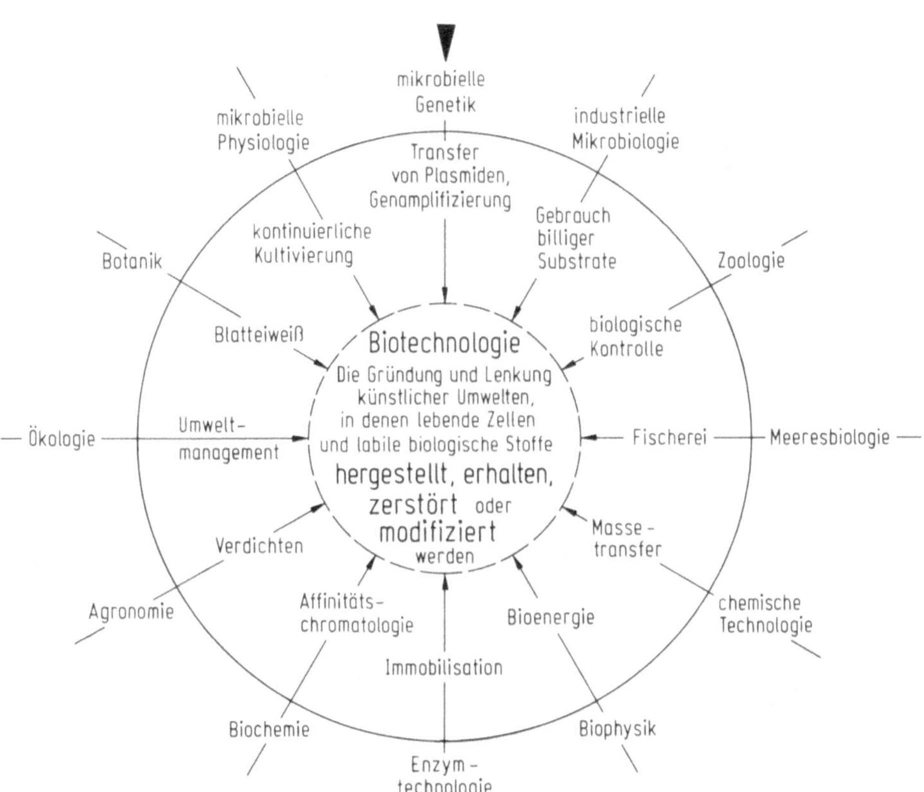

Abb. 1.3 c

zeptieren, liegt es für uns doch auf der Hand, daß die Skala möglicher Anwendungen (sowohl kurz- als auch langfristig) in fast allen menschlichen Betätigungsfeldern die Biotechnologie zu einem mächtigen Werkzeug für die Erneuerung und Weiterentwicklung der ökonomischen Basis der Gegenwartsgesellschaft macht. Sektorspezifisch ausgedrückt ist Biotechnologie, und vor allem die neue Zellchemie, die auf ihre Entdeckung und Ausnutzung wartet, eine der wenigen so verzweifelt benötigten Hauptquellen, die Zukunft der chemischen Industrie in der ganzen Welt zu sichern. Sie gibt Anreiz und Richtung für die Akkumulation von Investitionskapital, das zur Wiederherstellung neuen ökonomischen Wachstums nötig ist.

Biotechnologie verändert bestimmte Aspekte der internationalen Arbeitsteilung, und zwar durch wachsenden Wettbewerb zwischen den für sie relevanten Industriebereichen (landwirtschaftliche Nahrungsmittel, Petrochemie, Pharmazie, Umweltindustrie, Wasseraufbereitung und -verteilung etc.), sowie durch Umstrukturierung und Umgruppierung auf nationaler Ebene als auch innerhalb der multinationalen Konzerne. Das wird sichtbar bei den Patentnutzungen, Lizenzvereinbarungen und den Investitionen für F & E. Zwischen den Ländern der Gemeinschaft findet ein intensiver Wettbewerb statt, um sich auf den expandierenden Inlandsmärkten und auf den Exportmärkten zu behaupten. Es würde in die falsche Richtung führen, dabei nur den Wettbewerb zwischen den USA und Europa, sowie zwischen Europa und Japan zu erwähnen, um so mehr, als es den Anschein hat, daß die Europäer lieber mit Japan und den USA zusammenarbeiten als untereinander.

Biotechnologie könnte dazu beitragen, gewisse strategische Beschränkungen weltweit abzumildern, die besonders zu Lasten der Länder der Dritten Welt gehen — Gesundheit, Produktion und Lagerung von Nahrungsmitteln, Ernährungs-, Energie- und Umweltprobleme.

Zur Frage des Marktpotentials der Biotechnologie in den kommenden Jahrzehnten gibt es mehrere, voneinander erheblich abweichende Schätzungen (Tabelle 1.1). Hierbei ist wiederum die Frage der Definitionen einer der Hauptgründe für die aufgezeigten Diskrepanzen. Doch sprechen sowohl diese Schätzungen, als auch das Investitionsverhalten größerer Unternehmen im Bereich F & E dafür, daß von einem wachsenden Anteil „biotechnologischer" Produkte und Dienstleistungen auszugehen ist. (Eine Berechnung von FAST zeigt auf, daß über 40 % der in einem entwickelten Industrieland hergestellten Güter ihrer Natur oder ihrem Umfang nach als biologisch einzustufen sind.)

Im FAST-Projekt C2 über Implikationen der Biotechnologie für Arbeitskraft und Ausbildung — wie auch an anderen Stellen[2] — wurde deutlich, daß die Schulen des Sekundarbereichs unter Druck geraten werden, für eine wissenschaftliche Grundlagenausbildung zu sorgen und ebenso auch die Universitäten, die qualifizierten Fachkräfte heranzubilden, von denen die Entwicklung der Biotechnologie weitgehend abhängen wird.

---

[2] So z. B. die Bemerkung eines Direktors von Biogen (Schweiz), daß der Bedarf an Mikrobiologen in fünf Jahren fünfmal so groß sein wird, wie gegenwärtig ausgebildet werden.

> **Grundlegende wissenschaftliche Durchbrüche, die den Begriff „Neue Biotechnologie" rechtfertigen**
>
> 1. Grundlegende Entdeckungen in den Naturwissenschaften, besonders zur Rolle der DNS als molekularem Träger zur Speicherung von Information in jedem genetischen Material.
> 2. Verfahren zur Manipulation, Veränderung und Synthese von genetischem Material, um neue Lebensformen zu erzeugen (entweder direkt oder über Zellfusion).
> 3. Auf Mikrobiologie basierende Verfahren zur Kultivierung, Identifizierung und Auswahl von nützlichen Zellen oder Mikroorganismen und die Manipulation ihres Verhaltens unter kontrollierten Bedingungen.
> 4. Verfahren für pflanzliche Zell- und Gewebekulturen zur beschleunigten Fortpflanzung von Nutzpflanzen.
> 5. Niederstromverfahrenstechniken zur Extraktion, Behandlung, Veredelung und Umwandlung von nützlichem Material entsprechend der Herstellungsstufe der Biomasse.

Tabelle 1.1. Schätzungen des Weltmarktpotentials für Biotechnologie (in US$)

Quelle	Gegenwärtiger Markt (10^6)	1990 (10^9)	2000 (10^9)
T. A. Sheets	25		64,8 [a]
Business Communications Co. Inc.	60	13,0	
IMSWORLD		27,0 (nur US)	
Information Services (London)	10	0,5	
OTA Bericht: Produkte, die auf r-DNS-Technologie basieren:	Nahrungsmittel und Pharmazeutika		7,4
	Chemische Produkte		7,2
Policy Research Corp., kumulativ 1980–2000 Produkte die durch gentechnologische Verfahren hergestellt werden:	Landwirtschaft	50,0	100,0
	Medizinische Produkte	5,0	10,0

Predicasts: 103 Mrd. US$ in Landwirtschaft, Nahrungsmitteln und Getränken bis zum Jahr 1995

[a] Durchbrüche nach Sektoren gemäß der T.A. Sheets Schätzung: Alternative Energieprodukte 16,3; neue Futtermittel 12,6; Produkte des Gesundheitssektors 9,1; industrielle Chemikalien durch Biotechnologie 10,5; landwirtschaftliche Chemikalien 8,5; Kupfer- und Nickelgewinnung 4,5. Man beachte, daß hierbei noch potentielle neue Sektoren ausgelassen werden wie mikrobielle Rückgewinnung von Kohlenwasserstoffen wie durch Moses verfochten (Biotechnology, A Guide for Investors, Economist Intelligence Unit) oder Gordon D. Allen, Management Counsellors (s. "Bio-Feedback. Contributions from the FAST Bio-Society Network towards a Community Strategy for European Biotechnology", FAST, FOP 40, 1982).

1.1.2 Reaktionen aus Wissenschaft, Industrie und Politik

1.1.2.1 Antworten aus dem akademischen System

Universitäten und Fachhochschulen und die sie finanzierenden Körperschaften haben sehr stark auf die Herausforderung der Biotechnologie reagiert, trotz der allgemeinen finanziellen Engpässe. Großbritannien hat eine Reihe von Empfehlungen des SPINKS-Komitees (s. weiter unten) akzeptiert, zusätzliche Lehrstühle an Universitäten einzurichten, und versucht, zusätzliche Mittel zur Unterstützung von Biotechnologie auf acht dafür bestimmte Universitäten zu konzentrieren. In Frankreich wird das Hauptgewicht auf die Rolle der Technischen Universitäten in Toulouse und Compiègne gelegt, sowie auf das Pasteur- Institut und das Fermentationszentrum, das in der Nähe von Paris gegründet wird — basierend auf der INRA Dijon Erfahrung. Die Bundesrepublik Deutschland hat ein Postgraduierten-Studium für Biotechnologie entwickelt, besonders am Institut für Gärungsgewerbe und Biotechnologie in Berlin (Vollzeitstudium), aber auch durch Kurse in anderen Universitäten und durch Kurse für Praktiker, die mit einschlägigen Einrichtungen wie der Gesellschaft für Biotechnologische Forschung (Braunschweig) und DECHEMA (Frankfurt) in Verbindung stehen. Parallel zu dieser Entwicklung gab es eine zunehmende Finanzierung von Ausbildungsmaßnahmen durch die öffentliche Hand und ein aufkommendes Interesse von Privatunternehmen, die Universitätsforscher entweder zu finanzieren oder mit ihnen zusammenzuarbeiten. Während daraus Probleme hinsichtlich des freien Informationsflusses im akademischen System erwachsen — eine Tatsache, über die besonders in den USA debattiert wird —, ist in Europa eine größere Betroffenheit über das Ungleichgewicht des Ergebnistransfers zwischen Wissenschaft und Industrie zu verzeichnen (dies kommt besonders in Großbritannien und Frankreich zum Ausdruck).

1.1.2.2 Antworten aus der Industrie

Der Zuwachs von Unternehmen der Biotechnologie ist in den USA am deutlichsten zu sehen und am ausführlichsten dokumentiert: Im April 1981 waren bereits über 100 Gesellschaften gegründet, deren am Wertpapiermarkt offeriertes Kapital 1,1 Mrd. US$ übersteigt. Eine der bekanntesten ist Cetus (Kapitalwert 250 Mio. US$ im Februar 1984) und Gentech (5,2 Mio. US$ im Februar 1982). Das sind Beispiele aus dem Bereich der speziellen Biotechnologieunternehmen. Zu den finanzkräftigsten gehören jedoch die Unternehmensgruppen im Bereich Mineralöl, Chemie und Pharmazie, die sehr stark investieren (s. Kasten S. 15). Multinationale Gesellschaften wie etwa Monsanto oder Hoffmann La Roche sind in Europa sehr stark vertreten und verfolgen typischerweise eine langfristige Strategie, die sich auf vier Elemente stützt:

— Entwicklung von Kapazität und Know-how in eigenen Forschungszentren (z. B. Monsanto: St. Louis; Dupont: Birmingham; Hoffmann La Roche: New Jersey; d. h. hauptsächlich in den USA, das gilt selbst für europäische Firmen);
— Forschungsabkommen mit spezialisierten Biotechnologiegesellschaften (Beispiele s. Kasten S. 15);

– Forschungsabkommen mit Personen in universitären Schlüsselpositionen und mit universitären Teams;
– Verteilung der Risiken und Kosten der langfristigen Forschung und von „Wagnis"vorhaben zwischen Firmen, die schwerpunktmäßig nicht in direktem Wettbewerb zueinander stehen, durch „gemeinsame Forschungsunternehmen" – z. B. Biogen; beachtenswert ist auch das Beispiel Cetus, das – obgleich als öffentlich bezeichnet – von den großen Unternehmen kontrolliert wird (fünf von neun Direktoren); das französische Beispiel ist Transgène, gegründet durch Parisbas, Assurance Générale, Elf Aquitaine, BSN und l'Air Liquide.

Beispiele für F & E Ausgaben, die einen Bezug zur Biotechnologie haben

1. Dupont: 150 Mio US$ Investitionen zwischen 1982–84; 1981 F & E Ausgaben in den Naturwissenschaften über 180 Mio US$.
2. 67 Mio US$ (Inflationsindex) 10-Jahresvertrag zwischen Hoechst und Massachusetts General Hospital, für Forschung in Molekularbiologie.
3. 6 Mio US$ Abkommen zwischen Dupont und Harvard Medical School, für Forschung in Molekulargenetik.
4. 5 Mio US$ Fonds durch Shell für die Arbeit von Cetus an menschlichem Interferon; ebenso wird von einem 40 Mio US$ F & E Abkommen berichtet.
5. 70 Mio US$ Investition durch International Nickel, Schering-Plough, Grand Metropolitan und Monsanto in einer neuen Privatgesellschaft: Biogen; ursprünglicher Sitz in Genf.
6. 5 Mio US$ Beteiligung von Dow in Collaborative Genetics.
7. 29,4 Mio US$ Erwerb der DNAX Ltd, einer kleinen biotechnologischen Firma in Kalifornien durch Schering-Plough.

Europas große Mineralöl-, Chemie- und pharmazeutische Firmen sind in der Entwicklung der Biotechnologie aktiv – z. B. ICI, BP und Hoechst haben jeweils bedeutende, wenn auch bisher noch unprofitable Investitionen getätigt und zwar in der F & E sowie in den Produktionsmöglichkeiten von Einzeller-Eiweiß. Nahrungsmittelgesellschaften wurden tätig, insofern sie in der Lage waren, sich zu angemessenen Zusammenschlüssen bzw. gemeinsamen Vorhaben zu organisieren (vgl. die Investitionen durch Tate und Lyle und Amylum für den Isoglukoseprozeß); oder Unilever Entwicklung von pflanzlichen Zellgewebekulturen und seine Verbreitung von Techniken für Ölpalmen. Im pharmazeutischen Bereich sind viele europäische Gesellschaften führend im Weltmaßstab; zwei von ihnen, NOVO (Dänemark) und Gist-Brocades (Niederlande) bestimmen den Weltmarkt für Enzyme mit Anteilen von ungefähr 43 bzw. 32%.

Viele Unternehmen haben auf die Herausforderung durch Biotechnologie sehr nervös reagiert, besonders im Hinblick auf den sehr weiten Bereich der erforderlichen multidisziplinären Fertigkeiten und im Hinblick auf die vielen Marktsektoren, die potentiell von Biotechnologie betroffen werden. Die erforderlichen Fertigkeiten haben sie nicht im eigenen Hause zur Verfügung und es wird ihnen deutlich, daß ihre etablierten Einflußdomänen von einer unerwarteten Seite her angegriffen werden können. Von daher besteht eine große Bereitschaft, sich „draußen" nach Expertisen umzuschauen, Wissen von anderswo zu beziehen oder doch hinsichtlich des Know-hows der Biotechnologie eine Zusammenarbeit mit und Beteiligung an einigen bekannten Zentren anzustreben. Selbst europäische Gesellschaften haben dieses „Anderswo" und die „kompetenten Zentren" in den USA gesucht (vgl. das Hoechst-MGH-Abkommen; holländische Diskussionen mit IPRI, Kalifornien; Zusammenarbeit zwischen Großbritannien und Japan); während die US-Firmen ihrerseits mit gewohnter Gründlichkeit auf die europäischen Zentren biotechnologischen Sachverstands zugehen (vgl. Biogen und viele direkte Universitätskontakte).

Es ist schwierig, genaue, verläßliche und verständliche Zahlen zu erhalten; aber unser Urteil, das sich auf die verfügbaren Berichte und Daten bezieht, lautet, daß die USA in ihren Aktivitäten substantiell denen der gesamten Europäischen Gemeinschaft voraus ist:

a) in Anzahl und Größe von Investitionen in kleine, neue „Wagnis-Kapital"-Gesellschaften für Biotechnologie;

b) in der Entwicklung von mittelgroßen, spezialisierten Biotechnologieunternehmen wie Cetus, Gentech, Genex, Hybritech, Enzo, Damon usw.;

c) in Kapitalinvestitionen und der Struktur für Ausgaben in F&E durch die großen Mineralöl-, Chemie- und Pharmaziefirmen; es ist möglich, daß sich die großen europäischen Firmen im Bereich der Agrar- und Ernährungswirtschaft investitionsfreudiger verhalten; die Entmutigung in bezug auf Einzeller-Eiweiß und Isoglukose in Europa und die rapide Entwicklung dieser Zweige in den USA sind dazu angetan, diesen Vorteil aufzuheben. (Der Unterschied im Verhalten der US-Nahrungsmittelfirmen zu den Mineralöl-, Chemie- und Pharmaziegesellschaften ist leicht durch die führende Marktposition der ersteren und die strategische Verletzbarkeit der letzteren zu erklären.)

Der Abstand ist noch enger, wenn man die bedeutenden biotechnologischen Anstrengungen der Schweiz und der skandinavischen Länder mit einbezieht. In der Grundlagenforschung und den technologischen Kapazitäten ist die Situation sogar noch ausgewogener: Zusammenarbeit mit Europa und mit Forschungszentren in Europa bilden damit immer noch ein Hauptinteresse der USA und Japans.

1.1.2.3 Antworten aus der Politik

Die nationalen Regierungen der Europäischen Gemeinschaft[3] sind sich zunehmend der Herausforderungen und Möglichkeiten durch Biotechnologie be-

---

[3] Eine vollständigere Zusammenstellung von nationalen Initiativen zur Unterstützung der Biotechnologie findet sich begleitend in einer Hintergrundnotiz in: Kommission der Europäischen Gemeinschaft, „Biotechnology: The Community's role", COM (83) 328 final/2.

wußt, und entsprechend haben Aktivitäten auf dem Gebiet der öffentlichen Politik in den jüngsten Jahren stark zugenommen. Die Zusammenstellung der Berichte in Tabelle 1.2 verschafft einen Einblick in das allgemein anwachsende Interesse, sowohl in der EG als auch andernorts.

Die frühen DECHEMA-Berichte in der Bundesrepublik Deutschland und das Interesse, das sie im Bundesministerium für Forschung und Technologie (BMFT) weckten, führten zu einer machtvollen Antwort der Öffentlichkeit: Zwischen 1972 und 1978 wurden etwa 200 Mio DM für F & E in den Feldern „Bioengineering", angewandte Mikrobiologie und Zellkulturtechnologie ausgegeben. Im laufenden Plan ist vorgesehen, die Ausgaben für Biotechnologie von 55 Mio auf 70 Mio pro Jahr anwachsen zu lassen. Über eine Zusammenarbeit in „Wagnis"unternehmen wird mit Japan, Schweden, Kanada und Großbritannien verhandelt, wenn sie nicht bereits im Gange ist. Die darauf folgenden französischen Berichte, angefangen mit dem Buch von Gros, Jacob und Royer, der Enthusiasmus der gegenwärtigen französischen Regierung für steigende Forschungsausgaben und die Nationalisierung (gefolgt von gemeinsamer strategischer Planung) von Firmen mit fachlichen Schlüsselpositionen − all das zeigte Frankreichs Entschlossenheit an, eine bedeutende Position in der Biotechnologie zurückzugewinnen. Seine Position war relativ schwach gewesen: mit dem Erwerb von Rapidase durch Gist-Brocades hatte es keine auf Eiweiß spezialisierte Unternehmung mehr, die im eigenen Land kontrolliert wurde; die fragmentarische Struktur der agrarischen Nahrungsmittelindustrie bedeutete, daß es keinen Kern für Expertisen gab, der z. B. mit Unilever vergleichbar wäre. Und im Bereich fortgeschrittener Verfahren der Fermentierung war nur Rhone-Poulenc stark. Diese industrielle Schwäche steht im Gegensatz zur beachtlichen wissenschaftlichen Stärke, z. B. des Institut Pasteur in Genetik oder von Compiègne in Enzym-Technologie. Die Gründung der „Mission Biotechnologie" unter Professor Douzou und der kürzlich veröffentlichte Dreijahresplan über 600 Mio Francs für Biotechnologie (mit dem Schwerpunkt Pflanzengenetik − eine logisch erscheinende Antwort im Hinblick auf Frankreichs landwirtschaftliche Ressourcen) gehen mit der von der Regierung vorgegebenen Perspektive konform, daß Frankreich bis zum Jahre 1990 ungefähr 10% des Weltmarktanteils für Produkte der Biotechnologie gewinnen sollte. Großbritanniens Potential im Bereich Biotechnologie ist an sich sehr groß; es kann sich auf seine beiden erfolgreichen und innovativen Unternehmen in Chemie, Pharmazie und Nahrung und auf einen starken Forschungssektor an den Universitäten verlassen, von denen Zentren wie das molekularbiologische Laboratorium des Medical Research Councils in Cambridge die bekannten Spitzen sind. Erwähnt wurden bereits Initiativen der staatlichen Politik (Universitätsstellen, die Gründung von Celltech), mit denen die Regierung auf die Empfehlungen des Spinks-Berichts reagiert hat; aber diese Initiativen sind bescheiden im Gesamtmaßstab und in bezug auf die im Bericht betonte Notwendigkeit einer „strategisch angewandten Forschung":

− Die Forschungsräte (Wissenschaft und Ingenieurwesen, Medizin, Landwirtschaft und natürliche Umwelt) gaben über 7 Mio £ pro Jahr für Biotechnologie aus und eine noch größere Summe für Forschungen auf verwandten Ge-

Tabelle 1.2. Wichtige Literatur über Biotechnologie

1974	BR Deutschland	Dechema, für BMFT, *Biotechnologie.*
1976	Japan	Mitsui, *Present and Future of Enzyme Technology.*
1976	GB	A. N. Emery, für den Wissenschaftlichen Forschungsrat, *Biochemical Engineering.*
1977	Kommission der EG	DG XII, "Possible Action of the European Communities for the optimal exploitation of the fundamentals of the new biology in applied research".
1978	Europa	Dechema, organisiert den ersten europäischen Kongreß zur Biotechnologie, Interlaken, Schweiz; Gründung der European Federation of Biotechnology (EFB).
1979	Frankreich	F. Gros, F. Jacob, P. Royer, „Sciences de la vie et société", für den Präsidenten der Republik.
1979	Frankreich	J. de Rosnay: *Biotechnologies et Bio-Industrie*
Jan. 80	BR Deutschland	BMFT Leistungsplan 04, *Biotechnologie.*
März 80	GB	Spinks Report, "Biotechnology: report of a joint Working Party" (ACARD, ABRC, Royal Society).
Mai 80	Belgien	SPPS, "Développements en matière de biotechnologies".
Sept. 80	Kanada	Miller *et al, Biotechnology in Canada.*
Feb. 81	Kanada	Report to Minister for Science and Technology, "Biotechnology: a development plan for Canada".
Feb. 81	Frankreich	J. C. Pelissolo, "la Biotechnologie, demain?"
März 81	GB	Govt. White Paper, *Biotechnology* (Antwort auf Spinks).
April 81	USA	O. Zaborsky, "Biotechnology at the National Science Foundation".
April 81	USA	Office of Technology Assessment, *Impacts of Applied Genetics: Micro-Organisms, Plants and Animals.*
Mai 81	Niederlande	STT, *Biotechnology: A Dutch Perspective.*
Mai 81	Irland	NBST, *Biotechnology Trends.*
Sept. 81	USA	Office of Technology Assessment, "Project proposal for a comparative assessment of biotechnology".
Sept. 81	Spanien	*La ingenieria genetica en la biotechnologia* (Centro para el Desarrollo technologico Industrial, Ministerio de Industria y Energia).
Okt. 81	Japan	Bericht, "Heading toward new Research and Development", von der Studiengesellschaft zur Gründung eines Langzeitplans zur Entwicklung industrieller Technologie.
Nov. 81	UNIDO	"The establishment of an International Centre for Genetic Engineering and Biotechnology (ICGEB)", Bericht einer Expertengruppe (Vorschläge).
Nov. 81	Australien	"Biotechnology R & D: the application of DNA techniques in research and opportunities for biotechnology in Australia" (CSIRO).
Dez. 81	USSR	Rede des Akademiemitglieds Ovchinnikov bei der Jahreshauptversammlung der Sowjetischen Akademie der Wissenschaften.
April 82	Niederlande	Programmacommissie Biotechnologie: Innovatieprogramma Biotechnologie (Vorsitzender: Prof. R. A. Schilperoort).
Sept. 82	OECD	*International Trends & Perspectives in Biotechnology:* A State of the Art Report von A. T. Bull, G. Holt und M. D. Lilly.
Dez. 82	Frankreich	Programme Mobilisateur of the Mission Biotechnologie.
Dez. 82	Italien	ENI-Gruppe, „le Prospettive dell'Ingegneria Genetica".

Tabelle 1.2. (Fortsetzung)

Dez. 82	Kommission der EG	FAST Bericht, der eine Strategie der Gemeinschaft für die Europäische Biotechnologie vorschlägt (getrennter Bericht – März 83).
März 83	Schweden	„Bioteknik: Utbildning, Forskning", UHÄ-rapport.
März 83	USA	*Competitive and Transfer Aspects of Biotechnology, with Data Base and Policy Options*, Bericht, vorbereitet von einer inter-agency Arbeitsgruppe für Office of Science and Technology Policy des Weißen Hauses. McGraw-Hill's *Biotechnology Newswatch* unter dem Titel, "Biobusiness World Data Base".

bieten bzw. für Fragestellungen in anderen Bereichen mit Bezug zur Biotechnologie.
- Die Unterstützung des Industrieministeriums für F&E beträgt ungefähr 2,5 Mio £ pro Jahr; von den üblichen Fördermitteln für Industrieinvestitionen fließen ungefähr 15 Mio £ pro Jahr in Investitionen im Bereich der Biotechnologie.
- Die Zuwendungen des „University Grants Committees" wuchsen auf 1 Mio £ pro Jahr an, um zusätzliche Stellen zu schaffen und Unterstützung für die Forschung sicherzustellen.

Die öffentliche Förderung zielt im Schwerpunkt auf Initiativen im privaten Wirtschaftsbereich innerhalb eines Klimas, das auch die Unternehmen zu entsprechenden Investitionen ermutigen soll. Selbst in einem so kurzen Überblick über Reaktionen der staatlichen Politik auf die Biotechnologie im Rahmen der Europäischen Gemeinschaft müssen wir die Niederlande erwähnen. Auf dem Hintergrund des äußerst nützlichen Übersichtsmaterials über die holländischen Potentiale in Biotechnologie (STT, 1981) ist nun der Schilperoort-Bericht zu sehen, der eine Aufstockung des bestehenden Haushalts zur Finanzierung eines 75 Mio Gulden Innovationsprogramms empfiehlt. Hierbei liegt die Betonung eher auf der Rolle, die die einschlägigen holländischen Unternehmen (z. B. Shell, Gist-Brocades, Akzo) spielen sowie auf der Verbesserung der Beziehungen zwischen Regierung, Universität und Industrie, und weniger auf der Unternehmensneugründung. Die Stärke in Biotechnologie spiegelt sich in mehreren leistungsfähigen Universitätszentren (Amsterdam, Delft, Groningen, Wageningen) wider. Einer verbesserten Koordinierung dient das Fortbestehen des Programmkomitees für Biotechnologie (dessen Vorsitzender Prof. Schilperoot ist). Ein anderer starker Faktor der holländischen Biotechnologie liegt in der entwickelten Landwirtschaft und in dem damit verknüpften Know-how in Genetik – dies sind anerkannte Stärken, die sehr wohl US- und japanische Interessen anziehen.
Dänemarks Biotechnologie gründet sich ganz ähnlich auf große inländische Firmen – NOVO für Pharmazie und Enzyme, und auf die eher traditionellen Fermentierungskenntnisse der Bierherstellung, die zur Gründung eines außergewöhnlichen internationalen Forschungszentrums in Pflanzengenetik und Zellbiologie an den Carlsberg-Laboratorien beigetragen haben: Der universitäre Sektor spiegelt die Bedeutung dieser auf Fermentierung gegründeten Industrien

wider und unterstützt sie. Wie die Niederlande verfügt Dänemark über die Stärke eines fortschrittlichen und produktiven Landwirtschaftssektors.

Belgien hat eine starke chemische Industrie und außergewöhnliche Stärken in seinen Universitäten und Forschungsinstituten im biomedizinischen Sektor (z. B. das Institut für Zellular- und Molekular-Pathologie) und in der Pflanzengenetik (Universität von Gent) sowie in anderen Bereichen (z. B. Bakteriologie in verschiedenen Institutionen). Die internationalen pharmazeutischen Konzerne werden von der hohen Qualität der Infrastruktur angelockt, die den Forschungsteams an den verschiedenen Universitäten des Landes zur Verfügung gestellt wird. Das ziemlich offene Wirtschaftssystem und die Präsenz zahlreicher multinationaler Firmen (chemische, pharmazeutische, Nahrungsmittelindustrie) stellt den belgischen Staat vor das Problem, die Vorteile ausländischer Investitionen mit den Rückwirkungen eines möglichen „brain-drain" durch Abwanderung von Wissenschaftlern in diese Unternehmen, bei nur geringem Nutzen für die heimische Wirtschaft, zum Ausgleich zu bringen. Auf der Ebene der regionalen Verwaltungen versuchen Wallonien, Flandern und Brüssel ausländische Investitionen in hochtechnologische Sektoren wie die Biotechnologie anzuziehen. Auf der Ebene der staatlichen Behörden koordiniert die IRSIA (eine nationale Industrieforschungsassoziation) F & E-Projekte zu biotechnologischen Themen (z. B. über Vektoren, Hefepilze, pflanzliche Gewebekulturen) an belgischen Forschungszentren; sie wird finanziert von 14 belgischen Firmen (Zweijahreshaushalt, etwa 200 Mio BF).

Das SPPS (Forschungsministerium) hat während der letzten zehn Jahre außergewöhnlich gute Forschungszentren in Molekularbiologie auf dem Wege „konzertierter Forschungsaktionen" unterstützt (jährlicher Haushalt 200 Mio BF). Zusätzlich wurde die Organisation einer koordinierten Sammlung von Mikroorganismen begonnen.

Irland versucht wie Belgien ganz nachdrücklich ausländische Investitionen anzuziehen und verspricht sich Vorteile von seinem entwickelten Bildungssystem. Außerdem zielt es auf größere Ausbeutung des suboptimal genutzten landwirtschaftlichen Potentials. Der NBST-Bericht stellt Chemie, Pharmazie, Gesundheitswesen und Nahrungsmittelherstellung als Sektoren mit Verfahren und Produkten von spezieller potentieller Bedeutung heraus. Zudem wird die Möglichkeit eines Technologietransfers von innovativen US-Firmen erwähnt.

In Italien gibt es keine breit veröffentlichten nationalen Berichte über Biotechnologie, aber die Stärke der dortigen chemischen und pharmazeutischen Industrie weist auf offensichtliche, mögliche Stützpunkte hin. Beachtliches Forschungspotential ist vorhanden, so bei ASSORENI (der Forschungszweig der ENI-Gruppe). In der Landwirtschaft war das Scheitern des Einzeller-Eiweiß-Projekts bei Liquichima und BP ein bedeutender Rückschlag für die Biotechnologie.

Größere Initiativen im Bereich Biotechnologie sind in Griechenland 1983 ins Leben gerufen worden: Besonders zu erwähnen sind das Institut für Molekularbiologie in Heraklion auf Kreta und die Gründung der Bio-Hellas Gesellschaft[4].

---

[4] Eine ausführliche Beschreibung findet sich in „Biotechnology in Greece: Opinions and developments", FAST, FOP 63, 1983.

Nachdem wir uns auf diese Weise einen kurzen Überblick über Reaktionen von Universitäten, Industrie und Regierungen verschafft haben, müssen wir nun die Frage stellen, ob vom Standpunkt der EG als ganzes hiermit bereits angemessene Antworten auf die große Herausforderung der Biotechnologie vorliegen.

1.1.3 Die langfristige strategische Herausforderung an die Staaten der Europäischen Gemeinschaft

1.1.3.1 Auf dem Wege zu einer europäischen Perspektive

Biotechnologie ist von grundlegender Bedeutung für Europa, und doch wird die europäische Dimension kaum in den Berichten, auf die wir uns beziehen, erwähnt, mit Ausnahme von Gros, Jacob und Royer, die auf die Wahrscheinlichkeit hinweisen, daß die neuere Lehre und Folgeeinschätzung der biologischen Forschung in der Zukunft europäischer werden wird, weil deren Mannigfaltigkeit und Komplexität so groß geworden sind, daß eine ausreichend große und kompetente Gruppe nur noch auf europäischer Ebene zusammengebracht werden kann und nicht mehr auf nationaler Basis. Sie betrachten die Naturwissenschaften als einen Zweig, der eine besonders enge Zusammenarbeit der europäischen Staaten erfordert.

Wie in den vorangegangenen Abschnitten gezeigt wurde, sehen die jeweiligen Regierungen die Entwicklung der Biotechnologie nicht als eine Frage an, die man exklusiv den Universitäten oder der Industrie überlassen sollte; und sie bemühen sich, die Biotechnologie jeweils am wirkungsvollsten anzukurbeln, ihr eine Richtung zu geben und sie zu unterstützen. In welchen Sektoren sollten oder könnten sie vorrangig zusammengehen und ihre Anstrengungen konzentrieren? Welche Verbindungen zwischen den Industrien und welche zwischen Universitäten und der Industrie sollten gefördert werden?

Biotechnologie wird ein beträchtliches Durchstehvermögen in einer Zeit erfordern, in der die Landwirtschaft, das Gesundheitswesen und einige Sektoren der Industrie tiefen Wandlungen ausgesetzt werden. Die Rückwirkung auf ganze Zweige der Wirtschaft in den nächsten 15 bis 20 Jahren wird beträchtlich sein, zuerst besonders im Bereich der Medizin, dann aber zunehmend auch in der Landwirtschaft, in agrarischen Nahrungsmitteln und in der Chemie. Umweltgestaltung, Abfallbeseitigung und Recycling werden sich kräftig entwickeln. Im Energiebereich werden ebenfalls nützliche Beiträge von Stoffen erhältlich sein, die auf Biomasse basieren.

In all diesen Bereichen und in den wissenschaftlichen Schlüsseldisziplinen, auf denen Biotechnologie beruht, zeichnet sich Westeuropa durch bedeutende, ja sogar hervorragende Fertigkeiten und beträchtliche industrielle Stärke aus. Viele Zweige der modernen Biotechnologie – Impfungen, Antibiotika, Brauen, Genetik, Tier- und Pflanzenproduktion – haben hier ihren Ursprung und sind am weitesten entwickelt. Mehr noch, die physikalischen und geographischen Besonderheiten weisen eine vorteilhafte Verschiedenheit auf, von mediterranen bis hin zu arktischen Bedingungen mit einer entsprechenden Vielfalt an Landschaften und Vegetation. Hinzu kommen die verschiedenen Kulturen, die zwar auf politischer und institutioneller Ebene Probleme der Partikularisierung hervorrufen, aber ein breites Spektrum wissenschaftlicher Denkansätze und technologischer Entwicklungen hervorbringen und damit ein großes Reservoir für kreatives Potential bieten. Die Europäer besitzen mehr Land als die Japaner und mehr Geschichte als die Amerikaner, und die Entwicklung der Biotechnologie wird und sollte genau diese Unterschiede widerspiegeln.

Gleichzeitig kann es natürlich keinen Zweifel über das Ausmaß der industriellen und wissenschaftlichen Herausforderung für Europa geben — besonders durch die USA und Japan. Wenn wir nach vorne schauen und uns an die Geschichte der Mikroelektronik erinnern, gibt es überhaupt keinen Grund für die Annahme, daß Europas anfänglich starke Position ein für allemal erhalten bleibt.

Trotz der Verschiedenheit ihrer Ausgangspositionen haben die Mitgliedstaaten der Europäischen Gemeinschaft in weitgehend ähnlicher Weise auf die Herausforderung der Biotechnologie reagiert und ihre Bedeutung für die Zukunft herausgestrichen. Auch hat man einhellig den Stellen und Regierungen hierbei eine besondere Rolle zugeschrieben: Es wird als notwendig und wünschenswert angesehen, daß der Staat dem ganzen Anreize vermittelt und koordinierend Richtung weist. Und doch wird nur in wenigen nationalen Berichten die europäische Dimension hervorgehoben, und manche Politiker auf nationaler Ebene mögen die europäische Zusammenarbeit sogar als Bedrohung ihrer persönlichen Einflußsphäre ansehen.

Wenn wir Europa als ganzes betrachten, gilt es das Potential, die gegenwärtig starke Wettbewerbsposition in Biotechnologie beizubehalten. Dagegen steht das klare Risiko von Zersplitterung und „provinzieller" Leistung, wenn die meisten Mitgliedstaaten der Gemeinschaft in allen Bereichen gleichzeitig stark werden wollen oder durch eine Beschaffungspolitik und Investitionen der öffentlichen Hand versuchen, die nationalen Volkswirtschaften als exklusive Gehege heimischer Unternehmen zu schützen.

1.1.3.2 Europäische Antworten von Wissenschaftlern

Einige europäische Antworten sind auf wissenschaftlicher Ebene innerhalb der internationalen wissenschaftlichen Vereinigungen (s. Kasten S. 23) zustandegekommen. Viele Wissenschaftler mit beratenden Funktionen in der Forschungspolitik haben den Wert dieser internationalen Aktivitäten und konsequenterweise die Bedeutung einer Förderung von Forschungsreisen und wissenschaftlichem Austausch hervorgehoben. Solche Aktivitäten können die verstreuten und unabhängigen Forschungszentren in Europa in einer Art de facto-Netzwerk verbinden. Darin könnten die Aktivitäten ungehindert von der Rücksichtnahme auf einen starren institutionellen Apparat dem jeweils wechselnden Bedarf flexibel angepaßt werden.

Und doch arbeiten die Wissenschaftler ebenso wie die Unternehmen innerhalb der institutionellen und finanziellen Zwänge ihrer jeweiligen Position unter weitgehend nationalstaatlichen Rahmenbedingungen.

**Antworten europäischer Wissenschaftler auf die Herausforderungen
der Naturwissenschaften und der Biotechnologie**

Schon länger existierende Vereinigungen in den drei Basisdisziplinen:

- der Verband Europäischer Gesellschaften für Mikrobiologie (FEMS);
- der Verband der Europäischen Gesellschaften für Biochemie (FEBS);
- der europäische Verband für Chemietechnik (EFCE).

Zusammenarbeit mit der

- Organisation für Europäische Molekularbiologie (EMBO) führte zur Gründung des
- Europäischen Laboratoriums für Molekularbiologie, Heidelberg — ein erfolgreiches Beispiel für die europäische Zusammenarbeit. In der Konzeption der EMBO ähnlich ist die
- Europäische Organisation für Zellbiologie (ECBO). (Der 1. Kongreß im Juli 1982 in Paris wurde ein großer Erfolg.)

Für Zusammenarbeit in Fragen der Lehre an Schulen und Universitäten und soziale Fragen im weiteren Sinn

- die Assoziation von Biologen aus der Europäischen Gemeinschaft (ECBA).

Für speziellen Unterstützungsbedarf, insbesondere für die Sammlung von Kulturen:

- der Europäische Verband für Sammlungen von Zellen und Viren, und
- die Europäische Organisation von Kuratoren für die Sammlung von Kulturen. Sie wurden in den Jahren 1981 und 1982 gegründet.

In den angewandten Gebieten gibt es aktive und effektiv arbeitende Gruppen: z. B. EUCARPIA, die Europäische Assoziation von Pflanzenzüchtern, mit 16 spezialisierten Arbeitsgruppen und Untergruppen; und die Europäische Assoziation für tierische Produktion, deren neun Studiengruppen eine langfristige Folgeeinschätzung der Viehproduktion in Europa (Elsevier) durchgeführt haben. Nützliche Kommunikationszentren für die europäische Industrie sind die Europäische Assoziation der Verbände der chemischen Industrie (CEFIC), der Rat der Agrar-Nahrungsmittelindustrie, der Europäische Verband der Vereinigungen der pharmazeutischen Industrie (EFPIA), sowie spezialisiertere Gruppen [z. B. die Vereinigung der Produzenten von mikrobischen Nahrungsmittelenzymen (AMFEP)].

Der Hauptanziehungspunkt für die Biotechnologie in Europa ist die 1978 gegründete Europäische Föderation für Biotechnologie, sie verbindet über 40 Gelehrten-Vereinigungen, unterstützt circa zehn spezialisierte Arbeitsgruppen und organisiert sich über drei Sekretariate:

- DECHEMA (Frankfurt),
- Society of Chemical Industry (London),
- Société de Chimie Industrielle (Paris).

Sie ist ein wichtiger Teilnehmer im FAST-Netzwerk für Biogesellschaft und in FAST-Projekten (C 1.1, C 2, C 7).

1.1.3.3 Die Rolle der EG bei der Koordinierung der europäischen Kapazitäten in der Biotechnologie

Die Entfaltung der Politik der Europäischen Gemeinschaft im Bereich Forschung und Entwicklung und die Beurteilungskriterien für die Eignung verschiedener Zweige oder Projekte für bestimmte Vorhaben der Gemeinschaft sind bereits an anderer Stelle beschrieben worden. Zug um Zug hat die Gemeinschaft allmählich eine Reihe von Forschungsprogrammen aufgelegt, die verschiedene Aspekte der Naturwissenschaften und der Biotechnologie abdecken: Sie sind im Kasten S. 24 zusammengefaßt.

F & E-Vorhaben der Gemeinschaft zur Biotechnologie

- *Forschung im Bereich Energie:* Sonnenenergie: Projekt D: Photobiologische Forschungsprojekte; Projekt E: Energie aus Biomasse, Forschungs- und Demonstrationsprojekte.
- *Strahlenschutz:* Strahlungsmessung und ihre Interpretation, Verhalten und Kontrolle von Strahlungsnukliden in der Umwelt, kurzfristige somatische Auswirkungen von ionisierender Strahlung, langfristige Auswirkungen von ionisierender Strahlung, genetische Auswirkungen von ionisierender Strahlung, Bewertung von Strahlungsunfällen.
- *Medizinische Forschung:* Gesundheitsprobleme: prä-, peri- und postnatale Betreuung: Altern, Invalidität, Behinderungen; Zusammenbruch des Anpassungssystems, Humantechnologie, menschliche Arbeitskraft. Persönliche Umgebung (Diät und Medikamente): Ernährung, Pharmazie.
- *Umwelt- und Rohstoffprogramme:* Abwässerschlamm, organischer Abfall, anaerobe Verdauung, wiederverwertbare Rohstoffe (Holz), mikroorganische Verschmutzer in der Luft und im Wasser.
- *Landwirtschaftliche Forschungsprogramme:* Bodennutzung, ländliche Entwicklung, mediterrane Landwirtschaft, Abfallbehandlung aus intensiver Tierhaltung, Tierpathologie, Viehproduktivität, biologische Pestizide, Pflanzenverbesserung, alternative Nutzung für Überschüsse, Baumkrankheiten, pflanzliche Eiweiße.
- *COST-Programme:* (d. h. unter Einschluß von Ländern außerhalb der Gemeinschaft): Einzeller-Eiweiß, pflanzliche Gewebekulturen, Gewinnung tierischer Futterstoffe aus Ligninzellulose (im Verbund mit der OECD).
- *Wissenschaft und Technologie zur Entwicklung:* Programme zur tropischen Landwirtschaft, Gesundheit und Ernährung.

Biomolekulares Engineering Programm (vereinbart im Nov. 1981, nach fünfjähriger Diskussion): immobilisierte Enzymsysteme; genetische Manipulation; Einschätzung von Risiken: Beseitigung von Engpässen, die eine volle Ausnutzung der durch die Basismolekularbiologie erhaltenen Methoden und Resultate verhindern.

In anderen Bereichen stößt die Politik der Gemeinschaft geradezu auf Biotechnologie: Zum Beispiel muß sich die Kommission im Rahmen ihrer industriellen oder wirtschaftlichen Zuständigkeit für die Harmonisierung von Normen und Vorschriften mit Produkten, Verfahren und Fachausdrücken aus Industriebereichen wie z. B. Tierzucht, Nahrungsmittelherstellung und Pharmazie befassen. Viele Sparten der Naturwissenschaften und deren Anwender in Industrieproduktion und Umweltgestaltung bauen die von ihnen benötigte Informationsbasis mit Hilfe von Datenbanken auf, die durch das EURONET-DIANE-System verbunden sind; viele dieser Datenbanken kamen mit Unterstützung der Gemeinschaft unter der Schirmherrschaft des Ausschusses für Dokumentation von Information in Wissenschaft und Technik zustande. Diese Beispiele veranschaulichen die Bandbreite von Biotechnologie und deren „Einsickern" in die Arbeit der Kommission quer zu den verschiedenen Zuständigkeiten und auch quer zu den verschiedenen Programmen, die immer nur aus einer Einzelfallbegründung heraus genehmigt werden. Hiervon unterscheidet sich das Programm für „Biomolecular Engineering". Mit ihm verbindet sich das Ziel einer breiteren und langfristigeren Strategie. Die Geschichte dieses Programms geht bis in das Jahr 1975 zurück. Mitarbeitern der Kommission, die für den Bereich der biomedizinischen Forschung verantwortlich waren, wurde die Notwendigkeit zur Koordinierung und/oder Anregung von Initiativen auf europäischer Ebene zur Nutzbarmachung der „neuen Biologie" bewußt. Das Rüstzeug des Programms ergab sich aus der Vergabe von mehreren flankierenden Studien[5], und nach einer ausführlichen Abschlußdiskussion mit Teilnehmern aus Industrie, Wissenschaft und Regierungen, die sich mehrere Jahre hinzog, wurde dem Programm für Biomolekulartechnik im November 1981 zugestimmt. Diese auf sechs Jahre ausgedehnte „Austragung" der Bemühungen um Unterstützung für dieses Programm und um die Zustimmung des Ministerrats erhellt einige der Schwierigkeiten, die entstehen, wenn es um Zusammenhalt und Zustimmung für gemeinsame europäische Programme geht. Aber es ist genau diese Art von Herausforderung, die die Einrichtungen der Europäischen Gemeinschaft bestehen müssen.

Das 1983 gebilligte neue Rahmenprogramm für die F & E-Politik der Gemeinschaft[6] strebt einen solchen stärkeren Zusammenhang an; und die anvisierten Fragestellungen des FAST-Teilprogramms „Biogesellschaft" beruhen im besonderen auf dem Themenplan zur „Biotechnologie", der Bestandteil des Rahmenprogramms ist.

Das FAST-Teilprogramm „Biogesellschaft" versuchte den FAST-Auftrag im Zusammenhang von Biotechnologie und den Naturwissenschaften zu interpretieren und Forschung innerhalb und außerhalb der Kommission durch die Netzwerke, sowie durch zwölf Projekte oder Arbeitsgruppenvorhaben zu ver-

---

[5] Rörsch, A.: Genetic manipulations in applied biology: A study of the necessity, content and management principles of a possible Community action. Kommission der Europäischen Gemeinschaft, EUR 6078 EN, 1978; Thomas, D.: Production of biological catalysts, stabilisation and exploitation. Kommission der Europäischen Gemeinschaft, EUR 6079 EN 1978.

[6] Framework programme for the science and technology activities of the European Community, 1984−1987. Kommission der Europäischen Gemeinschaft, COM (82) 865 final.

folgen. Die Ziele, Projektbeschreibungen, beauftragten Forschungsgruppen und Fördermittel sind in dem Programmdokument beschrieben[7]: Das war der Ausgangspunkt. Eine Auflistung der zwölf Projekte wird im Anhang 3, Abschnitt C gegeben, und einige der vielen Berichte und Papiere, die aus diesen Projekten hervorgingen, sind im Anhang 4 aufgezählt.

Über diese Projekte, die in Verbindung mit ihnen stattgefundenen Zusammentreffen und über selbstgesteuerte Netzwerkaktivitäten wurde eine Kohärenz zu erreichen versucht, indem man sich auf ein gemeinsames Kernthema oder -konzept bezog: „die Strategie der Gemeinschaft für eine neue Biotechnologie". Was kann und was sollte die Rolle der Gemeinschaft speziell hinsichtlich ihrer F&E-Programme beim Auffinden einer europäischen Antwort auf die Herausforderung durch Biotechnologie sein?

Die Aufgabe der Kommission ist es, beim frühzeitigen Erkennen von Konstellationen mitzuwirken, die vereinte Anstrengungen der Gemeinschaft als ganzes erfordern, sowie jene Probleme und Konflikte entweder zu vermeiden oder zu lösen, die im Zusammenhang mit der gegenwärtigen und der zukünftigen Politik möglicherweise entstehen. Vermeidung von Mittelverschwendung durch Doppelforschung innerhalb der Gemeinschaft, Förderung von Kooperation zwischen „nationalen" Industrien, Universitäten und Forschungszentren, Schaffung eines ermutigenden Klimas für Innovation und Antworten auf tatsächliche Bedürfnisse: Das sind die Herausforderung an die Gemeinschaft durch die Entwicklung der Biotechnologie.

Die Steuerung des europäischen „Bio-Systems" betrifft grundsätzliche Bedürfnisse und Fragen: Nahrung, Gesundheit und natürliche Ressourcen, Bodennutzung, industrielle Wettbewerbsfähigkeit und den Bedarf an Schlüsselqualifikationen. Die Studien des FAST-Programms Biogesellschaft haben die Notwendigkeit für eine Strategie der Europäischen Gemeinschaft im Bereich Biotechnologie erhellt, die sich auf eine begrenzte Anzahl von strategischen Themen und Fragen gründet. Diese wurden schließlich den folgenden strategischen Feldern zugeordnet, die in den nächsten vier Abschnitten diskutiert werden.

– Grundlagenkenntnisse;
– Bodennutzung in Europa: die alte Bodennutzung und die neuen Technologien oder Steuerung von Europas erneuerbarem natürlichen Ressourcensystem;
– Europa und die Länder der „dritten Welt";
– Gesundheitswesen und Pharmazie.

Obwohl diese Punkte getrennt voneinander dargestellt werden, sollten wir ihre starke Interdependenz nicht übersehen. Der erste Punkt ist grundlegend für eine langfristige Stärke in den Schlüsselsektoren der zukünftigen Industrie; aus dem zweiten Punkt ergeben sich grundlegende Fragen nach der Bodennutzung, den Zielen der europäischen Landwirtschaft und der Basis für die europäische

---

[7] FAST-Teilprogramm Biogesellschaft: Forschungstätigkeiten. Kommission der Europäischen Gemeinschaft, EUR 7105 EN, FR, FAST, FD 5, 1980.

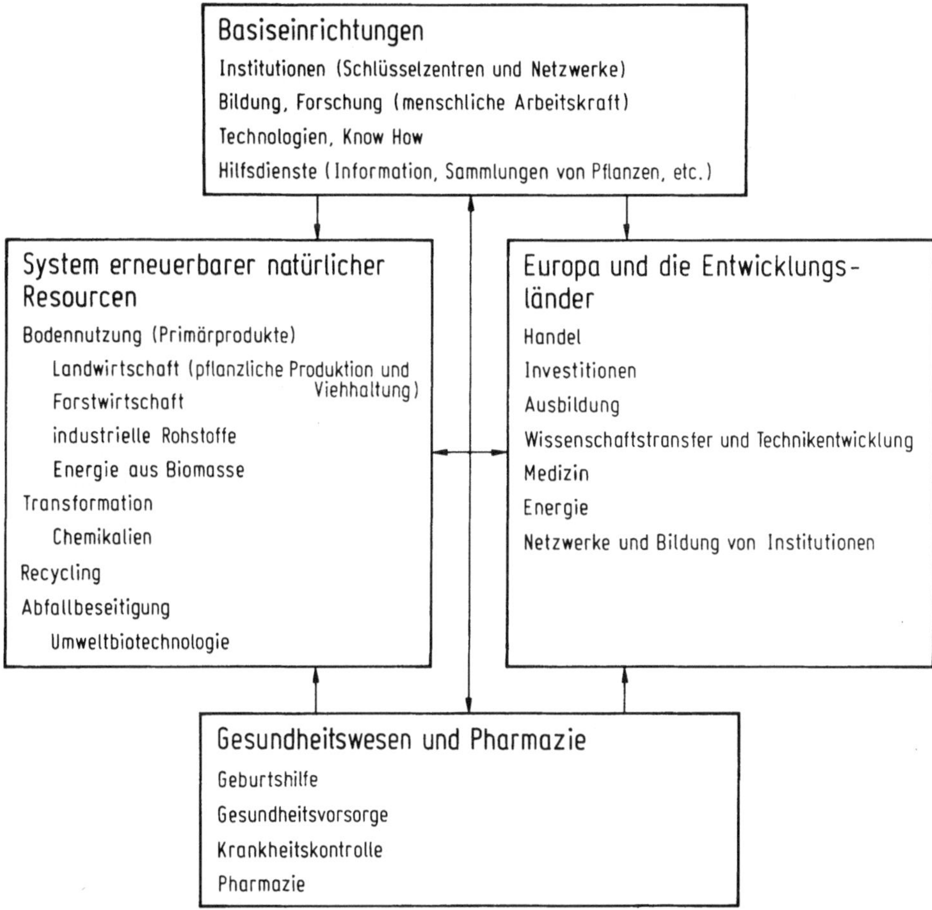

Abb. 1.4. Strategische Felder für die europäische Biotechnologie: Pfeile, starke Wechselwirkungen

Nahrungsmittelversorgung. Die großen gegenseitigen Abhängigkeiten werden durch Abb. 1.4 veranschaulicht.

Die Herausforderung für Europa ist von übergreifendem Charakter und berührt viele wissenschaftliche Disziplinen, viele Anwendungsbereiche und Industriesektoren, sowie alle Länder der Gemeinschaft. Die Antwort[8] auf die multidisziplinäre und multisektorale Herausforderung besteht in der Gründung von nationalen Koordinationsausschüssen für Biotechnologie (z. B. in GB und den Niederlanden; ebenso in der Schweiz). Doch sind die Risiken der Verdoppe-

---

[8] Die Kommission selbst hat seither ihre eigene Antwort entwickelt, eine ausführliche Diskussion, die im Dokument „Biotechnologie in der Gemeinschaft", COM (83) 672 final/2 und in dessen Anhang wiedergegeben wird, Sept.−Okt. 1983. Im Februar 1984 gründete sie innerhalb der Dienststellen der Kommission die „Konzertierte Einheit für Biotechnologie in Europa" (CUBE).

lung, Zersplitterung und aussichtsloser Unternehmungen vor allem internationaler Natur. Denn es wäre unrealistisch anzunehmen, daß selbst die größten Länder der Gemeinschaft allein in den Grundlagendisziplinen und Anwendungsbereichen der Biotechnologie „Weltklasse-Niveau" erreichen werden; und doch muß genau hierin ein Ziel für die Europäische Gemeinschaft als ganzes liegen.

1.2 Grundlagen für eine europäische Biotechnologie

1.2.1 Das Fundament einer Strategie der Gemeinschaft

Die Formulierung einer Strategie für ein Gebilde wie die komplexe und sich entfaltende Struktur der Europäischen Gemeinschaft ist ganz verschieden von der, sagen wir, Formulierung einer Unternehmensstrategie einer Firma. *Eine Strategie der Gemeinschaft für Biotechnologie muß sich auf die voneinander unabhängigen Strategien der Mitgliedsstaaten und auf das wahrscheinliche Verhalten der Unternehmungen im Privatsektor beziehen.* Dementsprechend ist eine *laissez-faire*-Haltung für die Europäische Gemeinschaft unakzeptabel, und zwar wegen:

— *externem Wettbewerbsdruck,* der das Tempo forciert und Verzögerung bestraft;
— *des Bedarfs an interner Kohärenz* in der Entwicklung der europäischen Biotechnologie (die fragmentiert ist durch die einzelnen Wissenschaftsdisziplinen und deren traditionelle Anwendungsfelder sowie durch nationale Grenzen);
— *der Entwicklung eines strategischen Bedarfs,* innerhalb Europas und im Globalmaßstab, was eine langfristige Antizipation und wohlüberlegte Vorbereitung der relevanten Technologien erfordert.

Unsere Vorschläge für eine Strategie der Gemeinschaft gründen sich auf Empfehlungen, die sich in drei Kategorien unterteilen lassen:

— *Strukturelle:* das betrifft Methoden, durch die die Strategie der Gemeinschaft formuliert und ausgewertet werden kann;
— *Kontextuelle:* all jene politischen Maßnahmen außerhalb des F & E-Bereichs, durch die die Gemeinschaft den Zusammenhang beeinflussen kann, innerhalb dessen andere Akteure der Biotechnologie-„Szene" ihre Entscheidung treffen.
— *Wissenschaft und Technik:* spezifische Programme oder Maßnahmen innerhalb der Politik der Gemeinschaft im F & E-Sektor.

Dieser Abschnitt über Grundlagen gibt Empfehlungen zu allen drei Kategorien und beginnt mit den institutionellen und Koordinationsaspekten der Strategie. Innerhalb der Kategorie der kontextellen Maßnahmen gibt es vier Bereiche, auf die die Gemeinschaft Einfluß nehmen kann:

– *Rohstoffe*, wie (landwirtschaftliche) Nahrungsmittelbasen für Fermentierung;
– *menschliche Ressourcen:* Die Verbindung von Bildung mit der Herstellung von Basiskenntnissen;
– *Hilfsdienste:* ein weites Gebiet, aus dem zwei spezifische Grundlagenaspekte auf S. 33 ff. besprochen werden;
– *Verordnungen.*

1.2.2 Zentren mit Schlüsselfunktionen, Netzwerke und die europäische Koordination

Die Erlangung strategischer Stärke in Biotechnologie stützt sich auf eine relativ große Anzahl von Basisdisziplinen und Know-how in der Anwendung. Diese schließen ein: Genetik (molekulare und klassische), Physiologie, Biochemie, Fermentierungs- und Kultivierungstechnologie (vom Labor bis zum Industriemaßstab) und alle Aspekte der Verfahrenstechnologie, all jene Disziplinen, die mikrobische, pflanzliche, tierische und gekreuzte Stoffe miteinbeziehen. Die Erreichung einer Spitzenstellung auf all diesen Gebieten stellt kein realistisches Ziel für irgend ein Mitgliedsland der Europäischen Gemeinschaft dar – es muß ein Ziel für die Gemeinschaft als ganzes sein. Europa sollte eine begrenzte Anzahl leistungsfähiger Zentren erhalten bzw. entwickeln oder polyzentrische Netzwerke bilden, von denen jedes über mindestens ein starkes Zentrum verfügt. Jeder Mitgliedstaat sollte folgendes anstreben:

a) wenigstens ein „starkes" Zentrum in irgendeiner Disziplin, Technologie oder einem Anwendungsbereich;
b) eine aktive Rolle in Netzwerken, die sich auf andere starke Zentren beziehen.

Ein jedes dieser Zentren sollte zum Ziel haben, im jeweiligen Gebiet eine außerordentliche Qualität zu erreichen, sich auf erfahrene Mitarbeiter und auf die beste Geräteausstattung mit entsprechenden Arbeitsmöglichkeiten zu stützen. Die Aktivitäten eines solchen Zentrums werden typischerweise Lehre, Forschung, Begutachtung, Auftragsforschung und mögliche Pilotprojekte in der Anlegung von Kulturen und in der produktionstechnischen Anwendung einschließen. Es wird nicht nur im eigenen Land, sondern für ganz Europa und darüber hinaus eine natürliche Anlaufstelle für Anfragen aus Wissenschaft, Industrie oder anderen Bereichen darstellen. Seine Philosophie sollte die eines Dienstleistungsunternehmens sein – Nobelpreise sollten willkommene Anerkennung, nicht aber das zentrale Ziel sein. Ergänzend zu den in den Zentren vertretenen Einzeldisziplinen – und das ist für deren Effektivität nicht weniger wichtig – ist die Fähigkeit zum Aufbau und zur Führung interdisziplinärer Teams, die ganz entschieden ein klares und bedeutsames gemeinsames Ziel verfolgen. Die Haupterfolge im Bereich Biotechnologie waren in der Vergangenheit genau von diesem Projekttyp abhängig; die Herstellung von Penicillin ist ein klassisches Beispiel. Ebenso ist auch die Geschichte der Molekularbiologie die einer erfolgreichen internationalen Zusammenarbeit.

Diskussionen mit europäischen Biotechnologen und ihr Feed-back haben ganz klar die Wichtigkeit der Grundlagenkenntnisse hervorgehoben, sowie die Notwendigkeit, die sogenannten Schlüsselzentren zu fördern. Die nationalen Strategien, die bereits beschrieben wurden, heben die Frage der Konzentration ebenso hervor. Doch im großen und ganzen ist es schon vorteilhaft, gewisse Institutionen nicht explizit als „Europäische Zentren" zu bezeichnen. Eher sollten die starken Zentren sich wettbewerbsmäßig entwickeln, durch positives Feed-back als Antwort auf vorzeigbaren Erfolg. Dieser evolutionäre Prozeß wird durch die bereits beschriebenen nationalen Programme weiter gefördert werden und kann darüber hinaus durch die Möglichkeit, an Forschungsprogrammen der Gemeinschaft teilzunehmen, angekurbelt werden. Auf nationaler und Gemeinschaftsebene wird der Bedarf an F & E-Arbeit unterschiedlich, etwa als „strategisch-angewandte", „wirtschaftlich noch nicht verwertbare" und „langfristig angelegte" beschrieben. Normale wirtschaftliche Verwertungsanreize werden nur kurzfristig Innovationen vorantreiben, aber im allgemeinen kaum neue grundlegende Bereiche eröffnen, die eine dauerhafte Grundlagenforschung erfordern und in der Anfangszeit nur geringe Aussicht auf kommerziell verwertbare Ergebnisse haben. Beispielhaft für solche Programme ist das Programm für Biomolekulartechnik, das weiter oben beschrieben wurde, und weitere Programme sind in einer Reihe von anderen Schlüsselbereichen zu entwickkeln, auf die an anderer Stelle dieses Berichts Bezug genommen wird: die Empfehlungen sind in Kap. 4 enthalten. Sie decken sowohl die *Systemebene* ab, innerhalb derer sich der technologische Wandel vollziehen wird, als auch die *fundamentalen Prozesse* auf der Ebene der Gene, Enzyme und Zellen.

Das Hauptprinzip sollte es sein, die Mittel der Gemeinschaft im Sinne der Anteilsfinanzierung für Projekte europäischer Bedeutung zu verwenden, am besten in Zusammenarbeit mit biotechnologischen Zentren aus zwei oder drei Mitgliedsstaaten. Die weite Verzweigung der Biotechnologie geht typisch über ein einzelnes Aktionsprogramm hinaus, und Kohärenz – im Sinne des Vermeidens von Doppelforschung, von verständlicher und vor allem wissenschaftlich fundierter Ergebnisdarstellung und Ergebnisverbreitung – kann ohne ausdrückliche Anstrengungen zur Koordination der Forschungsprogramme der Mitgliederstaaten mit den Initiativen der Europäischen Gemeinschaft nicht erreicht werden. Wir befürworten daher die Auflage eines gemeinsamen *europäischen Modellversuchs zur Planung und Koordinierung der Biotechnologie,* der von Gemeinschafts-Mitgliedstaaten-Arbeitsgruppen getragen wird und der mit der Definition von zentralen strategischen Zielen für eine europäische Biotechnologie beginnt. Die bereits mehrfach erwähnten Zentren mit Schlüsselfunktionen bilden einen Teil eines strategischen Ansatzes, mit dem versucht wird, günstige Voraussetzungen für innovative und wettbewerbsfähige Unternehmen zu schaffen. Deren Aktivitäten und Anforderungen sollten wiederum die Weiterentwicklung des Grundlagenwissen stimulieren. Der Hauptteil der F & E-Ausgaben für Biotechnologie wird von Unternehmen getragen, und viel davon wird für relativ spezifische Ziele in der Produktentwicklung innerhalb eines kurz- oder mittelfristigen Horizonts verwandt. Solche Vorhaben im Bereich Entwicklung sind natürlich von der Größenordnung her teurer als die Grundlagenforschung, auf die sie sich stützen. Aber diese Tatsache sollte nicht dazu führen, ihre Abhängigkeiten vom jeweiligen *Kontext* zu übersehen — besonders dem menschlichen Können und dem Sachverstand in den Zentren für strategisch angelegte Forschung. Die Zentren brauchen genügend Stärke, Kohärenz und Unabhängigkeit, damit sie nicht zu Abhängigen oder Gefangenen von Unternehmensinteressen werden. Dieses hat der Leiter einer universitären Forschungsgruppe für angewandte Biotechnologie aus einem kleinen Land mit Nachdruck hervorgehoben:

„Ich fühle mich wie der Baumstamm in der Bull und Bu'Lock-Karikatur (Abb. 1.3) mit der Universität als Wurzel und der Industrie als Zweigen und Ästen. Unsere besonderen Wurzeln neigen dazu, kleine spezialisierte Sauger anzusetzen mit der Maßgabe, daß der Stamm abgeschnitten wird. Während unsere Industrie nach F & E-Dienstleistungen hungert, gedeihen die multinationalen Konzerne, weil sie wissen, wie man die spezialisierten Wurzeln der wissenschaftlichen Abteilungen über die Sauger anzapft. Sie wachsen also, indem sie unsere Gehirne ausbeuten. Nicht gerade eine gesunde Situation".

Um die Forschungseinrichtungen miteinander zu verbinden und ein effektives europäisches Netzwerk aufzubauen, sollte die Europäische Gemeinschaft Arbeitsgruppenbildungen mit Teilnehmern aus Wissenschaft, den professionellen Berufen und der Industrie unterstützen. Man sollte zu einem *Netzwerk von Arbeitsgruppen für europäische Biotechnologie*[9] *kommen, das mit dem gemeinsamen europäischen Modellversuch zur Planung und Koordinierung der Biotechnologie in Beziehung steht.* In diesem Zusammenhang wären auch die Hindernisse zu überwinden, die durch Reisekosten und Sprachenvielfalt entstehen und die Europa Wettbewerbsnachteile bringen. Finanzierung in einem bescheidenen Ausmaß könnte bedeutsam helfen, wissenschaftlichen Austausch und Mobilität, Reisen und Treffen, sowie europaweite Studienprojekte erleichtern. Genau diese Aktivitäten sind gegenwärtig gefährdet wie es z. B. in den NATO-Studien[10] besonders herausgestrichen wird. Das laufende Ausbildungsprogramm der Gemeinschaft und die Ausbildungsverträge innerhalb des Biomolekularen Engineering Programms bilden einen Kern, der erweitert werden sollte.

1.2.3 Bildung und Ausbildung zur Heranbildung von Fachkräften und von Verständnis der Öffentlichkeit

Bildung und Ausbildung für die Biogesellschaft erfordern verstärkte Förderung der grundlegenden technischen und wissenschaftlichen Disziplinen, auf denen die Biotechnologie gründet. Nur so entwickeln sich jene Spezialisten und Innovatoren, die die neue Technologie voranbringen. Man muß sie als die wertvollsten strategischen Ressourcen ansehen. Hierbei werden die erwähnten Zentren

---

[9] Die Europäische Föderation für Biotechnologie ist die zweckdienlichste Einzelorganisation. Andere Engagements könnten eine Reihe der anderen, auf freiwilliger Basis arbeitenden europäischen Körperschaften miteinbeziehen. S. Kasten S. 23.

[10] Bericht einer Arbeitsgruppe über „Wissenschaftliche Mobilität" 21.–25. Juni 1981, Lissabon, gemeinsam gefördert durch die NATO und die European Science Foundation (Europäische Wissenschaftsstiftung).

eine Hauptrolle spielen. Auskunft über die gegenwärtige Lage und den Zukunftsbedarf für eine Spezialausbildung in Biotechnologie gibt der von der Arbeitsgruppe für Bildung der Europäischen Gesellschaft für Biotechnologie erstellte Bericht, der im Rahmen des FAST-Programms erarbeitet wurde.[11]
Doch Bildung und Ausbildung für die Biogesellschaft haben noch eine weitere Dimension. Die strategischen Projekte der Forschungszentren sollten auf die Bedürfnisse des Marktes und des politischen Systems im Verständnis einer demokratischen Gesellschaft eingehen (oder sie antizipieren). Sie müssen im sozioökonomischen Kontext in der Lage sein, politische, finanzielle und soziale Unterstützung für ihre Projekte zu gewinnen. Diese hängt zu einem gewissen Grad von öffentlicher Anerkennung und öffentlichem Verständnis ab. Dies zu erreichen kann schwieriger sein, als die Lösung der technischen Probleme; und die Folgen eines Scheiterns können mehr Kosten verursachen als die Entwicklung der Technologie selber. Die Allgemeinbildung durch Schulsystem und öffentliche Medien sollte deshalb auf die Herausbildung eines breiten Verständnisses zielen, das eine informierte Diskussion und Abschätzung der Akzeptanz für vorgesehene Entwicklungen erlaubt, bevor kostspielige Verpflichtungen eingegangen werden.

Es hat zunehmend den Anschein, daß die Prozesse des sozialen Lernens und der Weiterentwicklung, wovon der technologische Fortschritt ein Element ist, von uns fehlgesteuert werden. Die Laufzeiten für die Hervorbringung von Innovationen nehmen zu, und entsprechend steigen die Kosten. Das Gleichgewicht zwischen weitergehenden und vorwärtsweisenden gesellschaftlichen Interessen einerseits und der Verteidigung der Tagesinteressen (in bezug auf Produkte, Arbeitstätigkeiten, Institutionen, Ideen und Konzepte) ist auf mittelfristige und lange Sicht natürlich kontraproduktiv. Hierzu geben wir die folgenden praktischen Empfehlungen:

— Förderung für die Erarbeitung von Lehrmaterialien (z. B. Videocassetten), um jedem Kind zu einem grundlegenden Verständnis der menschlichen Ökologie, auf lokaler, europäischer Ebene und im Weltmaßstab — der Abhängigkeit des Menschen von und seiner möglichen Einwirkungen auf die Biosphäre zu verhelfen. (Vorhaben der Vereinigung von Biologen der Europäischen Gemeinschaft wären anzuregen.)
— Schwerpunktmäßige Ausrichtung von Unterricht und Lehre in Schulen des Sekundarbereichs, Fachschulen und Studiengängen bis zum ersten Universitätsabschluß auf die grundlegenden Naturwissenschaften: Physik, Chemie, Biologie, ihre Wechselbeziehungen sowie ihre Methoden und Instrumente. Auf der Ebene von Abschlüssen und technischen Qualifikationen sollte versucht werden, die Curricula und Niveaus zu harmonisieren (nicht standardisieren), um Mobilität und Austausch zu erleichtern.
— Maßnahmen zur Förderung interdisziplinärer Ausbildung in Postgraduierten-Kursen, um verschiedenen Spezialisten ein Verständnis von Biotechnologie zu vermitteln. (Zum Beispiel könnte an verschiedenen Diplom-Abschlüs-

---

[11] Blanchère, H.: (ed) Man power and training implications of the expansion of biotechnology-based industries. FAST, FOP 52 1983.

sen angesetzt werden; man könnte es um wichtige Elemente aus anderen relevanten Disziplinen ergänzen, und das ganze könnte schließlich in einen gemeinsamen allgemeinen Kurs einmünden. In verschiedenen Institutionen und Ländern mögen sich die Schwerpunktsetzungen und die Fachkenntnis in bezug auf Curriculum, Form oder Anwendungsbereich auf unterschiedliche Weise vermitteln. Diese Vielfalt sollte innerhalb des europäischen Zusammenhangs akzeptiert und gefördert werden. Wichtig ist nur, wie auch immer die Wahl eines Studenten der Biotechnologie ausfällt, daß das Zentrum, an dem er studiert, eine herausragende Qualität in dem gewählten Bereich aufweist.)

— Politische Berater auf nationaler und europäischer Ebene müssen die Aufgabe der Regierungen erkennen und entsprechende Beiträge leisten zur Steuerung und Erleichterung langfristigen sozialen Lernens. Daher sollten Projekte der Informationserstellung und -vermittlung sowie die Verbreitung und Diskussion von Ergebnissen und Entwicklungsmöglichkeiten gefördert werden. Während häufig ein einheitlicher Maßstab für viele politische Maßnahmen der Europäischen Gemeinschaft vorteilhaft ist, muß in diesem Fall die differenzierte Vielfalt als besonders förderlich für soziales Lernen und als eine spezielle europäische Stärke betrachtet werden (z. B. die FAST Eigenprojekte).

— Um mögliche Barrieren zwischen Universität und Industrie überwinden zu helfen, sollten erfahrene Wissenschaftler aus der Industrie zur Übernahme von Teilzeitlehraufträgen an Universitäten ermutigt werden.

1.2.4 Service- und Fördereinrichtungen: Bioinformatik und Sammlung von Kulturen

Service- und Förderungseinrichtungen sind wesentliche Infrastrukturen zur wirkungsvollen Durchführung des „Projekts" Biotechnologie. Die vorangegangenen zwei Abschnitte über biotechnologische Zentren und menschliche Arbeitskraft konzentrierten sich auf zwei solcher lebenswichtigen Einrichtungen. Eine aktive öffentliche Politik, auf der Ebene der Gemeinschaft, auf lokaler oder nationaler Ebene, die die Bildung kleiner und mittlerer innovativer Unternehmen fördert, wäre beispielhaft für eine verbesserte Gestaltung und Abstimmung derartiger Dienste und Einrichtungen[12]. Konkretisiert man etwa die *Wechselbeziehung zwischen Biotechnologie und Informationstechnologie* auf die Sammlung von Kulturen, haben wir es wiederum mit Serviceeinrichtungen zu tun, die für den Fortschritt und die Qualität von Maßnahmen im Bereich Biotechnologie ganz wesentlich sind. Außerdem handelt es sich hierbei um Dienste, die als Aufgaben der Gemeinschaft weitgehend als angemessen im Interesse von Wirtschaft und Effektivität anerkannt werden. Der jeweilige Grad der Entwicklung und Nutzung von Biotechnologie hängt zunehmend von Fortschritten in den Technologien für Datenerfassung, Informationsverarbeitung, -speicherung und

---

[12] Vgl. z. B. „Les bio-industries ... des opportunités pour les PMI (petites et moyennes industries)". Programme National d'Innovation No 5, Ministère de l'Industrie.

-wiedergewinnung ab, sowie von der Art und Weise, wie diese für mögliche Benutzer verfügbar gemacht werden.

Zusätzlich zum üblichen Bedarf an bibliographischer Information, wie in jedem wissenschaftlichen Feld, gibt es bedeutende, eng miteinander verbundene Gebiete, die für die Naturwissenschaften und für Biotechnologie von besonderer Relevanz sind:

— *Technologien zur Datenerfassung* und zwar auf allen Ebenen von der Strahlenspektronomie (NMR, Laser, Röntgen) über Enzymelektroden auf Fermentern bis hin zur Satellitenteledetektion von Bodennutzungsmöglichkeiten (z. B. Laserflußcytometrie).
— *Datenbanken,* mit Prozeduren zur Speicherung, Decodierung und Zusammenführung von Einzelheiten biotischen Materials, auf allen Ebenen, von Genetik (DNS-Sequenzen) und Makromolekularem (z. B. Plasmiden, Enzymen) zu ganzen Zellen, pflanzlichem und tierischem Gewebe, und Organismen.
— *Mathematische Modelle,* strukturelle funktionelle und dynamische, wiederum auf allen Ebenen, angefangen bei der molekularen Repräsentation und der Biophysik bis zu Modellen von Fermenterinhalten und downstream-Verfahren, zusammen mit hochentwickelten und flexibel gestaltbaren Computergraphiken.
— *Software für künstliche Intelligenz* wie in der medizinischen Diagnostik und beim computergestützten Konstruieren (CAD).

Entsprechende Entwicklungen auf diesen Feldern werden sowohl den Fortschritt in der Forschung als auch die Verbreitung von Anwendungen steigern helfen.

Beispiele für die genannten Punkte existieren bereits, z. B. Banken für DNS-Sequenzen bei EMBL (Heidelberg), Bari und Lyon, Enzyme (Compiègne), Eiweiße (Brookhaven), Kristallographiedaten (Cambridge). Kossen (Delft) hat die Bedeutung von mathematischen Modellen für Biotechnologie und den Bedarf an Mathematikern, Biologen und Computerwissenschaftlern unterstrichen. Sie sollten im Rahmen gemeinsamer Ziele zusammenarbeiten. Die Entwicklung von DENDRAL (Software für Computerinferenz in chemischen Analysen) und MOLGEN (für Planungsexperimente in Molekulargenetik) als Entwicklungen der Stanford-Gruppe veranschaulichen den Beginn der Anwendung intelligenter Systeme, wie es auch die Arbeit über dreidimensionale Eiweißstruktur in molekularer Biophysik (Oxford) beweist. Im Bereich der molekularen Repräsentation stehen die CROSSBOW und DARC-Systeme bei EURONET-DIANE zur Verfügung, doch bleibt die Grundlagenentwicklung hinter den USA zurück. Falls öffentlich zugängliche Informationsmöglichkeiten nicht entwickelt werden oder herkömmliche Bibliotheken und Dokumentationszentren die erforderlichen Dienste nicht erbringen, werden die Speicherung und Nutzung von Information Hauptfaktoren für eine durchgreifende wirtschaftliche Verwertung bzw. Markteintrittssperren sein. Jedes größere Forschungs- und Entwicklungszentrum wird seine eigenen Datenbasen, Modelle, Softwareprogramme aufbauen, die mit anderen nicht kompatibel sein werden. Und es werden entsprechend spezifische Systemkenntnisse erforderlich sein. Das wird genau jene Austauschbeziehungen verhindern, die so sehr für eine effektive Nutzung und Weiterentwicklung der Biotechnologie benötigt werden, oder die Abhängigkeiten der europäischen Biotechnologie von entsprechenden Einrichtungen außerhalb Europas verstärken. Deshalb war die Gründung einer Projektgruppe „Task Force" für biotechnologische Informationen besonders begrüßenswert (die im März 1982 mit Unterstützung von FAST gebildet wurde); eine Projektgruppe der Biomedizinischen Arbeitsgruppe des Ausschusses für Information und Dokumentation in Wissenschaft und Technologie. Die Projektgruppe hat durch Umfragen und Nachforschungen Vorschläge für die Zusammenarbeit europäischer Informationsnetzwerke und Datenbanken entwickelt.

In engem Zusammenhang mit oder parallel zu der Frage der Speicherung von Information ist die Aufbewahrung von biotischem Material selbst zu sehen: Sammlungen von Mikroorganismen, Plasmiden, pflanzlichen und tierischen Zellen und Zellgeweben, Viren usw. Es wurde bereits auf die spontane Bildung von europäischen Gruppen wie ECCCO und EFCVC (s. weiter oben) hingewiesen. Mehrere Mitgliedsstaaten sind im Augenblick dabei, ihren Bedarf an Sammlungen und die Finanzierungsmodalitäten zu überprüfen; es gibt eine bilaterale deutsch-englische Zusammenarbeit; im Pelissolo-Bericht wird speziell auf die Verhältnisse in Frankreich eingegangen, worauf das Pasteur-Institut gegenwärtig mit einer Entwicklung eigener Vorschläge reagiert. Die Ergebnisse der Studien an die Projektgruppe „Task-Force" sollen aufzeigen, wie die Entwicklung der europäischen Datenbanken und der Sammlung von Kulturen geplant und koordiniert werden könnten – im Zusammenhang mit dem europäischen Modellversuch zur Planung und Koordination der Biotechnologie, auf den bereits eingegangen wurde. All dies soll dazu dienen, die gegenwärtig noch starken Positionen Europas in der Biotechnologie zu verteidigen und weiter auszubauen. Gleichzeitig muß die Notwendigkeit eines rationalen globalen Systems spezialisierter Zentren und Kommunikationsnetzwerke erkannt und ein entsprechender Beitrag dazu geleistet werden.

Analog hierzu stellen Samenbanken eine strategische Ressource in der Genetik dar, das gilt für solche Pflanzen, die auf diese Weise konserviert werden können. Die Politik wird sich mit folgenden Aufgaben und Problemen befassen müssen:

– kontinuierliche Verfügbarkeit von Samen zu vernünftigen Preisen;
– die Beibehaltung einer angemessenen genetischen Vielfalt in den Grundnahrungsmitteln und anderen bedeutenden Anbaupflanzen;
– Konservierung von artspezifischen Pflanzenkeimplasmen und somit einer globalen genetischen Vielfalt.

Ein besonderer technologischer Bedarf auf diesem Feld ist die *Forschung über Techniken der Cryopreservation für Pflanzenzellen und Gewebe.* Dies entspräche der Empfehlung, die Forschung über Fortpflanzungstechniken fortzusetzen und zu erweitern.

Geistiges Eigentum und genetisches Monopol. Die Sammlungen von Kulturen dienen in vielen Fällen als Internationale Depositionsverwaltungen zur Aufbewahrung von Mikroorganismen gemäß der Europäischen oder der Budapester

Konvention (1973 und 1977). Neue Probleme erwachsen aus der Entwicklung kommerziell nutzbaren biologischen Materials, z. B. monoclonale Antikörper, Bakterien, die Ölschlick verzehren (In diesem Zusammenhang ist der Fall Chakrabarty vor dem Obersten Gerichtshof der USA interessant.) oder andere, die durch Manipulation zur Massenproduktion von nützlichen Eiweißen (Insulin, Interferon, Wachstumshormone usw.) gebracht werden. In einem anderen Rechtsstreit hat ein Gericht Eigentumsrechte an biotechnologischen Methoden der Pflanzenzüchtung anerkannt und für die Genetik gab es den interessanten Vorschlag, ein Urheberrecht-Gesetz für nukleotide Sequenzen einzubringen.

Die OECD[13] hat eine Umfrage innerhalb ihrer Mitgliedsstaaten gestartet, die einige Dinge klären könnte. Halten wir fest: Es ist unmittelbar notwendig, eine *Arbeitsgruppe auf der Ebene der Gemeinschaft* einzurichten. Es muß ein Überblick über die Fragen des geistigen Eigentums erarbeitet werden. Daraus könnten u. a. entsprechende Empfehlungen abgeleitet und Rückschlüsse für die Anpassung des Europäischen Patentrechts gezogen werden. Hierbei müssen wiederum die Implikationen von Normsetzungen für die Forschung und Industrie in Europa bedacht werden.[14]

1.3 Die Steuerung von Europas System natürlicher erneuerbarer Ressourcen

1.3.1 Konventionelle Bodennutzung und neue Technologien

In bezug auf die Steuerung des europäischen Systems natürlicher erneuerbarer Ressourcen, das wir kurz „Biosystem" nennen, ergeben sich zwei grundsätzliche Fragen:

— Wie ernähren wir uns?
— Was ist die Rolle des landwirtschaftlich nutzbaren Bodens?

In der jüngeren Vergangenheit haben wir Grund und Boden soweit wie möglich zur Erzeugung von Nahrungsmitteln genutzt. Aber landwirtschaftliche Produkte, Chemikalien und Energie sind im Prinzip austauschbar und zwar nicht nur durch Umwandlung innerhalb jeder Produktgruppe (Stärke zu Sauerstoff, Äthanol zu Polyäthylen, Elektrizität zu Wärme), sondern auch zwischen den Produktgruppen — Zucker oder Kartoffeln zu Äthanol, Mineralöl oder Holz zu Tierfutter, Holz oder Weizen zu Elektrizität.

Biotechnologie ist imstande, den Umfang und die Wirtschaftlichkeit solcher Umwandlungen zu erhöhen; sie bietet uns somit bessere Möglichkeiten der

---

[13] OECD, Committee on Science and Technology Policy, „Biotechnology and government policies: patent protection and biotechnology questionnaire." Feb. 1982.
[14] Eine Arbeitsgruppe über „Geistiges Eigentum und Biotechnologie" wurde innerhalb der Dienste der Kommission Mitte 1983 ins Leben gerufen, um eine Stellungnahme der Gemeinschaft vorzubereiten, z. B. für Verhandlungen, die auf die Veröffentlichung des OECD-Berichts Ende 1984 hin erwartet wurden. Die Arbeitsgruppe ist mit CUBE (s. S. 27) verbunden.

Nahrungsmittelproduktion, sie kann darüberhinaus zu einer größeren Ausnutzung unserer Wälder und entsprechend zu höheren Anteilen unserer Holzprodukte beitragen, sie kann uns mit einem wachsenden Anteil unserer chemischen Grundstoffe und mit einem kleinen oder bedeutsamen Anteil an Energie versorgen. Biotechnologie hat ein vielfältiges Potential. Die örtlich unterschiedlichen physikalischen, ökonomischen und politischen Faktoren können zu kontrastreichen Entwicklungen beitragen. Länder, die reich an Land, aber arm an fossilen Kohlenwasserstoffen sind, nutzen Kulturpflanzen zur Erneuerung von Brennstoff und zu chemischen Grundstoffen. Andernorts werden fossile Kohlenwasserstoffe zur Erzeugung von Tierfutter verwandt. Innerhalb der Gemeinschaft experimentiert z. B. Irland mit Holzproduktion in Kurzumtriebsplantagen, um Brennstoff für die Elektrizitätserzeugung zu gewinnen, und ICI in Großbritannien produziert jährlich 60000 t an Bakterien, die mit Methanol ernährt werden, um Nutztiere zu füttern.

Konventionelle Landwirtschaft, die neuen biotechnologischen Verfahren, Erholung und Urlaub suchende Bevölkerung und die Belange der städtischen Entwicklung konkurrieren untereinander im Anspruch auf Anteile an der Nutzung von Grund und Boden. Es wird auf keinen Fall eine statische Lösung dieses Problems geben, sonder eher wird sich ein veränderliches Gleichgewicht einstellen zwischen dem kurzfristigen Druck durch lokale oder Weltmarktveränderungen einerseits und Schlußfolgerungen aus einer langfristigen politischen Analyse andererseits. Eine solche Analyse wird strategische, ökonomische und soziale Faktoren sowie das wachsende Potential der Biotechnologie in Rechnung stellen.

Die Auseinandersetzung zwischen der Landwirtschaftspolitik und der neuen Technologie ist nicht gerade bequem, doch sie muß stattfinden, um eine kohärente Basis für die F & E-Politik sicherzustellen. Die folgenden Abschnitte sollen zu dieser Debatte beitragen. Wir stützen uns auf die folgenden Punkte:

- die neuen technologischen Potentiale und Systeme;
- Anzeichen der Überlastung in Politik und Praxis gegenwärtiger Landwirtschaft;
- das Beispiel Protein;
- Möglichkeiten nicht-konventioneller Bodennutzung.

Die Erörterung dieser Punkte mündet in Empfehlungen zur Landwirtschafts- und Bodennutzungspolitik und führt zu spezifischen F & E-Themen der Biotechnologie.

1.3.2 Neue Technologien und Systeme

Die Landwirtschaft, besonders die europäische, ist seit Jahrhunderten durch größere technologische Neuerungen verändert worden. Das Tempo der Innovation hat sich im letzten Jahrhundert rapide beschleunigt: Die Genetik hat sich von ihrem traditionellen Feld der Selektionszucht zu einer wissenschaftlichen Grundlegung hin entwickelt (und sie beginnt erst jetzt, sich die Methoden und Instrumente der Molekularbiologie anzueignen), und außerhalb der Naturwissenschaften haben Traktoren und Telefon, Kühlsysteme und Mähdrescher, Düngemittel und Agrochemikalien jeweils einen größeren Einfluß ausgeübt. Das Tempo verlangsamt sich gegenwärtig nicht gerade und die nächsten größeren Innovationen werden direkt aus den Naturwissenschaften d. h. der Biotechnologie (im weit verstandenen Sinn) kommen. Ohne die Bedeutung anderer Technologien für die Entwicklung des landwirtschaftlichen Nahrungsmittelsektors zu übersehen, kann es kaum Zweifel darüber geben, daß die Biotechnologie langfristig vielfältige Möglichkeiten zur Entwicklung neuer kommerziell nutzbarer Pflanzenarten und sogar zur Veredelung von Vieh eröffnet, wenn die bereits erfolgreich angewandten Techniken um molekulargenetische ergänzt werden. Z. B. erlaubt die massenhafte Vermehrung ganzer Pflanzen, besonders die kommerziell nutzbarer Bäume aus pflanzlichen Gewebekulturen, die experimentelle und kommerzielle Entwicklung hochwertiger Klonen. Das wird bereits für mehr und mehr Arten erreicht (Douglas-Tannen, Küstenrothölzer und Ölpalmen). Diese Techniken sollten auf europäische Pflanzenarten ausgedehnt werden. Von der Anwendung neuer genetischer Techniken im Stadium der Gewebekulturen kann eine Erweiterung der Bandbreite verfügbarer Pflanzen erwartet werden, indem Techniken weiter entwickelt werden, die sie aus der normalen Begrenzung der geschlechtlichen Bestimmung herausbrechen. Von ihnen kann in absehbarer Zeit die selektive Einführung von Genen zur Verstärkung gewünschter Eigenschaften wie Resistenz gegenüber Schädlingen, Salz und Dürre, Gehalt an wertvollen Inhaltsstoffen, etc. erwartet werden.

Weiter könnte ein besseres Verständnis über die symbiotischen Beziehungen zwischen Pflanzen und Mikroorganismen zu verringertem Einsatz von Mineraldünger führen. Deshalb empfehlen wir, Forschung im Bereich der Pflanzengenetik mit dem Ziel zu fördern, neue Methoden der Pflanzenzucht zu entwickeln, die auf die Anwendung ungewöhnlicher, ungeschlechtlicher Verfahren beruhen, mit denen genetische Informationen auf Pflanzen übertragen werden. Das wird die Basis für eine spätere Anwendung bei der Veredelung existierender Pflanzenarten und der Entwicklung neuer wirtschaftlich wichtiger Pflanzen bilden. Auch die Forschung im Bereich pflanzlicher Zellgewebekulturen sollte gefördert werden, um schnelle Verfahren zur Vermehrung ökonomisch wichtiger Pflanzen zu entwickeln, besonders von Bäumen. Fördernde Impulse verdient auch die Forschung auf dem Gebiet der pflanzlichen Ernährung. Unter besonderer Berücksichtigung der Nahrungsaufnahmesysteme und der symbiotischen Beziehungen zwischen Pflanzen und Mikroorganismen könnte sie dem Ziel dienen, den erforderlichen Anteil an Mineraldünger zu reduzieren und den Ernteertrag zu verbessern.

Die neuen Pflanzen als solche werden keinen kommerziellen Wert haben, solange sie nicht für eine direkte und produktive Anpassung gezüchtet werden, um unter geeigneten Standortbedingungen den Output zu maximieren, und solange sie nicht Teil eines tragfähigen Produktionssystems sind. Außerdem sollte Forschung auf dem Gebiet der Tiergenetik gefördert werden, zum Beispiel hinsichtlich solch nützlicher Ziele wie der Produktion monozygotischer Linien. Auf der Ebene des Gesamtsystems wird Biotechnologie neue, ungewöhnliche Nutzungsformen von Grund und Boden sowie Herstellungsverfahren bieten, wodurch „Abfall" und Verschwendung reduziert sowie größerer Nutzen aus den biologischen Stoffkreisläufen gezogen werden können, indem nützliche Outputs und höhere Wertschöpfung in jedem Stadium erzielt werden können. Der Schlüssel für eine gute Bodennutzung liegt darin, den maximal erhaltbaren Ertrag pro Hektar zu erreichen. Das wird auch für neue Beschäftigungsmöglichkeiten ausschlaggebend sein. Die Wertschöpfung wird zum Teil von der öffentlichen Politik für landwirtschaftliche Kosten und Preise bestimmt. Darin werden strategische Prioritäten berücksichtigt, die kaum wirksam verfolgt werden könnten, überließe man sie allein den Marktkräften. Eine ganz offensichtliche strategische Priorität ist die Ernährung einer zunehmend enger werdenden, hungrigen Welt. Daraus folgt die Notwendigkeit, größeres Gewicht auf Boden- und Wassererhaltung zu legen. Im strategischen Kontext Europas müssen auch Maßnahmen zur Reduktion des Netto-Inputs an Energie, Mineraldüngern und importierten Futtermitteln vorrangig werden. Wir schlagen daher vor, Demonstrationsobjekte zu fördern, die die neuen integrierten Systeme der Bodennutzung veranschaulichen und entwickeln helfen, Systeme, die auf der Anwendung neuer und verbesserter Techniken beruhen, wie z. B. der Miteinbeziehung von behandelten Waldabfällen für Futter[15] und anaerober Aufschlußverfahren, mit deren Hilfe diese und andere Abfälle zur Produktion von Energie und Dünger verwendet werden können. Solche Projekte sind besonders wichtig, wenn es darum geht, ertragsarmen Boden zu verbessern. Ebenso sollte die ökologische Forschung zur Bestimmung von Faktoren ermuntert werden, die die langfristige Produktivität größerer und kleinerer landwirtschaftlicher Systeme beeinflussen.

1.3.3 (Überschüsse + Defizite) × (neue Technologien + neue Politik) = strategische Möglichkeiten

Die Produktion kostspieliger landwirtschaftlicher Überschüsse in Europa — besonders von Zucker und einigen Getreidearten — demonstriert eine unangebrachte Bodennutzung. Stattdessen könnte das Land zum Anbau solcher Pflanzen benutzt werden, durch die der Import von Tierfutter, Holzprodukten, chemischen Grundstoffen und Brennstoffen überflüssig würde. Der Spielraum wird durch den Umfang an Holz- und Holzproduktimporten (13 Mrd. europäische Währungseinheiten in 1981, 120 Mio m³, 60% der Gesamtnutzung) klar abgesteckt. Noch vor einigen Jahren haben Dienststellen der Kommission[16] angenommen, daß dieses Defizit während der ersten Hälfte des nächsten Jahrhunderts durch die Anwendung bereits bekannter Techniken für Forst und Brachland ausgeglichen werden könnte; angesichts der verfügbaren neuen Technologien ist eine solche Vorhersage eindeutig zu konservativ.

Die Tatsache, daß die Entwicklung einer gemeinsamen forstwirtschaftlichen Politik durch politische und juristische Einwände blockiert wurde, mag — unter

---

[15] Siehe z. B. den PROMOTECH-Bericht „Impacts prévisible et strategies de développement de la biotechnologie dans les filières agro-alimentaires européenes: cas des filères protéiques", FAST, FOP 46, 1982.

[16] Kommission der Europäischen Gemeinschaft, Bulletin, Supplement 3/79, Forestry Policy in the European Community (Mitteilung der Kommission an den Ministerrat vom 6. Dezember 1978).

anderem — die Notwendigkeit für eine wirkungsvollere Kommunikation zwischen Wissenschaft und Politik veranschaulichen. Aufrechterhaltung der Versorgung und Beibehaltung von Lebensstandards für die ländlichen Gemeinden erfordern keinesfalls den unbegrenzten Schutz von Interessen, die mit spezifischen Anbaumethoden und -formen verbunden sind. Ein derart enger Protektionismus verliert vor dem Hintergrund des kontinuierlichen technologischen Wandels mehr und mehr seinen ökonomischen oder strategischen Sinn — und unsere Konkurrenten auf dem Weltmarkt machen es uns vor.

Die europäische Zuckerrübe wird durch Besteuerung und Kontingentierung von „Isoglukose" geschützt. Isoglukose wird aus Stärke gewonnen, wobei ein elegantes und billiges Verfahren benutzt wird, dessen Technik von europäischen Firmen entwickelt wurde. Diese protektionistischen Maßnahmen haben natürlich die rapide Expansion der Isoglukoseherstellung andernorts nicht verhindert; sie beruht auf dem Zugang zu billiger Stärke, die im Falle USA und Kanada aus Mais und im Fall Japan aus Maniok gewonnen wird. Und Europa steht trotzdem mit seinen immer teureren Zuckerüberschüssen auf dem Weltmarkt, der gerade durch den Erfolg der Isoglukoseherstellung zunehmend in die Depression gerät. Mehr noch, das Wachstum eines wichtigen neuen Zweigs einer profitablen Biotechnologie in Europa wurde so behindert.

Während Biotechnologie auf der einen Seite neue, aussichtsreiche strategische Optionen eröffnet, bedroht sie auf der anderen Seite unvermeidlich viele etablierte landwirtschaftliche Anbaumethoden und Produktionszweige mit deren Substitution, besonders wenn für sie gegenwärtig hohe Preise verlangt werden (Olivenöl, Wein, Zucker usw.). Natürlich müssen die sozialen Aspekte eines konsequenten strukturellen Wandels beachtet werden. Deren Berücksichtigung sollte jedoch nicht die strategische Notwendigkeit für die Förderung technologischer Innovationen überschatten. Das erfordert sensibles Management, das den Nutzen miteinander konkurrierender Technologien abschätzt und ein echtes Gleichgewicht zwischen den betroffenen Interessen herstellt, z. B. zwischen den Interessen der Isoglukosehersteller, der Zuckerrübenbauern, den Einwohnern Europas und den Zuckerrohrproduzenten aus der Dritten Welt oder zwischen den Interessen der Hersteller von Einzeller-Eiweiß und den Importeuren oder Produzenten von herkömmlichem Tierfutter (oder Nahrungsmitteln).

1.3.4 Das Beispiel der ‚filière protéique'

Das französische Konzept der *filière* überträgt den „Systemansatz" auf den Zusammenhang eines ganz bestimmten Produkts[17], nur durch solch einen ganzheitlichen Ansatz kann die Bedeutung der neuen technologischen Einflüsse und Möglichkeiten abgeschätzt werden. Wir haben bereits auf die massiven Importe von pflanzlichem Eiweiß für Tierfutter hingewiesen. Hauptsächlich han-

---

[17] Dieser Abschnitt bezieht sich besonders auf die FAST-Biogesellschaft-Berichte über die Projekte C1.3 (PROMOTECH) und C4.1 (Centre de Recherches en Gestion Internationale). S. FAST, FOP 45 (a.a.O., Anm. 15) und „Impacts prévisibles du développement des biotechnologies sur les PVD et sur les échanges avec l'Europe", FAST, FOP 46, 1982.

delt es sich dabei um Soya und Maisglutenfutter aus den USA zu gegenwärtig sehr günstigen Preisen. (Importe von pflanzlichem Eiweiß und Pflanzenöl machen insgesamt 30 Mio t aus, 80% des jeweiligen Bedarfs.) Mit dem neuen biotechnologischen Potential könnte Europa diese Mengen durch eine Expansion der heimischen Produktion vollständig selbst herstellen. Ein Preisanstieg könnte die Nutzung dieses Potentials stimulieren. Es sollte ein Hauptziel gegenwärtiger Politik sein, die Bandbreite an Eiweißnahrung zu erweitern, die unter europäischen Bedingungen produziert werden kann.

Eine einfache Version der *filière protéique*, wie sie die Abbildung 1.5 darstellt, zeigt drei hauptsächliche Eiweißquellen der menschlichen Nahrung. In Europa beträgt der Anteil von Fisch (überwiegend Fangfisch) 5%, von tierischen Eiweißen (Fleisch, Eier, Milch, Innereien) 50%, und von pflanzlichem Eiweiß (Körner, Knollen, Hülsenfrüchte und anderes Gemüse) 45% des Eiweißkonsums. (Weltweit sind zwei Drittel des Eiweißes in der menschlichen Nahrung vorwiegend pflanzlich: Überall dort, wo der Reichtum wächst, nimmt dieser Anteil ab.)

Das tierische Eiweiß kommt weitgehend von monogastrischen Tieren (Schweine und Geflügel, die zwei Drittel des Fleisches erbringen). Sie werden mit europäischem Getreide gefüttert und mit eiweißreichem Futter, das zu 84% importiert wird. Genau dieser Handel wird als unfair gegenüber jenen Ländern der Dritten Welt kritisiert, die unter Lebensmittelknappheit leiden. Die europäischen Tiere — so wird behauptet — konkurrieren mit den hungern-

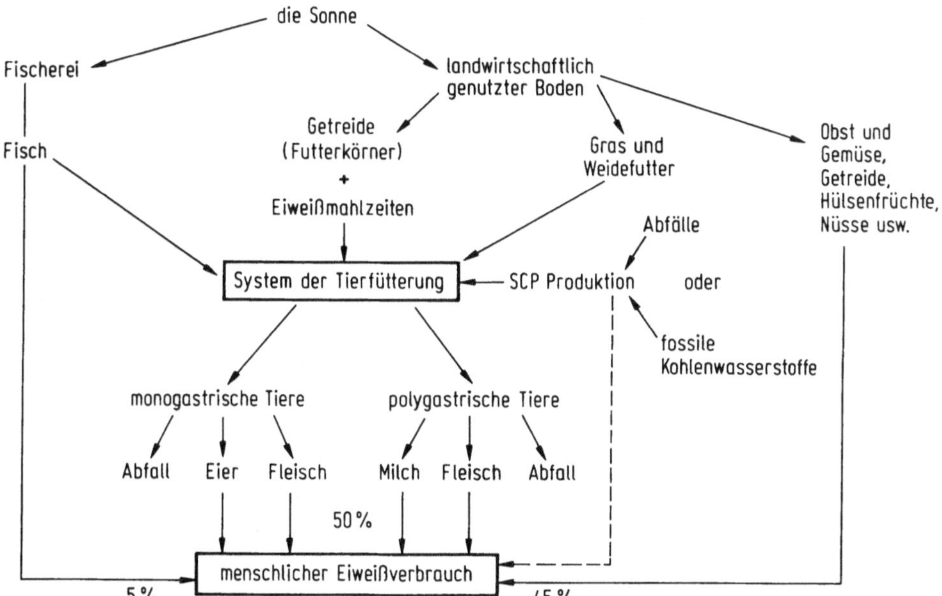

Abb. 1.5. Die „filière protéique" („Eiweißkette"). Übernommen von Castagné, M. und Gautier, F.: Perspectives of biotechnology in the development of live-stock feeding, in: Biotechnology in Europe, Schlüsselbemerkungen vorgestellt auf dem FAST „Biogesellschafts-Workshop", Oberursel, 27.–30. 9. 1981

den Menschen der Dritten Welt um pflanzliches Eiweiß und stellen quasi im Gegenzug bestenfalls 15% tierisches Eiweiß zur Verfügung, um die reichen Europäer zu ernähren. Dieser Wettbewerb ist mehr augenscheinlich als real: Die in Frage stehenden Proteine könnten nur als „Hilfe" zur Verfügung gestellt werden; Europa kann den wirklichen Interessen der Dritten Welt besser dienen, indem es deren Selbstversorgung in der Nahrungsmittelproduktion unterstützt (s. Abschnitt 1.4).

Ein anderes Argument besagt, daß Europa äußerst verwundbar ist durch Schwankungen in der hochwertigen tierischen Eiweißversorgung und zwar durch Handelsembargos oder durch Verknappungen. Diese werden anscheinend durch exzessive Nachfrage hervorgerufen. Die Weltbevölkerung wächst, wird immer reicher und ist damit eher in der Lage, sich jene tierischen Eiweiße zu leisten, die so große Einsätze von eiweißhaltigem Futter erfordern. Auf den ersten Blick scheint das so zu sein. Doch leiten sich die Eiweißfutterkomponenten aus den USA von einem integrierten Landwirtschaftssystem her, das hauptsächlich die eigenen Märkte versorgt. Eiweißreiches Futter ist zum Teil „unerwünschtes Nebenprodukt" der Pflanzenöl-, Isoglukose- und (zunehmend) der „Gasohol"-Produktion, für die ein externer Markt gefunden werden muß. Das ist der Hintergrund für den Ärger der USA über die europäische Politik einer Kontingentierung von Maisglutenfutter. Verluste könnten längerfristig durch eine Nachfrageexpansion in reicheren Entwicklungsländern entstehen, weil deren Markt für Fleisch wächst; aber dabei wird es sich um einen fortschreitenden Wandel handeln, begleitet von Preissteigerungen, die die Produktion tierischen Futtereiweißes in Europa noch stimulieren werden. Der beste Weg, solche Preissteigerungen niedrig zu halten, besteht darin, über eine Reihe von alternativen Versorgungsmöglichkeiten zu verfügen, die je nach Bedarf entwickelt werden. Biotechnologie kann den bereits bestehenden Optionen neue hinzufügen.

Eine gegenwärtig bereits nutzbare Option einer Steigerung der Versorgung mit Fleisch von Wiederkäuern (Rinder, Schafe, d. h. Rauhfutter fressende und Zellulose verdauende Tiere), ist die Erhöhung der Weidefutterproduktion, vor allem von Gras, indem der Düngereinsatz in bestehendes Weideland erhöht wird und gleichzeitig in verbesserte Konservierungsmöglichkeiten für Futter investiert wird. Die Grasproduktion Großbritanniens könnte z. B. zu angemessenen Preisen verdreifacht werden. Da 56% des Weidelandes in Großbritannien keinen physikalischen Beschränkungen für eine Kultivierung unterliegen, könnte der größte Teil des freiwerdenden Bodens für andere Anbauzwecke genutzt werden.[18]

Auf den Bedarf an Eiweißfutter für monogastrische Tiere wird bereits zunehmend mit ansteigender inländischer Ölsaatproduktion (besonders Raps) aus verbesserten Sorten reagiert. Aussichtsreich ist die Züchtung verbesserter Getreidearten für die Tierernährung mit ausgeglichener Eiweißstruktur. So könnte der Getreideüberschuß in Europa reduziert werden. Außerdem ist es wahr-

---

[18] Wilkins, R. J., Newton, J. E., James, P. J., Walsingham, J. M.: Possibilities for change in the output of grassland: an overall view, in Jollans, J. L.: Grassland in the British Economy (CAS Paper 10, Reading Centre for Agricultural Strategy, 1981.)

scheinlich, daß der Anbau von Getreidearten mit ungünstigem Aminosäure-profil abnimmt, da essentielle Aminosäuren wie Lysin, Threonin und Metheo-nin durch die Biotechnologie billiger und leichter erhältlich werden. In der Pro-duktion von Aminosäure ist Japan außerordentlich stark; auch in Frankreich sind Unternehmen auf diesem Gebiet tätig.

Einzeller-Protein (SCP) aus fossilen Brennstoffen könnte ebenfalls der Ei-weißversorgung von Viehfutter dienen, und in einem Fall geschieht das bereits: Hier hängt der weitere Fortschritt teilweise von absichernden Vereinbarungen ab, die die Nutzung der neuen Proteinnahrung regeln, bevor Investitionen in die sehr umfangreichen Prduktionsanlagen erfolgen können, die für eine wirt-schaftliche Produktion dieses „schweren" SCP (single cell protein) benötigt werden (100 000 t Trockengewicht pro Jahr).

Eine Alternative hierzu wäre das „leichte" SCP, das aus aufgewerteten Ab-fällen hergestellt wird, z. B. aus Stroh oder Zellulose aus Holzabfällen. Beide bilden bereits einen Beitrag zur *filière protéique,* und an vielen Stellen wird mit ihnen experimentiert. Die sowjetische SCP-Produktion, die hauptsächlich auf Abfällen beruht, beträgt über 1 Mio t pro Jahr.[19]

Da durch billiges Soya und hohe Futtermittelpreise die Wettbewerbsposition von SCP als Tierfutterstoff unterlaufen wird, kommt Interesse auf, es für den menschlichen Konsum zu entwickeln. Hoechst und Rank Hovis MacDougall sind dabei, entsprechende Produkte zu testen. Wissenschaftlich und ernäh-rungslogisch sind die Produkte einwandfrei; ihr kommerzieller Erfolg wird von akzeptabler Struktur und Geschmack abhängen. Vorausgesetzt, daß die toxi-schen Tests zufriedenstellende Resultate aufweisen, sollte die Einführung neu-artiger Nahrungs- und Futtermittel durch möglichst einheitliche Verordnungen auf der Ebene der Gemeinschaft begünstigt werden. Beim Eiweiß wird der Wandel innerhalb eines konventionellen Produkts und einer konventionellen Bodennutzung deutlich. Als nächstes betrachten wir drei unkonventionelle Möglichkeiten.

1.3.5 Unkonventionelle Bodennutzungsarten

1.3.5.1 Chemische Massengrundstoffe

Fast die gesamte Weltproduktion an chemischen Massengütern wird von *Erdöl* abgeleitet, weil es selbst zum gegenwärtigen Preis für die meisten Zwecke den billigsten und angenehmsten Rohstoff darstellt. Auf längere Sicht entsteht je-doch ein klarer Bedarf, alternative Grundstoffe für die Wirtschaft zu finden.

Die erforderlichen Verfahren mögen während der nächsten Jahrzehnte noch nicht benötigt werden, jedenfalls solange nicht wie Europas Zugang zu einer adäquaten Ölversorgung gesichert ist. Aber es sprechen drei eindeutige Gründe schon jetzt für die Entwicklung von Alternativen zum Erdöl:

1. Verkürzung des Anpassungszeitraums, wenn der Bedarf an neuen Grundstof-fen für die chemische Industrie zur dringenden Notwendigkeit wird.

---

[19] Carter, G. B.: Is biotechnology feeding the Russians? New Scientist, 23 April 1981.

2. *Verbesserung von Europas Verhandlungsstärke mit Rohstofflieferanten*, indem man auf überzeugende Weise in der Lage ist, auf technologische Alternativen umzuschalten.
3. *Die Entwicklung wettbewerbsfähigerer chemischer Industrien z. B. auf den billigen Öl- und Gasfeldern im Mittleren Osten stellt eine bevorstehende Bedrohung für Europas chemische Großindustrie dar.* Dies hat erhebliche Bedeutung für die Wirtschafts- und Beschäftigungsstruktur.

Welche Möglichkeiten gibt es? Könnten europäische Landresourcen dafür genutzt werden?

Wenn ein Wandel unvermeidbar wird, bringt er wahrscheinlich eine Umkehr zur Kohle mit sich: eine ganze Reihe von Methoden könnte entwickelt werden, um Nahrungsgrundstoffe aus Kohle zu gewinnen, einschließlich einiger rein chemischer. Biotechnologie bietet alternative Methoden, die auf der Anwendung chemo-autotropher Mikroorganismen beruhen, die sich eine Mischung aus Kohlendioxid und Wasserstoff (gewonnen über Dampfreaktionen aus der Kohle) zunutze machen, oder auf methylotrophischen Mikroorganismen, die sich Methanol (auch aus Kohle gewonnen) zunutze machen und dadurch ein breites Spektrum an organischen Verbindungen zur Verfügung stellen. Auf sehr lange Sicht können solche Verfahren auch dann angewandt werden, wenn Kohle nicht länger auf wirtschaftliche Weise abgebaut werden kann und zwar solange, wie Wasserstoff (z. B. aus solaren oder nuklearen Quellen) noch hergestellt werden könnte (Kohlendioxid aus Kalkstein oder aus Luft ist in Fülle vorhanden). Es handelt sich dabei um Massenproduktionsverfahren, die als kapitalintensive Vorhaben an einer begrenzten Anzahl von Industriezentren durchgeführt werden würden. Zudem bietet die Biotechnologie einen weiteren Weg zur Herstellung organischer Chemikalien und zwar durch die Anwendung intensiv kultivierter Algen. Beide biotechnologische Verfahren werden eine intensive Entwicklungsarbeit erfordern, bevor sie nutzbar sind. Es empfiehlt sich, jetzt mit grundlegenden Forschungs- und Entwicklungsarbeiten der Genetik, Physiologie und Biochemie von Algen, chemoautotrophischen und methylotrophischen Bakterien zu beginnen, um die Verwendung solcher Organismen in Systemen zur Herstellung von Massenchemikalien einschätzen zu können.

Die Verwertung von pflanzlicher Biomasse als einer Quelle für chemische Massennahrung könnte technisch durchführbar werden. Besonders Ligninzellulose ist in Fülle vorhanden, wenn auch neue Verarbeitungsformen entdeckt werden müßten. Da solche Verfahren nur sinnvoll in wesentlich größerem Maßstab eingesetzt werden können, als gegenwärtig üblich ist, müßten auch entsprechend neue Technologien erfunden werden. Jedenfalls liegt der Hauptnachteil von Biomasse als chemischer Grundstoff in ihrer schwierigen, gewissermaßen verstreuten Verfügbarkeit, was eine kostspielige Logistik erfordert. Grund und Boden sollten eher als *Alternative* zum Kapital gesehen werden, wenn es um die Produktion höherwertiger chemischer Erzeugnisse als Zwischen- oder Endprodukte geht, z. B. proteinreiche Nahrung, strukturelles Holz, Gummi, Pflanzenöle.

Die folgende Empfehlung zielt auch auf kurzfristige Vorteile: die Bereitstellung von chemischen Grundstoffen aus der europäischen Landwirtschaft für die europäischen Chemieproduzenten, zum Weltmarktpreis oder darunter. Das würde die Entwicklung neuer chemischer Prozesse auf der Grundlage von mikrobieller Genetik, Fermentierung und Enzymtechnologie in Europa unterstützen. Diese Verfahren würden sonst andernorts entwickelt werden. Ebenso würden die Prozeßindustrie und der verfahrenstechnische (Groß-)Anlagenbau gefördert werden, die ein Exportpotential gegenüber Ländern mit landwirtschaftlichen Überschüssen haben. Ein langfristiges Entwicklungsprojekt mit all den Implikationen für eine zukünftige Akkumulation von Erfahrung und Know-how, Investitionen und Beschäftigungsmöglichkeiten ist bereits von Europa in die USA verlagert worden, wo der Preis für die Hauptnahrungsmittelbasis, nämlich Glukose, billiger ist.

Auf kürzere Sicht würde die Anwendung solch neuer Verfahren in Europa ein Ventil für die landwirtschaftliche Überschußproduktion darstellen, Importe von Kohlenwasserstoff verringern und die Wettbewerbskraft der europäischen Chemie-Industrie stärken. Das wäre der gegenwärtigen Praxis, Überschußexporte zum Ärger anderer Lieferanten zu subventionieren – z. B. bei Zucker und Getreide – vorzuziehen. Im Interesse der Entwicklung biotechnologischer Verfahren wird die Förderung der Forschung auf folgenden Gebieten vorgeschlagen:

1. Mikrobische Physiologie zum besseren Verständnis der Faktoren, die das Produktionswachstum, die Störanfälligkeit, Sortenstabilität, und die Zuwachsrate der Produktion von Biomasse beeinflussen, sowohl in wilden wie mutierten (einschließlich genetisch manipulierten) Arten;
2. Billige Methoden zur Verarbeitung der Abwässer aus biotechnologischen Prozessen, selbst wenn es sich um chemische Verdünnungen handelt;
3. Mechanismen der enzymatischen Vorgänge und Methoden der Nutzung von Enzymsystemen in vitro bei hoher Produktdichte.

1.3.5.2 Feinchemie

Europas Feinchemieindustrie beruht bereits zum Teil auf pflanzlichen Produkten (z. B. Zucker, Stärke, Sirup, Getreidelikör), und dieser Anteil wird in dem Maße anwachsen, wie die Ölpreise anwachsen.

Einige unserer teureren Chemikalien (Chinin, Penicillin, Zitronensäure) werden gegenwärtig aus lebendem Material hergestellt. Es müssen weitere Anstrengungen unternommen werden, um die dabei ablaufenden chemischen Prozesse zu verstehen, speziell mit Blick darauf, die Anzahl der Produkte zu steigern und die Kosten zu senken.

Der ausschlaggebende Faktor hierbei ist bereits heute die Entdeckung und Anwendung von biologischen Kenntnissen – das wird sich in der Zukunft noch verstärken. Z. B. eröffnen Entdeckungen in mikrobischer und pflanzlicher Genetik, verbunden mit Fortschritten in Fermentierung und Enzymtechnologie, neue Möglichkeiten in diesem Feld. Hier gäbe es Aussicht auf kurzfristig erzielbare Erträge, und die gewonnenen Erkenntnisse würden der Erforschung alternativer Grundstoffe für die chemische Industrie zugutekommen.

1.3.5.3 Energie

Biotechnologie muß immer auch in bezug zu sparsamem Energieverbrauch gesehen werden. Die Freisetzung von Energie z. B. als Methan in Biogas durch anaerobe Vergärung in der Abwässerbehandlung ist eine weitverbreitete Praxis. Sie wird allmählich zu einem beachtenswerten Zweig in der Landwirtschaft und Nahrungsmittelherstellung. In anderen Fällen, z. B. in Irland, setzt man auf die Holzproduktion in Kurzumtriebsplantagen zur Erzeugung von Biomasse als Energiequelle. Frankreich verfügt ebenfalls über ziemlich große Bioenergieprogramme. In den USA wird Mais im großen Ausmaß verwandt, um Bioethanol als Benzinzusatz zu produzieren. Eine alternative Verwendung für Maisüberschüsse könnte den Maispreis stabilisieren und die Produktion von Mais steigern, da die Ölpreise anziehen. Nebenprodukte wie Maisgluten geben nützliches Tierfutter ab, und mit entsprechendem Können und Wissen könnten die letzten Rückstände an den Boden zurückgegeben und die Auszehrung wichtiger Nährstoffe vermieden werden. Vielleicht könnte ein ähnliches Verfahren in Europa Anwendung finden, wenn die europäischen Getreidepreise auf das Weltmarktniveau zurückgehen.

Der Gebrauch von Ethanol als Zusatz für Benzintreibstoff hat den zusätzlichen Vorteil eines ungiftigen Ersatzes für Bleitetraethyl als Antiklopfmittel. Als gänzlicher Brennstoffersatz hat Ethanol dagegen noch größere technische Probleme.

Wenn wir diese unkonventionellen Methoden der Bodennutzung zusammenfassen, können wir folgern, daß Biotechnologie kein Allheilmittel für das System natürlicher erneuerbarer Ressourcen in Europa darstellt; doch sie ist ein zunehmend wichtiger Faktor, mit dem viele weitere Möglichkeiten für die Produktion und Umwandlung primärer Ressourcen zur Verfügung stehen, besonders bei der nutzbringenden Verwendung von „Abfällen", sowie im Umweltschutz. Obwohl wir also von einem wachsenden Anteil an chemischen Nahrungsstoffen und von aus landwirtschaftlichen Stoffen gewonnener Energie in Europa ausgehen können, werden diese Technologien allein den massenhaften Bedarf an solchen Gütern und Produkten auch in den nächsten 30 Jahren nicht befriedigen können.[20]

1.3.6 Schlußfolgerungen und Empfehlungen

In der vorangegangenen Diskussion wurden einige spezifische technische Empfehlungen ausgesprochen, die sich auf die grundlegenden Technologien exemplarischer Anwendungsfälle beziehen. Die Gemeinschaft braucht bei der Revision ihrer Landwirtschaftspolitik feste Prinzipien und sollte langfristige Verpflichtungen zum Schutz spezifischer Produkte zu vermeiden versuchen. Die zunehmenden Wechselwirkungen zwischen Landwirtschaft, Forstwirtschaft und der Nahrungsmittel verarbeitenden, chemischen und Abfallbehandlungsin-

---

[20] Siehe den Bericht von D. Gibbs und M. Greenhalgh über das FAST Bio-Society Projekt C 1.2, Biotechnology in the production of chemical feedstocks and derived products: Strategic issues and options for the European Community (London, Frances Pinter, 1983).

dustrie erfordern strategische Entwicklungen und einen integrierten Ansatz in der Politik der Europäischen Gemeinschaft.

Daher sollte die Gemeinschaft integrierte administrative Rahmenbedingungen entwickeln, die für eine Koordination der politischen Maßnahmen in bezug auf das System erneuerbarer natürlicher Ressourcen wichtig bzw. erforderlich sind.

Aus demselben Grund ist ein geeigneter agrar- und wirtschaftspolitischer Rahmen der Bodennutzung als Teil einer Gesamtstrategie zur Maximierung der jährlichen nutzbaren Hektarerträge erforderlich. Das sollte der Entwicklung der chemischen und Nahrungsmittel verarbeitenden Industrie, sowie der Forstwirtschaft zugute kommen, die unerwünschte Abhängigkeiten von Importen abbauen helfen und mit den Beziehungen zur Dritten Welt vereinbar sein (s. Abschnitt 1.4.1). Gleichzeitig sollten die Auswirkungen neuer Entwicklungen und Technologien auf schrumpfende Wirtschaftszweige abgemildert werden. Das erfordert kontinuierliche Abschätzungen der politischen, sozialen, wirtschaftlichen und technischen Prioritäten. Es sollte versucht werden, ein zusammenhängendes System zu bilden, in dem sich die verschiedenen Interessen in größerer Harmonie als gegenwärtig entwickeln können, und worin der F & E-Bedarf des Gesamtsystems ermittelt werden kann.

1.4 Europa und die Entwicklungsländer: die Auswirkungen der Biotechnologie

1.4.1 Beziehungen zwischen Europa und der Dritten Welt

Nachdem wir die Grundlagen betrachtet haben, die Europas strategische Stärke gegenüber den Entwicklungsländern sowohl in industriellen als auch in landwirtschaftlichen Produkten stützen können, wollen wir als nächstes die Beziehungen zwischen dem größten Handelsblock der Welt und den weniger entwikkelten Ländern erwägen und dabei vor allem die Unterzeichnerstaaten der Lomé Konvention miteinschließen.

Manche Mitglieder des Netzwerks „Biogesellschaft" sehen Europas Beziehungen mit der Dritten Welt als eine weniger wichtige Angelegenheit an – angesichts des unmittelbaren technologischen und ökonomischen Wettbewerbs; andere sehen die Koordination der Politik der Gemeinschaft vor dem Hintergrund als problematisch an, daß die in der EG immer noch wirksamen Interessen der ex-imperialistischen Staaten auch die Beziehung zur Dritten Welt beherrschen würden und mehr Schaden als Nutzen brächten, wenn neokolonialistische Mechanismen Geltung erlangten.

Eine dritte Position besagt, daß trotz der historischen Konflikte, der Heuchelei und der Schwierigkeiten, effektive Kommunikation und konstruktive Wechselbeziehungen zu etablieren, Europa sich von der Dritten Welt weder loslösen könnte noch sollte. Viele Länder der Dritten Welt streben eine größere Selbstversorgung mit Nahrungsmitteln an. Und obwohl sie darin von der gegenwärtigen Politik der Kommission unterstützt werden, werden sie dieses Ziel nur in enger und dauerhafter Zusammenarbeit mit Europa erreichen. Denn diese Länder brauchen Europas Erfahrung (nicht zuletzt in Biotechnologie) und seine Marktmöglichkeiten; auf weitere politische und kulturelle Aspekte gehen wir hier nicht ein. Für Europa stellt die Entwicklung der Dritten Welt außerdem die größte ökonomische Chance dar. Außerdem nehmen die ökonomischen und sachlichen wechselseitigen Abhängigkeiten auf unserem Planeten zu, wie so unterschiedliche Autoren wie die Brandt-Kommission[21], die OECD[22] und Barbara Ward[23] hervorheben. Die biologischen Ressourcen der Dritten Welt unterscheiden sich substantiell von denen der entwickelten Länder in den gemäßigten Zonen; sie sind die artenreichsten der Erde, und diese Regionen sind Zentren genetischer Vielfalt. Die meisten der 50 wichtigsten Anbauarten der Erde haben ihren Ursprung in diesen Regionen. An diese Anbauarten müssen die weiteren Züchtungen anschließen, um die Vielfalt der biologischen Ressourcen gegenüber pathogenen Keimen und wechselnden Bedingungen zu erhalten. Sie ist für die Befriedigung unserer Bedürfnisse grundlegend.

1.4.2 Bevölkerung

Die Bevölkerungsexplosion in den Ländern der Dritten Welt veranschaulicht am deutlichsten die Probleme sozialer Anpassung gegenüber plötzlich von außen eindringenden (bio)-technologischen Innovationen. Gleichzeitig nehmen Sterbe- und Geburtenraten in den Industrieländern ab, wodurch nach einem anfänglichen Bevölkerungswachstum eine neue Stabilität hergestellt wurde. Es wird einige Jahrzehnte dauern, bevor sich eine solche Stabilität weltweit etabliert hat; empirische Hinweise stützen die Annahme, daß genau eine solche Entwicklung eintreten wird. In den letzten 15 Jahren waren größere Rückgänge der Geburtenraten zu verzeichnen (China − 34%; Cuba − 47%).[24] Das Populationsverhalten verschiedener Gesellschaften zu verschiedenen Zeiten unterstützt nicht die Malthussche Hypothese, wonach die menschliche Bevölkerung, vom Hunger getrieben, unablässig an ihre Grenzen stoßen würde, sondern legt eher nahe, daß eine freiwillige kulturelle Beschränkung ein tief verwurzeltes Charakteristikum menschlicher Gemeinschaften ist.

Wir betonen diese Gesichtspunkte nicht etwa deshalb, um die historische Bedeutung der Biotechnologie (öffentliche Hygiene, Impfungen) oder die extensiven und nützlichen Leistungen für die Entwicklung und Verbreitung von empfängnisverhütenden Kenntnissen und Technologien zu illustrieren, sondern um dem bösartigen häufig vorgeschobenen Argument zu begegnen, daß die Verbesserung der Landwirtschaft und der Medizin in der Dritten Welt zu nichts führe, weil sie nur ein weiteres Anwachsen der Bevölkerung provozieren werde und somit weder quantitativ noch qualitativ die Situation pro Kopf verbessern

---

[21] Die Brandt-Kommission, North-South: A programme for survival. London: Pan Books 1980.
[22] OECD, Economic and Ecological Interdependence (Paris, OECD, 1982).
[23] Ward, B.: Progress for a small planet. Harmondsworth GB: Penguin 1979.
[24] United Nations Organisation, The State of World Population 1982 (New York, UN, 1983).

könnte; im Gegenteil, das Weltsystem stünde damit unter größeren Zwängen als je zuvor.

In jeder menschlichen Gemeinschaft oder Gesellschaft *sind* soziale oder kulturelle Mechanismen am Werk, von denen zumindest einige in Richtung Stabilität wirken. Die nicht weniger fundamentalen Antriebe in bezug auf Wachstum und territoriale Expansion müssen in der heutigen überbevölkerten und technologischen Welt sublimiert werden. Eine Politik, die sich von einer „biotechnologischen" Sichtweise unseres Planeten herleitet, sollte versuchen, die zuträglichen sozialen Mechanismen zu verstärken und zu beschleunigen − durch Information, Bildung und innerhalb dieses Zusammenhangs durch eine geeignete Technologie. Diese schließt ohne jeden Zweifel Geburtenkontrolle ein, ebenso wie hygienische, landwirtschaftliche und medizinische Fortschritte, die zur Steigerung der Lebensqualität beitragen können. Aggressive und expandierende Kräfte könnten im Kontext der neuen Technologien in Richtung ökonomisches Wachstum, Wettbewerb und autonomer Entwicklung transformiert werden.

Aufgrund dieser Überlegungen sollte die entwickelte Welt sich mit den Ländern der Dritten Welt in bezug auf die Entwicklung und Verbreitung von Biotechnologie arrangieren. Dadurch käme ein Technologietransfer zustande, der auf längere Sicht einen gegenseitigen, ausgewogenen und nutzbringenden Austausch ermöglicht, und der unsere gegenwärtigen Investitionsanstrengungen auch rechtfertigen würde.

1.4.3 Gesundheit und Wohlfahrt

Programme zur Geburtenkontrolle werden dann am wirkungsvollsten sein, wenn die Mütter Grund zu der Annahme haben, daß ihre Kinder eine Chance haben, über ihre ersten Jahre hinaus am Leben zu bleiben. „Die Kindersterblichkeit zwischen einem und vier Jahren ist in Entwicklungsländern 40mal so hoch wie in den entwickelten Regionen. Beinahe die Hälfte aller Todesfälle ereignet sich dort bei Kindern unter fünf Jahren als Ergebnis eines kumulativen Effekts von eiweiß-kalorienmäßiger Unterernährung, parasitären Infektionen, gastro-intestinalen Krankheiten und anderen unerwartet eintretenden Infektionen."[25] Aus diesem Zitat geht ganz klar hervor, daß der vorrangige Bedarf in den Entwicklungsländern auf der Entwicklung einer Basis-Infrastruktur liegt, mit der die öffentliche Hygiene, vorbeugende Medizin und die Versorgung mit Grundnahrungsmitteln verbessert werden könnten. Die physische Gesundheit von menschlichen Gemeinschaften hängt hauptsächlich von den Umweltbedingungen ab, in denen sie leben; eine Verbesserung der Gesundheit für die Menschen in den Entwicklungsländern wird weitgehend von diesbezüglichen Fortschritten abhängen. Von daher erscheint es als angemessen, daß die Politik der Gemeinschaft sich in der Vergangenheit vor allem auf die Infrastruktur und die Entwicklung der Landwirtschaft konzentriert hat. Doch ist in den letzten Jahren ein zunehmendes Gewicht auf die wissenschaftliche Komponente des sozialen und wirtschaftlichen Entwicklungsprozesses gelegt worden. So ist ein F & E-Pro-

---

[25] Office of Health Economics: Medical care in developing countries (1972).

gramm zur Ergänzung und Verstärkung der Kooperation mit den Entwicklungsländern verabschiedet worden. Es sieht vor, daß das wissenschaftlich-technische Forschungspotential der Mitgliedsstaaten der Gemeinschaft den ökonomischen, sozialen und Gesundheitsproblemen der Dritten Welt zugute kommen soll.

Das detaillierte Programm geht genau auf jene Bedürfnisse ein, die von Experten wiederholt herausgestrichen wurden. Das sind Fachleute, die entweder vor Ort arbeiten oder über internationale Erfahrungen verfügen. Von den beiden Teilprogrammen bezieht sich das erste auf tropische Landwirtschaft und das zweite auf Tropenmedizin, Gesundheit und Ernährung.[26] Der Inhalt und die Prioritäten des zweiten Teilprogrammes umfassen:

1. *Medizin und Gesundheit:* ansteckende Krankheiten, Mutter/Kind-Fürsorge, Genetik und Umwelthygiene.
2. *Ernährung:* Eiweiß- und Eiseninsuffizienz.
3. *Ausbildung:* sowohl von jungen Menschen in den Mitgliederstaaten der EG als auch von Wissenschaftlern und Technikern aus den Entwicklungsländern.

Um bestehende Schwächen und eine mögliche Zersplitterung bei diesen Maßnahmen zu vermeiden, muß vor allem ein kooperatives Netzwerk innerhalb der Mitgliedsstaaten der Gemeinschaft aufgebaut werden. Diese Akzentuierung ist mit unseren Vorschlägen für eine Stärkung des europäischen Biotechnologie-Netzwerks vereinbar. Der jüngste Fortschritt in der Biotechnologie hat eine Reihe neuer Gesichtspunkte erbracht, aus denen neue Techniken im Hinblick auf Bedürfnisse der Medizin entstehen können – z. B. genetische Manipulation zur Herstellung von Impfstoffen gegen Hepatitis B; das setzt eine verstärkte interdisziplinäre Zusammenarbeit voraus.

Die hervorragende Stellung in der Biomedizin ist einer von Europas strategischen Aktivposten; darauf wird in den folgenden Abschnitten eingegangen.

Gegenwärtig unterscheiden sich die Produkte mit hohem Marktpotential für die pharmazeutische Industrie beträchtlich von denen, die die Entwicklungsländer dringlichst brauchen. Deshalb werden diese Unternehmen wohl auch kaum eine Grundlagenforschung über Krankheiten großer Bevölkerungskreise in den Entwicklungsländern finanzieren, schließlich sind sie in die üblichen kommerziellen Zwänge eingespannt. Die Menschen in den Entwicklungsländern wiederum können wegen ihrer Armut nicht das hervorbringen, was in der Ökonomie eine „effektive Nachfrage" genannt wird. Koordinierte Programme der Gemeinschaft und der Mitgliedstaaten können für die notwendige Finanzierung sorgen, um die Forschung mit den strategischen Bedürfnissen zu verbinden.

Wie weiter unten ausgeführt wird, sind erfolgreiche biomedizinische Technologien oft erheblich billiger als die weniger wirksamen Verfahren, die sie ersetzen; damit wäre die Kostenfrage kein unüberwindliches Hindernis für eine weite Verbreitung biomedizinischer Technologien in der Dritten Welt. Die Ausrottung der Pocken demonstriert dies bereits.

---

[26] Kommission der Europäischen Gemeinschaften, „Proposals for a Council Decision adopting a programme of research and development in the field of Science and Technology for Development", COM (81) 212 final.

1.4.4 Energie aus Biomasse

Energie — besonders in transportabler Form als flüssiger fossiler Brennstoff — stellt eine kritische Wachstumsbeschränkung für die Länder der Dritten Welt dar, da sie einen hohen und steigenden Anteil des schwerverdienten Geldes absorbiert. Wenn die entwickelten Länder dabei scheitern, wirksame Maßnahmen zur Energieeinsparung und Programme zu verwirklichen, werden sie die Länder der Dritten Welt in den kommenden Jahrzehnten noch weiter aus dem Markt für fossile Brennstoffe heraushalten. Diese Situation ist für zahlreiche Länder Anreiz zur Entwicklung von Technologien, mit deren Hilfe Energie aus einheimischer Biomasse gewonnen werden kann. Das kann auf verschiedene Weise erreicht werden.

Die Holzverfeuerung stellt in vielen Teilen der Welt den Hauptgrund für die zunehmende Abholzung dar; es kommt zu Bodenerosionen, und das ganze gleicht einer sich in Richtung Katastrophe abwärts drehenden Spirale. Auch hier wird Systemsteuerung benötigt, um tragbare Formen zu entwickeln, wie z. B. gelenkte Brennholzanpflanzungen auf Gemeindeebene.

Örtlich erhältliches Biogas (Methan) kann Brennstoffe wie Kerosin ersetzen, wie es bereits in vielen asiatischen Dörfern geschieht. Biotechnologie steigert die Leistung der anaeroben Fermenter, die Methan produzieren. Die resultierenden Rückstände verbessern wiederum die Bodenfruchtbarkeit. Europäische Forschung hilft auf diesem Feld und sollte es noch mehr tun. Flüssiger Brennstoff kann aus Biomasse gewonnen werden, prinzipiell auf direktem Wege durch das Pressen von Ölsamen (z. B. Sonnenblumenkerne, Erdnüsse, Soya). Überlegener ist die Praxis der Gärung von leicht erhältlichem, fermentierbarem Zucker zur Alkoholgewinnung. Die Produktivität der Rohrzuckerverarbeitung legt dies nahe, besonders seitdem die Rückstände als Heizmaterial für den Destillationsprozeß eingesetzt werden. In den USA hat man es mit Mais versucht, doch das energetische Input/Output-Verhältnis scheint dabei weniger attraktiv. Auch hier ist Know-How in Genetik und Fermentierung gefragt, vorausgesetzt, daß diese Kenntnisse von Fachleuten vor Ort unter Berücksichtigung der lokalen Besonderheiten angewandt werden. Es wäre sowohl für Europa als auch für die Dritte Welt technologisch attraktiv, wirtschaftliche Anwendungen biotechnologischer oder chemischer Prozesse zur Umwandlung der ungeheuren Mengen an Zellulosematerialien wie Holz und Holzabfälle in Zucker für die genannten Verfahren zu finden.

Gegenwärtig sprechen Anzeichen dafür, daß trockene, thermochemische Prozesse (z. B. Gaspyrolyse von Holzabfällen) einen besseren Energiegewinn und ein größeres Potential bieten als die nassen Destillationsprozesse. Die Forschungsprogramme für Energie aus Biomasse und die Programme für Wissenschaft und Technik zur Unterstützung der Entwicklungsländer sollten eng miteinander verzahnt werden, schon um mehr Klärung in diesen Fragen zu erlangen.

1.4.5 Nahrungsmittel und Landwirtschaft

Die Europäische Gemeinschaft ist der weltgrößte Handelsblock, und viele Waren sind landwirtschaftlicher oder organischer Natur. So gibt es folgerichtig viele Stellen, an denen Biotechnologie auf das bestehende System übergreifen kann und wird. Dies ist einerseits Bedrohung und andererseits Chance in Form neuer Produkte und Prozesse. Isoglukose beeinträchtigt die Produzenten von Zucker schon heute; Kakaobutter könnte morgen „dran" sein.

Die Hauptimporte der EG sind landwirtschaftliche Primärprodukte: tropische Produkte (Tee, Kaffee, Kakao und tropische Früchte); Basisprodukte (pflanzliche Fette und Öle, Soya, Maniok, besonders als Viehfutter); und andere Produkte, die in der Gemeinschaft nur in unzureichenden Mengen produziert werden — Mais, Holz, Leder und Häute. Von dem kontinuierlich anwachsenden Bedarf an externer Versorgung mit landwirtschaftlichen Produkten (29,2 Mrd. US$ 1978) deckt die Gemeinschaft die Hälfte aus dem Handel mit Entwicklungsländern. Sie kann somit diesen Regionen helfen, ihre Importe an industriellen Gütern und Dienstleistungen aus der Gemeinschaft zu finanzieren. Das könnte einiges an Anlagenausrüstungen, genetischem Material und Know-How der europäischen Biotechnologie miteinschließen. Jedoch hängen hiermit nicht nur technische oder wirtschaftliche Fragen zusammen.

Viele Entwicklungsländer sehen sich größeren strategischen Problemen in bezug auf den anwachsenden Nahrungsmittelbedarf gegenüber; ihre entsprechende Politik ist jedoch oft als pervers zu bezeichnen. In dem Maße, wie die Bevölkerung in die großen Städte drängt, werden niedrige Nahrungsmittelpreise politisch zunehmend populär, während die eigene landwirtschaftliche Entwicklung entmutigt wird und Investitionen vernachlässigt werden und gleichzeitig die Abhängigkeit von Nahrungsmittelimporten unerbittlich anwächst. In den letzten zwei Jahrzehnten verschärfte sich die Abhängigkeit vieler Entwicklungsländer von Soya- und Maislieferungen aus den USA. Direkte Nahrungsmittelzufuhr wird außer den 10%, die für spezifische, örtlich begrenzte Hungerkatastrophenhilfe verwendet werden, als falsche Maßnahmen mit sogar gegenteiligen Auswirkungen angesehen. In diesem Sinne kritisiert Jackson[27] von OXFAM das UN-Welternährungsprogramm und die größeren, auf freiwilliger Basis arbeitenden US-Agenturen, CARE und CRS. Und das Kommissionsmitglied Pisani[28] hat kürzlich gegenüber dem Europa-Parlament betont: Hunger ist keine Krankheit, die durch eine plötzliche Finanzspritze kuriert werden kann, sondern erfordert einen *systematischen, langfristigen Ansatz,* der darauf abzielt, die Nahrungsmittelselbstversorgung in den Entwicklungsländern voranzubringen. In bezug auf dieses strategische Ziel innerhalb dieses politischen Zusammenhangs betrachten wir das Potential von Biotechnologie für diese Länder.

Die einheimische Landwirtschaft schrumpft dort durch die Auswirkungen niedriger Preise und billiger Importe. Das geht besonders schnell, wenn entweder mineralische Rohstoffe oder ein gegenwärtig profitabler, Geld einbringen-

---

[27] Jackson, A.: Against the gain. Oxford: Oxfam 1982.
[28] Rede vor dem Europaparlament, 16 Juni 1982, mit breiter Presseberichterstattung am nächsten Tag.

der Anbau für reichlich harte Währung sorgen. Der damit einhergehende Verlust an Fähigkeiten und Kenntnissen der traditionellen Landwirtschaft ist schwerwiegend. Zumal dann, wenn viel von dem importierten Know-How aus Forschung und Technologie durch mangelhafte Anpassung an die örtlichen Gegebenheiten fehlschlägt; die Mißerfolge sind eine Legion. Der wesentliche Ausgangspunkt bei der Anwendung von Biotechnologie zur Verbesserung der Landwirtschaft in den entwickelten Ländern ist ein Verständnis der existierenden landwirtschaftlichen Systeme, sowohl in technischer als auch in sozialer Hinsicht. Gegenwärtig wird ein zusätzlicher Grenzertrag auf äußerst wirtschaftliche Weise durch ansteigende Einsätze guten Bodens in den gemäßigten Zonen produziert, und sowohl in Europa als auch in Nordamerika wird Boden ständig aus der Produktion zurückgezogen. Eine Fortsetzung dieses Trends bis ins nächste Jahrhundert wäre kein sicherer Weg; auf lange Sicht werden wir alles Land und die örtliche Kenntnis darüber benötigen.

Ländern mit einer rapiden Bevölkerungsentwicklung, die nicht einmal über das Einkommen zum Kauf billiger Nahrungsmittelimporte verfügen — oder denen die Infrastruktur fehlt, diese Nahrung zu verteilen — nimmt der Druck auf den Boden in vielen Fällen dessen Potential: überweidete Gemeindeweiden, Bodenverlust durch Erosion.

Global 2000[29] und andere Studien haben die Probleme der Abholzung dokumentiert (39% Rückgang des wachsenden Bestands an Wald kommerzieller Größe in den weniger entwickelten Ländern bis zum Jahr 2000, in einem „leicht optimistischen" Szenario). Studien der FAO[30] und aus den USA[31] haben vor der Auslöschung der genetischen Vielfalt gewarnt, die einerseits aus den anscheinend erfolgreichen Monokulturen der Landwirtschaft entwickelter Länder und andererseits aus der Entwaldung der Tropen erwächst. In den vergangenen 40 Jahren gingen 95% der einst zahlreichen einheimischen Weizensorten Griechenlands für immer verloren;[32] in den nächsten 20 Jahren könnten wir ein Viertel bis ein Drittel aller auf der Erde lebenden Arten verlieren.[33] Diese ernsthaften ökologischen Probleme führen nicht nur zu Empfehlungen für eine veränderte Politik, sondern auch zu einem spezifischen Forschungsbedarf in bezug auf Artenerhaltung. Wir möchten insbesondere den Bedarf an verbesserten *Cryopreservationstechniken für pflanzliches Keimplasma* erwähnen. Diese Verfahren dürften innerhalb Europas bedeutsam sein, da sie allen Biotechnologien zugute kommen, die auf pflanzlichen Zellen und Gewebekulturen basieren. Die *Wissenschaft vom Boden* ist ein anderes Gebiet, das mehr Forschung erfordert — zum einen, um sicherzugehen, daß sich die langfristigen Gefährdungen für den landwirtschaftlich genutzten Boden in den USA nicht materiali-

---

[29] US Federal Agencies und General Barney Associates, Global 2000: Entering the Twenty-First Century, Report to the President (Washington D.C. 1980).

[30] International Board for Plant Genetic Ressources (IBPGR), Crop Genetic Ressources (Rom, FAO, 1981).

[31] US National Academy of Sciences, „Conversion of tropical moist forests" von N. Myers; und „Research priorities in tropical biology"; beide vorbereitet für den US National Research Council (NRC).

[32] IBPGR, a.a.O., Fußnote 30.

[33] US NRC, a.a.O., Fußnote 31.

sieren (eine Besorgnis, die vielfach vom Worldwatch Institute hervorgehoben wird[34]), und zum anderen, um die unvermeidbare und notwendige Entwicklung einer sich selbst erhaltenden tropischen Landschaft zu unterstützen. Ein jüngst erschienener US-Bericht[35] gibt einen bilanzierenden Überblick. Der Forschungsbedarf wurde 1982 auf dem Symposium der UNEP/UNESCO/ISSS (International Society of Soil Science) diskutiert. Die Verwirklichung eines Aktionsplans für integrierte Steuerung und Schutz von Bodenressourcen wurde erörtert.[36]

Ein zu großer Viehbestand ist ein chronisches Problem für einige Länder, besonders in Indien und in Teilen Afrikas; Crotty[37] hat die tiefverwurzelten kulturellen Zwänge geschildert — doch ebenso die technologische Durchführbarkeit und ökonomischen Vorteile eines größeren Wandels betont: Die Qualität und die Gesundheit des Viehbestands kann, wenn überhaupt, nur wenig beitragen, solange in der Dritten Welt die Nahrung pro Tier den Engpaß ausmacht. Der nützlichste genetische Beitrag wäre es, Kühe der Art *bos indicus* so zu manipulieren, daß sie auch ohne Kälber Milch geben. Erfolg auf diesem Gebiet könnte den überschüssigen Viehbestand reduzieren, denn darin liegt der Hauptgrund für einen geringen Nahrungsmittelertrag in der Dritten Welt. Die benannten Ziele und Perspektiven gehen mit den Prioritäten des F & E-Programms für Wissenschaft und Technik für Entwicklungsländer konform, die im Zusammenhang mit dem Thema Gesundheit weiter oben vorgestellt wurden. Das erste Teilprogramm bezieht sich auf die tropische Landwirtschaft:

1. Verbesserung der landwirtschaftlichen Produktion

- Nahrungsmittelanbau (Priorität: Getreide — regenbewässerter Reis, Mais und Sorghum) und industrieller Anbau (Priorität: Baumwolle, Erdnüsse, Soya; Gummi- und Öl produzierende Pflanzen — Kokosnuß, Palmen, Ölpalmen);
- Eiweißprodukte tierischer Herkunft (Nutzung von Weide-Ressourcen — Viehhaltung, Produktion von Viehfutter, Veterinärmedizin; Aquakultur);
- Forstwirtschaftsprodukte (Regenerieren tropischer Ressourcen, Befriedigung des Bedarfs an Brennholz — genetische Verbesserung, integrierte Steuerung des Ökosystems des tropischen Waldes und der agrarischen Forstwirtschaft, Umwandlung von Holz).

2. Allgemeine Forschungsgebiete und Nutzbarmachung der Umwelt

- Wasserressourcen und ihre Nutzung;
- Schutz des Bodens, seine Stabilisierung und Regeneration;
- Schutz von Kulturpflanzen.

---

[34] Z. B. Brown, L. R.: Building a sustainable society. New York: Norton 1981.
[35] National Academy of Sciences: Ecological aspects of development in the humid tropics. Washington/DC: National Academy Press 1982.
[36] Siehe Abschnitt VII, „Loss of cropland and soil degradation" in OECD, Economic and Ecological Interdependence: A Report on Selected Environment and Ressource Issues (Paris OECD, 1982).
[37] Crotty, R.: Persönliche Mitteilung an FAST, abgedruckt in FAST, FOP 40, 1982.

3. Der Ernte nachgelagerte Techniken

– Produktkonservierung;
– Verarbeitung von Produkten.

4. Ausbildung

Vielfach handelt es sich um genau jene Bereiche, in denen Biotechnologie und verwandte Disziplinen ein großes Potential darstellen. Dies gilt besonders im Lichte jüngster Entwicklungen in der pflanzlichen Zellbiologie oder in den Fermentierungstechniken, durch die der Eiweißgehalt von kohlehydrathaltigen Futtermitteln vergrößert werden kann. Wir befürworten daher ganz nachdrücklich das vorliegende Programm und dessen Durchführung – in enger Verbindung mit den Forschungsprogrammen der Gemeinschaft mit Bezug zur Biotechnologie.

Im weiten Kontext der Entfaltung des biotechnologischen Potentials und der Beziehungen zwischen der EG und der Dritten Welt wenden wir uns als nächstes dem entscheidenden Faktor für einen erfolgreichen Transfer von Wissenschaft und Technologie zu – sei es im Bereich Landwirtschaft und Nahrung oder in anderen Bereichen – nämlich den *institutionellen Strukturen.*

1.4.6 Technologieentwicklung durch Bildung von Institutionen

Dank vergangener und gegenwärtiger Erfolge in landwirtschaftlicher Biotechnologie, besonders im Bereich klassischer Genetik, verfügen wir über das technologische Potential, die jetzige und zukünftige Weltbevölkerung zu ernähren (und sogar gut zu ernähren). Die jüngsten wissenschaftlichen Durchbrüche unterstreichen diese technologische Kapazität noch stärker. Doch die Frage ist, ob dieses technologische Potential auch tatsächlich zur Befriedigung der Bedürfnisse umgesetzt werden kann. Das Hauptproblem scheint im geeigneten Transfer und in institutionellen und infrastrukturellen Kommunikationskanälen zu liegen, die nicht nur Einbahnstraßen sind –, Institutionen werden also benötigt, die die örtlichen Systeme studieren, ihre Feinheiten verstehen und die Sachkenntnisse der entwickelten Welt diesen Systemen näher bringen und anpassen können. Es werden institutionelle Strukturen erforderlich, die im Prinzip jenen ähneln, die für die europäische Biotechnologie vorgeschlagen wurden.

Die landwirtschaftlichen Kenntnisse der Dritten Welt sind noch nicht erfolgreich auf die nach-koloniale Situation umgestellt worden, so daß viele Fehler der Kolonialmächte wiederholt wurden. So gibt es nach wie vor z. B. die Schwierigkeit, die Universitäten mit ihren autonomen akademischen Traditionen und Verbindungen zu den Erziehungsministerien in einen produktiven Dialog mit den örtlichen ländlichen Bedingungen und den Landwirtschaftsministerien zu bringen. Nach Bunting[38] hat dies zum „tatsächlichen, aber wie ich

---

[38] Bunting, A. H.: Science and technology for human needs, rural development and the relief of poverty. International Agricultural Development Service occasional paper, 1979; übernommen von einer Vorlage für die OECD Arbeitsgruppe über ‚Scientific and Technological Cooperation with Developing Countries‘, Paris, 11 April 1978.

meine, vorübergehenden Versagen vieler ehemals wertvoller Institutionen geführt und andere zur Unwirksamkeit verurteilt".

Bunting beschreibt die Entwicklung von Bemühungen einer Reihe internationaler Forschungs- und Ausbildungszentren, die entweder auf dem Gebiet spezifischer Kulturpflanzen oder größerer Wirtschaftsgebiete tätig sind, diese Lükken zu füllen. Zunächst gibt es die vier älteren Institute, die mit der „grünen Revolution" zusammenhängen: International Rice Research Institute, Philippines (IRRI); International Wheat and Maize Improvement Center, Mexiko (CIMMYT); Center for Tropical Agriculture, Kolumbien (CIAT); International Institute for Tropical Agriculture, Nigeria (IITA).

1971 hoben die Weltbank, die FAO und die UNDP die Consultative Group for International Agricultural Research (CGIAR) aus der Taufe, und seither wurden folgende Zentren gegründet: International Potato Center, Peru (CIP); International Crops Research Institute for the Semi Arid Tropics, Indien (ICRISAT); International Livestock Center for Africa, Äthiopien (ILCA); International Board for Plant Genetic Resources, Rom (IBPGR); International Center for Agricultural Research in Dry Areas, Syrien und Libanon (ICARDA). Dieses verbundene CGIAR-System bietet ein hervorragendes potentielles Netzwerk für die Verbreitung − und als Antwort auf ein Feed-back − die Entwicklung neuer Technologien und deren Anwendungen, einschließlich der Biotechnologie.[39] In diesem Zusammenhang erwähnt Bunting, wie besonders „neue Methoden zur Ermöglichung schwieriger Kreuzungen, wie Embryokultur und Zellfusion, verstärkt durch Fortschritte in der Pflanzenimmunologie, uns erlauben werden, die beständigen und häufig vollständigen Immunitäten wilder Arten auszunutzen, um unsere Kulturpflanzenarten zu verbessern, und zwar in einem weit größeren Ausmaß als je zuvor".[40] In geringerem Umfang als CGIAR, aber näher an einer der zentralen Disziplinen der Biotechnologie, beweisen die Microbial Resource Centres (MIRCENs) der UNEP/UNESCO/ICRO-Programme[41] den Wert eines globalen Netzwerks, innerhalb dessen Informationen und Materialien (besonders rhizobische Bakterien) verbreitet und Ausbildung vor Ort durchgeführt werden können. Ein solches Netzwerk mit seinen fest etablierten und lokal verwurzelten Zentren in der Dritten Welt könnte sich als weitaus effektiver dabei erweisen, Möglichkeiten zur Anwendung der neuen Biotechnologie ausfindig zu machen, als das vorgeschlagene große „International Center for Genetic Engineering and Biotechnology" (ICGEB)[42]. Rousseau et al.[43] sehen ebenfalls das Konzept der MIRCEN als ein wünschenswertes Mu-

---

[39] In diesem Zusammenhang ist die große Unterstützung von CGIAR durch Länder der Gemeinschaft bemerkenswert: z. B. hat die BR Deutschland 7% der Gesamtausgaben von CGIAR in den letzten sieben Jahren finanziert. Siehe hierzu „Bericht der Bundesregierung zu ‚Global 2000' und den darin aufgezeichneten Problembereichen", BMFT, März 1982.

[40] Bunting, a.a.O., Fußnote 38.

[41] United Nations Environment Programme/UN Educational, Scientific and Cultural Organisation/International Cell Research Organisation, Sekretariat: T. Rosswall, Dept. of Microbiology, Swedish University of Agricultural Sciences, S 750 07 Uppsala, Schweden.

[42] Vgl. den Bericht an UNIDO von einer Expertengruppe unter Vorsitz von Dr. Carl-Goran Heden.

[43] Vgl. FAST, FOP 46, 1982.

ster für den Technologietransfer an, unterstreichen aber ebenso unerläßliche Vorhaben der multinationalen Konzerne in dieser Hinsicht. In der Tat könnten sich die öffentlich finanzierten, sozial orientierten Netzwerke und die gewinnorientierten technologisch erfahrenen multinationalen Konzerne als komplementär zueinander erweisen. Darin liegt jedenfalls eine Hoffnung, nicht nur der Dritten Welt.

Ein sehr wichtiger Strang, durch den die F&E der Europäischen Gemeinschaft in den Naturwissenschaften mit den Bedürfnissen und Interessen der Entwicklungsländer verbunden werden kann, wird das „Technical Centre for Agricultural and Rural Cooperation" sein. Es war in der zweiten Lomé-Konvention anvisiert worden (Artikel 88). Gbaguidi[44] hat in diesem Zusammenhang die Notwendigkeit unterstrichen, die vorgeschlagenen F&E-Programme in Wissenschaft und Technologie für die Entwicklungsländer (die weiter oben diskutiert wurden) mit den nationalen Programmen der afrikanischen, karibischen und pazifischen (ACP)-Länder zu verbinden.

1.5 Gesundheitswesen und biomedizinische Forschung

1.5.1 Eine innovative „Industrie" in einem wachsenden Markt

Die Gesundheit der Menschheit und die Gesundheit der pharmazeutischen Industrie sind getrennte, aber aufeinander bezogene Themen; für beide sind die Fortschritte der Naturwissenschaften relevant. Die pharmazeutische Industrie ist aufgrund des Umfangs und der Bedeutung ihrer Forschungsanstrengungen für die Biotechnologie wichtig: sie stellt die technologisch führende Nahtstelle dar, besonders für die so wichtige Umsetzung der wissenschaftlichen Durchbrüche in getestete, wirtschaftlich hergestellte und vermarktbare Produkte. In ökonomischen Begriffen gesprochen ist das Gesundheitswesen ein Sektor hoher Technologie und hohen Wachstums; in den USA z. B. wuchs er von 5% des Bruttosozialprodukts 1960 auf fast 10% 1980 an.

Der Weltmarkt für Medikamente betrug 1981 76,3 Mrd. US$. Den größten Anteil davon bestreiten die USA mit 10−12% pro Jahr, Japan mit 8% pro Jahr und die Bundesrepublik Deutschland mit nur 5% pro Jahr (3,4 Mrd. US$ 1981). Hoechst gab 1982 rund 283 Mio $ für die pharmazeutische Forschung aus und strebt nach überseeischer Expansion. Hoechst ist Europas größtes chemisches und pharmazeutisches Unternehmen und hat Marktanteile auf dem US- und japanischen Markt von 1,4 bzw. 1,3%. Die japanische Regierung verfolgt inzwischen eine entschiedene Politik, die einheimische pharmazeutische Industrie zu rationalisieren, die Preise für rein imitative Produkte zu senken und innovierende, in F&E stark engagierte Firmen zu begünstigen, Gesetze und Verordnungen auf eine Linie mit den amerikanischen und europäischen zu bringen und auswärtige japanische „joint ventures" mit großen pharmazeuti-

---

[44] „Agricultural Centre to open soon: interview with D. D. Gbaguidi, Benin's ambassador to Brussels", The Courier (ACP-EC), No 73, Mai bis Juni 1982.

schen Unternehmen aus den USA und Europa zu unterstützen – all das dient der Vorbereitung auf einen größeren „Sturm" auf die europäischen und nordamerikanischen Märkte in den späten 80er Jahren.[45]

Förderung, Pflege und Ausbau der europäischen „Grundlagen" für Biotechnologie sind Voraussetzungen dafür, Europas Position in dieser wettbewerbsfähigen und innovativen Industrie zu erhalten und zu entwickeln. Ist diese Sichtweise mit dem Ziel der Sozialpolitik vereinbar und die Kostenspirale im Gesundheitsweisen zu kontrollieren?

Die Mitgliedstaaten der Europäischen Gemeinschaft sehen die Notwendigkeit sowohl für eine öffentliche Verantwortlichkeit für eine Basisversorgung im Gesundheitsbereich als auch für die private pharmazeutische Produktion und freie Versorgung mit Medikamenten etc., gemäß genauer Verordnungen und Kontrollen, die von den jeweiligen nationalen oder lokalen politischen Entscheidungen bestimmt werden. Wir müssen die Rolle der staatlichen Politik und öffentlich finanzierten Forschung sowie die Politik der EG daraufhin beobachten, inwiefern sie zu den neueren wissenschaftlichen und technologischen Entwicklungen beitragen, auf denen sowohl das europäische Gesundheitssystem als auch die Gesundheit seiner pharmazeutischen Industrie beruhen.

1.5.2 Die Technologie: vom Pragmatismus zur Verwissenschaftlichung

Es ist hier weder möglich noch notwendig, das umfangreiche und sich schnell weiterentwickelnde Gebiet der modernen biomedizinischen Technologie darzustellen. Einige grob erkennbare Trends sind von strategischer Bedeutung. Ein entscheidender Ausgangspunkt ist Spezifität.

Spezifität bedeutet, die Art und Weise der Therapie (oder der Prophylaxe) mit größerer Genauigkeit den Erfordernissen anzupassen. Steigerung der Präzision beruht auf Fortschritten in Diagnose, Analyse, Entdeckung, Überwachung – all dies trägt zu einem besseren Verständnis des komplexen menschlichen Systems bei. Monoklonale Antikörper veranschaulichen sehr gut eine solche Spezifität. Sie werden so manipuliert (durch Techniken der Zellfusion von DNS-Rückkoppelungen), daß sie sich nur mit einer bestimmten Molekülart verbinden können. Diese und mehrere andere hochspezifizierte Technologien stellen die Grundlage für „gezielte Medikamenten-Produktionssysteme" dar. Sie illustrieren nochmals die bereits angesprochene Bedeutung der zunehmenden Wechselwirkungen zwischen Biotechnologie und Informationstechnologie.

Die mögliche Relevanz öffentlicher Finanzierungen für diese Fortschritte wird durch Argonnes Vorschlag eines menschlichen Protein-Indexes verdeutlicht; die Befürworter dieses Vorschlags suchen die Unterstützung des US-Kongresses für die erforderlichen 150 Mio zu gewinnen. Unter Nutzung bekannter Verfahren (besonders der zweidimensionalen Gel-Elektrophorese) könnte ein standardisierter „Index" aller Eiweiße im menschlichen Körper entwickelt werden. Proben von Körperflüssigkeiten könnten dann automatisch analysiert

---

[45] Die Zahlen und Beobachtungen in diesem Abschnitt werden aus Artikeln des The Economist v. 29. 8. 1981, S. 78 und v. 5. 6. 1982, S. 88 und anderen Quellen entnommen.

und mit computergespeicherten Standardwerten verglichen werden. Damit wäre ein verfeinertes und sehr informatives diagnostisches Instrument gefunden. Information kann oft drastische und riskante chemische oder chirurgische Eingriffe ersetzen.

Vorschläge wie dieser Eiweißindex von Argonne kommen den technologischen Prognosen schon sehr nahe: die Konvergenz zwischen dem Bedarf und den technischen Möglichkeiten ist evident. Die offenstehenden Fragen, Vorschläge und Entscheidungen drehen sich nur darum, wer welche Teile wann und von welchem Haushalt finanziert. Aus diesen Entscheidungen werden strategische Stärken und Schwächen hervorgehen. Auf jeden Fall geht es um mehr Arbeit und Anstrengung, als durch ein Land oder eine Gesellschaft allein gefördert werden kann, und somit besteht in manchen grundlegenden Bereichen Spielraum für Kooperation auf Gemeinschafts-, ja sogar auf globaler Ebene. Dies schließt häufig die Informationssysteme mit ein, die für die Forschung oder die klinische Medizin ausschlaggebend sind. Ebenfalls wichtig als F & E-Felder der öffentlichen Hand sind neue Technologien für standardisierte, international anerkannte Testverfahren. Auch die sozialen Fragen müssen diskutiert werden: Wie weit dürfte einer Versicherungsgesellschaft, einem zukünftigen Arbeitgeber, ja sogar einem zukünftigen Ehegatten erlaubt werden, über die bestehenden medizinischen Tests – z. B. über einen „Proteinindex" oder Chromosomenanalyse – hinaus Untersuchungen zu verlangen, wenn sich das technische Potential entsprechend entwickelt?

Man kann enorme Fortschritte der Informationstechnologie in der pharmazeutischen Industrie erkennen – Innovationen, die auf empirischen Beobachtungen beruhen (z. B. Penicillin) und der konsequenten Ausnutzung aller ihrer möglichen Entwicklungen und Kombinationen zu einem Ansatz, der auf „Design" basiert. Dieser Ansatz wäre ohne die jüngsten Fortschritte in der Grundlagenforschung unbegreiflich; er ist aufgrund unserer Verständnislücken immer noch sehr schwierig nachzuvollziehen, doch diese Lücken werden durch die gegenwärtige Forschung rasch gefüllt (nicht zuletzt aufgrund der neuen Spektrometrien, die den Biologen von den Physikern offeriert werden – von den Röntgenstrahlen in den 20ern, zu Elektronmikroskopen in den 60ern und zu noch anspruchsvolleren Techniken im gegenwärtigen Jahrzehnt).

De Duve[46] verweist auf die beispiellose Expansion von Grundlagenwissen und hält die Zeit für einen neuen Ansatz gekommen.

„Es ist eine einfache Regel, die auf beinahe jeden pharmakologischen oder therapeutischen Fortschritt der Vergangenheit anzuwenden war, daß das Wissen vom Medikament zum Zielobjekt vorangeschritten ist, nicht umgekehrt... Theoretisch wäre es weitaus vorteilhafter, wenn man vom Zielobjekt zum Medikament schlußfolgern könnte und dieses auf der Grundlage einer genauen Kenntnis des Zielobjekts entwerfen würde... Die Aussichten auf Erfolg in solchen Ansätzen steigen in dem Maße, wie unser Wissen wächst. Von daher kann es kaum Zweifel darüber geben, daß ein rationales „drug design" (Konstruktion von Medikamenten) die Methode der Zukunft sein wird."

---

[46] de Duve, C.: The future of therapeutics. Rede auf dem Third International Meeting of Pharmaceutical Physicians, Brüssel, Oktober 1978.

In den vier Jahren seit der Rede de Duves haben sich die Anzeichen rasch vermehrt, die für diese These sprechen. Einiges davon wurde im FAST Biogesellschafts-Projekt C 1.5 (Bio-informatics), und in der Projektgruppe über biotechnologische Information dokumentiert. Die Schlußfolgerung de Duves lautete 1978:

„Laßt uns eine Brücke bauen, so breit wie möglich, zwischen den Grundlagenforschern, die sich um ein besseres Verständnis der sub-zellulären und molekularen Eigenschaften der Zielobjekte der Medikamente bemühen und den Forschern in der pharmazeutischen Industrie, die sich um die Entwicklung neuer und besserer Medikamente bemühen. Laßt uns mit allen zur Verfügung stehenden Mitteln einen Verkehr in beide Richtungen über diese Brücke in Gang bringen."

Um diesen wechselseitigen, interdisziplinären Verkehr und die subzellulare und molekulare Forschung selbst zu unterstützen, braucht es vor allem Systeme molekularer Repräsentation und die dazugehörigen Computergraphiken und Datenbanken. Die Mathematik bildet einen angrenzenden Gegenstand der Grundlagenforschung, um zellulare Verhaltenssysteme abzubilden – etwa die stabilen Schleifen der Homeostase oder das wechselnde Verhalten epigenetischer Variation, die zu Differenzierung oder zu Krebs führen.

1.5.3 Anwendungen

Die aus der Entwicklung der Grundlagenforschung sich ergebenden möglichen Anwendungen sind aller Wahrscheinlichkeit nach sehr viel breiter, aber im Detail unvorhersehbar –, wie es auf der molekularen Ebene schon beschrieben wurde. Eine gute Illustration hierfür gibt die Schlußfolgerung von Rigby[47] nach einer Übersicht über den außergewöhnlichen Fortschritt im Studium der Onkogene: „... eine sehr bedeutende Markierung für die Entwicklung unseres Verständnisses der Carcinogenese. Die Anwendung der modernen Genetik und immunologischer Techniken hat zu Einsichten geführt, von denen einige Jahre zuvor keiner zu träumen gewagt hätte. Das Argument, daß Grundlagenforschung in der Molekularbiologie irrelevant für die Krebsforschung sei, ist ganz sicher beerdigt."

Ein anderes Gebiet sind die hohen und steigenden Kosten der Fürsorge für Behinderte und alte Menschen in Europa. Besonders die psychiatrische Heilfürsorge ist ein größeres strategisches Problem für die alternde europäische Bevölkerung. Die gesellschaftlichen Anforderungen, die zur Auflösung der Familien führen, die Isolierung der Alten und entfremdete Arbeitsplätze bedingen oder verschlimmern diese Probleme. Es muß aber bedacht werden, daß die Gesellschaft auch die Kosten für psychiatrische Behandlung, Fluktuation und Flucht aus der Arbeit und für soziale Unruhen tragen muß.

Der Fortschritt der Neurobiologie und Neurochemie ist verheißungsvoll: Forschung auf diesen Feldern muß auf allen Ebenen in Europa Vorrang einge-

---

[47] Rigby, P. W. J.: The oncogenic circle closes. Nature 297 (1982) 451–453.

räumt werden. Es gibt kaum Zweige, auf denen das öffentliche Gesundheitssystem einen größeren ökonomischen Anreiz erhält; abgesehen von den nicht meßbaren Kosten der Not und des Leidens des betroffenen Individuums und seiner Mitmenschen.

Der Fortschritt auf dem Gebiet der geistigen Gesundheit geht mit der Entwicklung unseres Wissens über die Gehirnzellen und mit einer größeren Spezifität der Medikamentenwirkung in diesen Zellen einher. Selbst wenn wir von der möglichen Anwendbarkeit der Grundlagenforschung auf solch strategische medizinische Probleme wie Krebs und Altern ausgehen, bleiben beträchtliche institutionelle Hindernisse für einen interdisziplinären Austausch, wie ihn de Duve anvisiert hat. Das kann mit Hinweis auf die bestehenden F & E-Programme der Gemeinschaft zur medizinischen Forschung und zum öffentlichen Gesundheitssystem veranschaulicht werden.

1.5.4 Laufende F & E-Programme der Gemeinschaft im Bereich medizinischer Forschung

Es gibt zwei konzertierte Aktionsprogramme, und ein drittes wurde vom Ministerrat im August 1982 in der Linie der Kommissionsvorschläge verabschiedet.[48] Das erste Teilprogramm[49] orientiert sich grundsätzlich auf die Lösung von Gesundheitsproblemen in den kritischen Phasen eines menschlichen Lebens, nämlich Geburt und Alter; auf Belastungen und Bewältigungsformen einer von industrieller Umwelt geprägten Lebensweise und auf die Verbesserung der Rehabilitierung von Versehrten und Behinderten. Das Programm soll durch Erweiterung und Nutzung des wissenschaftlich-technischen Fortschritts die negativen ökonomischen und sozialen Folgen mindern, die durch unerwünschte Eingriffe in fundamentale Lebensbereiche verursacht werden.

Das zweite Teilprogramm zielt auf die Verbesserung und angemessene Nutzung von Methoden und Instrumenten zur Optimierung des Kosten-Nutzen-Verhältnisses im Gesundheitswesen. Es geht besonders um die Koordinierung von Vorhaben auf den Gebieten der Forschung von Einrichtungen im Gesundheitswesen, Verbesserung der medizinischen Technologie und Steigerung der Qualifikation der Fachkräfte.

Das dritte Teilprogramm zielt u. a. auf Kenntnisse über Auswirkungen von Diäten und Pharmazeutika auf die Gesundheit von Individuen, im Sinne persönlicher Umwelt.

Jedes Aktionsfeld ist weiter in F & E-Bereiche unterteilt, denen mehrere Projekte zugeordnet sind. So umfaßt das ganze Teilprogramm acht Gebiete und mehr als 30 Projekte. Dennoch bleibt trotz dieser „klinischen" Akzentuierung von Interdisziplinarität ein fundamentales Problem für den Ideen- und Erfahrungsaustausch bestehen, nämlich die Kluft zwischen Biologie und Medizin –

---

[48] Kommission der Europäischen Gemeinschaften: Proposal for a Council Decision, adopting a sectoral research and development programme of the EEC in the field of medical and public health research – concerted action (1982–1986). COM (81) 517 final, 1981.
[49] Kommission der Europäischen Gemeinschaften: Evaluation of the concerted actions of the Community's first Medical Research programme 1978–1981, EUR 7730 EN/FR, 1981.

eine Kluft, die sowohl in den USA als auch in Europa schwer zu überbrücken ist. Sie stellt ein so schwerwiegendes Problem dar wie die Kluft zwischen Industrie und Universitäten und die zwischen Wissenschaftlern und Politikern.

Erstes Programm   *Konzertierte Aktion*

1. Januar 1978 –   1. Registrierung erblicher Anomalitäten
31. Dezember 1981)   2. Zellulares Altern
                           3. Extracorporale Oxygenation
                           4. Aufdeckung von Thromboseneigung
Zweites Programm   5. Hörschwäche
(1. Juni 1980 –   6. Perinatale Überwachung
31. Mai 1984)   7. Quantitative Elektrokardiographie

Das *dritte Programm* setzt die Maßnahmen der zwei ersten Programme fort und integriert sie – wo sinnvoll – und entwickelt innerhalb von drei Teilprogrammen neue Themen:

1. Gesundheitsprobleme
    1. Gebiet: Prä-, peri- und postnatale Fürsorge;
    2. Gebiet: Altern, Versehrte und Behinderte;
    3. Gebiet: Zusammenbruch des Adaptionssystems.

2. Gesundheitswesen
    1. Gebiet: Forschung der Gesundheitsdienste und -einrichtungen
    2. Gebiet: Gesundheitstechnologie;
    3. Gebiet: Fachkräfte

3. Persönliche Umgebung
    1. Gebiet: Ernährung
    2. Gebiet: Pharmazeutika

Von daher war es zwar enttäuschend aber nicht völlig überraschend, daß ein gut vorbereiteter Teil[50] aus dem ursprünglich konzipierten biomolekularen Technologieprogramm, das gerade darauf abzielte, diese Kluft zu überbrücken, von CREST zum Komittee für medzinische Forschung umgeleitet wurde. Dort wurde es (von seinen Gegnern) als unzweckmäßig eingestuft, gerade wegen seines grundlegenden Ansatzes. Seit der Konzipierung dieses Programmteils sind weitere Indikatoren für dessen Notwendigkeit hinzugekommen, und FAST schlägt deshalb vor, daß dieser Programmteil aktualisiert und noch einmal beraten wird – allerdings nicht nur vom Medizinischen Komittee.

---

[50] de Duve, C.: „Cellular and molecular biology of the pathological state: a proposal for a Community programme in biotechnology", Kommission der Europäischen Gemeinschaften, EUR 6348 EN, 1979.

1.5.5 Soziales Lernen und soziale Kontrolle

Aus der sich rasch entwickelnden Biotechnologie und Biomedizin können neue oder mutmaßliche Risiken erwachsen und es braucht einige Zeit und Forschung, bis Lernprozesse in Gesellschaften dazu führen, daß angemessene Ebenen und Mechanismen zu ihrer Kontrolle etabliert werden. Der Gebrauch von stimulierenden Drogen und Psychopharmaka ist solch ein Beispiel, obwohl es kaum eine wissenschaftliche Begründung gibt, die deren Gebrauch per se kritisieren würde angesichts des weitverbreiteten Konsums solcher Stimuli wie Tee, Kaffee, Nikotin und Alkohol.

Es muß die Aufgabe einer Gemeinschaft als einer Körperschaft zur Harmonisierung von Vorschriften innerhalb der Mitgliedsstaaten sein, diese sozialen Lernprozesse zu erleichtern und zu beschleunigen. Dazu kann die Finanzierung von Forschung auf wissenschaftlicher und sozialer Ebene erforderlich werden.

Ein anderes Gebiet, wo aus der rapiden Technologieentwicklung ethische Probleme entstehen, ist der Bereich Humangenetik und Geburtshilfe. Die Genetik der tierischen Produktion war die Hauptbasis für die größeren Fortschritte in der Produktivität der europäischen Landwirtschaft, so daß der mit den technischen Neuerungen verbundene wirtschaftliche Anreiz kaum irgendwelchen Beschränkungen ausgesetzt war.

Der Transfer einiger dieser Technologien auf die Humangenetik führt zu einer verständlichen Besorgnis. Ein Eingriff in das menschliche Gen scheint denkbar und erscheint sogar im Erfolg von in vitro Befruchtung immanent. Die Arbeit auf der molekulargenetischen Ebene liegt sehr nah an der Arbeit der Zellgenetik auf der Chromosomenebene, so daß die spezifischen funktionalen Fähigkeiten mit Genauigkeit kartographiert werden können, zunehmend in Begriffen korrespondierender genetischer Sequenzen. Unabhängig von einem „menschlichen Protein-Index" gibt es Aussicht auf einen „menschlichen Genetik-Index", insbesondere für diejenigen Chromosomengruppen, die in Korrelation zu genetischen Anomalitäten stehen. Bereits jetzt kann die antenatale Diagnose das Vorkommen von Erbkrankheiten, wie Thalassaemia, drastisch reduzieren; dabei wurde in 95% eine Beendigung der Schwangerschaft akzeptiert (in Südsardinien[51]).

Die ethischen Fragen berühren grundlegende Probleme der menschlichen Identität und zentrale, kulturell vermittelte Werte und Rechte der Persönlichkeit. Kann es einen Rechtsanspruch der Vererbung von Chromosomen mit niedrigem Niveau geben? Haben übrigbleibende, tiefgefrorene Plastocysten Rechte? Sollte menschliches Embryonalgewebe für Transplantationszwecke wie Haupt- oder Gehirngewebereparaturen kultiviert werden?

Angesichts der kulturellen Vielfalt Europas und der bekannten traurigen Geschichte der Folgen von Intoleranz scheint es gute Gründe zu geben, sowohl die Diskussion als auch die Interventionen der Legislative auf nationaler Ebene zu belassen; gleichzeitig sollte der fortschreitende soziale Lernprozeß gelenkt und unterstützt werden. Wir unterstreichen somit solche Aspekte des Medizinischen

---

[51] Williamson, B.: Nature 292 (1981) 405.

Forschungsprogramms wie Arbeit auf dem Gebiet der Epidemiologie und die Registrierung von Anomalitäten.

1.5.6 Risiko-Management

Die Kontrolle neuer Risiken, die aus dem Fortschritt in Biotechnologie und den Naturwissenschaften erwachsen, kann am — oft bemühten — Beispiel der Verordnungen über genetische Manipulation veranschaulicht werden: verantwortungsbewußte Wissenschaftler drücken anfänglich ihre Besorgnis aus; eine breite Einführung strikter Kontrollen, während derer die Arbeit weitergeht und weitere Erfahrungen gewonnen werden; die schrittweise Aufweichung dieser Kontrollen, insoweit sie als zu exzessiv angesehen werden.

Die Politisierung der Diskussion über die technologischen Risiken half dort einen demokratischen Lernprozeß in Gang zu bringen, wo Wissenschaftler, Industrielle und Bürokraten bisher eine exklusive Domäne hatten. Jedenfalls hat sich dadurch das Zentrum der Diskussion von quantitativer Risikoanalyse und Vergleichen zum weitaus breiteren und weniger durchschaubarem Feld der Einstellungen der Öffentlichkeit hinsichtlich der Akzeptanz außergewöhnlicher Technologien verschoben. Technologische Triumphe wie auch Katastrophen beeinflussen die Bildung von Einstellungen in der Öffentlichkeit, und ein demokratischer politischer Prozeß muß auf Sorgen der Öffentlichkeit antworten; somit werden Bildung und Kommunikation auf diesem Gebiet mindestens ebenso wichtig wie die wissenschaftliche Analyse der technologischen Gefahren. Das wiederum hat Ausgaben zur Folge, die als nicht ganz ungerechtfertigt erscheinen. Doch, wie Perutz[52] es ausdrückt:

„Die Zeitspanne zwischen der Patentierung einer neuen Verbindung und ihrer Vermarktung betrug in den frühen 60ern im Durchscnitt drei Jahre, sie wuchs in den frühen 70ern auf siebeneinhalb Jahre an und betrug 1978—79 schon neun Jahre, vor allem wegen der geforderten immer aufwendigeren Versuche und Sicherheitstests... Die Anzahl chemisch neuer Medikamente auf dem Markt sinkt, und der Anteil der Kosten, die für Entwicklung ausgegeben werden, nimmt zu auf Kosten der Forschungsausgaben.
... Die Kosten, um ein neues Medikament auf den Markt zu bringen, sind real zwischen 1960 und 1975 um das Fünffache gestiegen und liegen jetzt bei einer Größenordnung von 25 Mio. ...
Nur die größten Unternehmen können es sich noch leisten, neue Medikamente zu entwickeln, und selbst sie zögern, wenn es darum geht, Medikamente für andere Krankheiten zu entwickeln, als die, die in der Überflußgesellschaft vorherrschen. Sie befürchten, sich sonst nicht von ihren Ausgaben für Investitionen wirtschaftlich erholen zu können. Auf diese Weise gibt es viel zu wenig Forschung über Medikamente gegen Flußblindheit, Trypanomiase oder Bilharziose und die ganze Bandbreite der anderen tropischen Krankheiten, durch die das Leben der meisten Menschen in der Welt verkürzt oder verkrüppelt wird."

---

[52] Perutz, M.: Why we need science. New Scientist 92 (1981) 530—536.

Somit wird augenfällig, daß eine Philosophie, die auf Konzepten wie „Eliminierung von Risiken" oder „absolute Sicherheit" beruht, zwar weitverbreitet aber unrealistisch ist. Was wir brauchen, ist ein flexibler, Irrtümer miteinschließender Lernansatz, bei dem Fehler im kleinen Maßstab passieren dürfen, um allmähliche Erfolge im größeren Maßstab zu erringen. Eine Haltung, wonach Produkte als „völlig sicher" eingestuft werden müssen, bevor sie auf den Markt kommen, wird jede Innovation im Keim ersticken; mit Folgen für jene Aspekte industrieller Strategie, die zu Beginn dieses Abschnitts genannt wurden, wie mit Folgen für den mutmaßlichen Verlust an therapeutischem Nutzen. Unter denen hätten dann die Patienten zu leiden, die nicht mit den potentiellen Produkten behandelt werden können.

Wir schlagen daher vor, auf der Ebene der Gemeinschaft, die Diskussion über „begrenzte klinische Versuchsverfahren" voranzutreiben, um eine Auswertung und Bewertung potentiell wichtiger Produkte zu beschleunigen.

1.6 Vorschläge für F & E-Maßnahmen

Die Vorschläge von FAST zur Biotechnologie haben die Absicht, sicherzustellen, daß jedes Land in Europa von den Möglichkeiten, die Biotechnologie für die Gemeinschaft bietet, profitieren kann. Dafür müssen die jeweiligen Bemühungen so kombiniert werden, daß eine „kritische Masse" erzielt wird, wo immer sie benötigt wird.

Die Empfehlungen sind um ein zentrales Konzept gruppiert: den Entwurf einer Strategie der Gemeinschaft für Biotechnologie in Europa. Das Ziel ist es, Einrichtungen zu gründen, um eine wirkungsvolle Umsetzung durch konzertierte Aktion zwischen Mitgliedstaaten, Unternehmen, Forschungszentren und Institutionen der Gemeinschaft zu erreichen.

Diese Strategie der Gemeinschaft erfordert vier, sich ergänzende Maßnahmen:

- Verstärkung von Grundlagen in Forschung und Entwicklung;
- Ingangsetzen wissenschaftlicher und technologischer Forschungsprogramme;
- Etablierung von Mechanismen zur Folgenabschätzung, zum Informationstransfer und zu konzertierten Aktionen in der Gemeinschaft;
- ergänzende Maßnahmen.

1.6.1 Verstärkung der Grundlagen

FAST schlägt vor, auf drei Ebenen zugleich tätig zu werden:

1. Menschliche Ressourcen
Die Mitgliedsstaaten müssen dringend die Qualität und Bandbreite an Ausbildung in den Basis-Naturwissenschaften überprüfen, wie sie in den Schulen und Universitäten vermittelt werden und ebenso die Ausbildung in Biotechnologie für Techniker auf postgraduellem Niveau. Die Mitgliedsstaaten und Kommis-

sionen sollten ebenfalls bald untersuchen, welche Maßnahmen die Mobilität von Wissenschaftlern und den internationalen Austausch auf dem Gebiet der Biotechnologie zwischen Universität und Industrie (zum Beispiel Teilzeitlehrkräfte aus dem industriellen Management) fördern können; Mobilität und Austausch sind wegen des multidisziplinären Charakters innerhalb der Vielfalt von Anwendungsmöglichkeiten besonders wichtig.

2. Serviceeinrichtungen
Die Mitgliedsstaaten und die Kommission müssen die Entwicklung logistischer Dienste und Einrichtungen fördern, die der industriellen Entwicklung der Wirtschaft dienen. Neben den bereits erwähnten Maßnahmen in Bildung und Ausbildung könnten Aktivitäten in den folgenden Bereichen nötig werden.
– Sammlung von Kulturen und dazugehöriger Informationssysteme;
– Förderung der Entwicklung von mittleren und kleinen Unternehmen zur Bereitstellung spezialisierter Dienstleistungen und Materialien;
– bibliographische Dienste;
– Beratungsdienste für Patente.

3. F & E in einigen Basistechnologien wie:
– die Cryopräservierung von pflanzlichem Gewebe und pflanzlichen Zellen;
– Downstreamverfahren zur Behandlung der verdünnten Ausflüsse, die aus der Anwendung der Biotechnologie erwachsen;
– Mechanismen enzymatischer Aktionen und Methoden, um Enzyme in hohen Konzentrationsgraden in vitro benutzen zu können;
– Entwicklung fortgeschrittener Software (z. B. Systeme künstlicher Intelligenz und molekulare Graphiken), um die mittelfristige Entwicklung von CAD in der Biotechnologie zu fördern.

1.6.2 Forschungsprogramme zu den „erneuerbaren Ressourcen"

Ein Schwerpunktthema für die Entwicklung von Biotechnologie in Europa ist die weitere Forschung und Überprüfung der bisherigen Sichtweise über die potentiellen Aufgaben des Systems erneuerbarer Ressourcen.

In diesem Bereich liegen die Anforderungen klar auf der Hand, unsere wissenschaftlichen Kenntnisse gemeinsam zu überprüfen. Zu diesem Zweck werden folgende F & E-Maßnahmen vorgeschlagen:

1. Forschung in der pflanzlichen Genetik über den Transfer und das Verhalten von transplantiertem genetischem Material.
2. Pflanzliche Gewebekulturen für schnelle Fortpflanzungstechniken, besonders von Bäumen.
3. Pflanzliche Ernährung, besonders Systeme, die der Nährstoffaufnahme dienlich sind, um die erforderlichen Dünger zu reduzieren und die Erträge zu verbessern.
4. Demonstrationsprojekte in integrierten Steuerungssystemen zur Bodennutzung.
5. Ökologische Untersuchungen über die langfristige Produktivität kleinerer und größerer landwirtschaftlicher Systeme.

6. Untersuchungen zur Physiologie von Mikroben zur Vertiefung des Wissens
   über Faktoren, die Produktausbeute, Sortenstabilität und den Umfang der
   Produktion aus Biomasse beeinflussen.
7. Grundlegende Untersuchungen zur Genetik, Physiologie und Biochemie von
   Chemoautotrophen und Menthanotrophen.

Diese Vorschläge sollten in engerem Zusammenhang mit den gegenwärtigen
Forschungsprogrammen in Landwirtschaft und biomolekularer Technik gesehen werden.

1.6.3 Ein Zentrum der Gemeinschaft für Biotechnologie

Um jedem Land einen wirksamen Nutzen des synergetischen und komplemen-
tären Charakters der Gemeinschaft zu ermöglichen, muß die Gemeinschaft eine konzertierte Politik hinsichtlich der Biotechnologie unter Einbeziehung wissenschaftlicher, technologischer und anderer Elemente entwickeln und verdeutlichen.
Deshalb schlägt FAST die Gründung eines Zentrums für Biotechnologie innerhalb der Kommission der Europäischen Gemeinschaft vor. Seine Aufgabe
wird es sein, konzertierte Aktionen für Biotechnologie in Europa zu entwickeln.
Dies muß in interner und externer Abstimmung besonders mit den zuständigen
wissenschafts- und technologiepolitischen Instanzen in den Mitgliedsstaaten,
mit den einschlägigen Unternehmen, Institutionen und Personen geschehen.
Der Titel „CUBE" – Concertation Unit for Biotechnology in Europa – wurde
vorgeschlagen. Diese Einrichtung würde u. a. leisten:

– Archivierung von biotechnologisch relevanten Aktionen und F & E-Programmen in den Mitgliedsstaaten; Ausdehnung von Beobachtung und Sammlung
  auf Europas hauptsächliche Konkurrenten; Berücksichtigung von Bedarf und
  Möglichkeiten in den Entwicklungsländern;
– Bewertung der Aktionen und F & E-Programme der Mitgliedsstaaten in bezug auf die politischen Ziele der Gemeinschaft, mit Blick darauf, deren Kohärenz zu stärken und aus der Erfahrung jedes einzelnen Vorhabens den
  größtmöglichen Nutzen für alle zu ziehen;
– Pilotstudien durchzuführen, die zur Vorbereitung der Aktionsprogramme
  der Gemeinschaft oder der konzertierten Aktionen in F & E sowie anderen
  Gebieten beitragen;
– die Entwicklung offener Netzwerke anzuregen, die so informell und flexibel
  wie möglich gehalten werden, um Kenntnisse und Meinungen auszutauschen
  zwischen den Beteiligten in den Naturwissenschaften und der Biotechnologie
  in Universitäten, in Regierungsstellen oder in der Industrie.
– auf dieser Grundlage soll die wissenschaftliche Kooperation mit Entwicklungsländern im Interesse des Ausbaus der dortigen wissenschaftlichen Kapazitäten und Infrastrukturen erfolgen.

1.6.4 Ergänzende Maßnahmen

Um dies alles zu begleiten, zu erleichtern und abzustützen, sollten mit Vorrang
flankierende Maßnahmen in anderen Politikbereichen der Gemeinschaft ergriffen werden, in denen direkt oder indirekt auf die Entwicklungsbedingungen der
Biotechnologie Einfluß genommen wird:

1. Verordnungen (bezüglich Futtermittel, Nahrungsmittel, Pharmazeutika,
   Chemikalien usw), die sich auf alle Stadien beziehen, angefangen beim Labor, über landwirtschaftliche und industrielle Produktion, Experimente und
   Testverfahren bis hin zu Marketingbedingungen für neue Produkte und
   Dienstleistungen, Sicherheit, Information usw. Soll der Gemeinsame Europäische Markt und der davon erwartete Nutzen Wirklichkeit werden, ist eine
   größere Harmonisierung unabdingbar.
2. Rohstoffe landwirtschaftlicher Herkunft müssen für Fermentierung und andere biotechnologische Verfahren zur Verfügung stehen. Deren Preise dürfen
   nicht über dem Weltmarktniveau liegen, wenn die Gemeinschaft die Entwicklung von Industrien innerhalb Europas fördern will, die zur Wertschöpfung durch Transformation von Biomasse beitragen.
3. Geistiges Eigentum: siehe die oben formulierten Kommentare über die Notwendigkeit, das Patentwesen in Biotechnologie zu überprüfen.

Diese Maßnahmen sind für die Zukunft der europäischen Biotechnologie ganz
und gar vitaler Natur; die zweite ist angesichts der rapiden Entwicklung von
biotechnologischen Vorhaben außerhalb der Gemeinschaft besonders dringlich.

2 Europa und die Informationsgesellschaft — Mythen, Gefahren und Chancen

2.1 Eine doppelte Herausforderung für Europa

Information ist eine der Grundlagen ökonomischer, sozialer und individueller Handlungen. In Westeuropa arbeitet bereits mehr als ein Drittel der Beschäftigten im Informationssektor, und deren Anteil steigt ständig. Unser Gebrauch von Informationen beruht stark auf Technologie — bedeutende Veränderungen in der Informationstechnologie müssen deshalb entscheidende ökonomische und soziale Implikationen haben, und umgekehrt.

Ähnlich wie bei der Biogesellschaft, ist es hier nicht unsere Absicht, die Informationsgesellschaft der 90er Jahre vorauszusagen. „Informationsgesellschaft" ist ein Begriff, der die Entwicklungen in Richtung einer fortgeschrittenen industriellen Gesellschaft zusammenfaßt, in der die neue Informationstechnologie (NIT)[1] nach und nach die Rolle eines „Nervensystems" übernimmt. Sie gilt nun aber nicht als Zeichen einer Gesellschaft, die von der heutigen ganz verschiedenen wäre. Es ist auch nicht unsere Absicht, den gesellschaftlichen Prozeß zu planen, der zu einer bestimmten Informationsgesellschaft führt. Das Ziel ist eher bescheidener, aber nicht weniger herausfordernd — die Aussichten der Entwicklung neuer Informationstechnologien und die damit zusammenhängenden Risiken und Chancen zu beleuchten, die ökonomischen und gesellschaftlichen Notwendigkeiten Europas aus der Sicht der Gemeinschaft offenzulegen und auf dieser Basis F & E-Vorschläge und politische Empfehlungen sowohl in gesellschaftlicher wie in technisch-industrieller Hinsicht auszuarbeiten.

2.1.1 Technologische Entwicklungen

Seit der Erfindung des Transistors vor 30 Jahren gab es rasche und revolutionäre Entwicklungen in der Halbleiter-Physik. Dazu gab es eine parallele Entwicklung in der Mikroelektronik und in der Kommunikationstechnologie, die drei neue Grundprodukte zur Folge hatte: VLSI-Schaltungen, das Glasfaserkabel und den Satelliten. Deren Anwendungen und Implikationen etwa für die nächsten 20 Jahre vorauszusehen ist ebenso schwer, wie im Falle des Transistors vor 30 Jahren. Sie machen neue Produkte und Dienste möglich, eröffnen neue Märkte und ändern menschliches Verhalten aufgrund von fünf einzigartigen Charakteristika der Mikroelektronik:

---

[1] Der Begriff „neue Informationstechnologie" (NIT) wird hier im weitesten Sinne gebraucht, d. h. er umfaßt alle Kommunikations- und Automationstechnologien.

Miniaturisierung – erlaubt die Konstruktion von kompakten Systemen, die hoch energieeffizient sind, nur wenig oder gar keine Kühlung benötigen, somit portabel sind und die Möglichkeit breiter autonomer Anwendung bieten. Ein Beispiel hierfür ist die Integration von Mikroprozessoren in Kameras.

Zuverlässigkeit – verspricht die Konstruktion und den Betrieb von zunehmend komplexen, lokalen Systemen ohne die Notwendigkeit hoch spezialisierter Instandhaltung und Reparatur.

Leistung – hauptsächlich aufgrund von Miniaturisierung können Computer zunehmend schneller und mit immer größeren Mengen von Daten arbeiten. Das eröffnet neue Anwendungsfelder, wie die im vorherigen Kapitel erwähnte Forschung über biologische Moleküle zeigt, die andernfalls unmöglich wäre. Ein weiteres spektakuläres Beispiel ist das Glasfaserkabel, das weniger Raum einnimmt, größere Kapazitäten bereitstellt, höhere Übertragungsgenauigkeiten ermöglicht und billiger ist als die traditionellen Kupferdrähte.

Preis – trotz erstaunlicher Leistungssteigerungen hat sich der Preis pro integrierter Einheit nicht signifikant verändert, was eine völlig neue Anwendung der Mikroelektronik erlaubt, oft auf Kosten traditionell mechanischer Geräte wie z. B. der Armbanduhr.

Konvergenz – vier produktorientierte industrielle Sektoren, Elektronikkomponenten-Industrie, die Konsumelektronik-Industrie, die Computer-Industrie und die Büroausrüstungs-Industrie konvergieren allmählich in Richtung auf die gleiche Technologie, die gleichen Anwendungen und die gleichen Märkte.[2]

Die Entwicklung der integrierten Schaltkreise, der Glasfaserkabel und der Satellitenkommunikation wird sich auf den fünf „Dimensionen" weiterhin fortsetzen und wird solche Dinge, wie Computer, mit denen gesprochen werden kann (Computer der fünften Generation) und neue Telefon-Austausch-Satelliten in greifbare Nähe bringen. Es wäre falsch anzunehmen, daß wir irgendwelchen Grenzen technologischer Entwicklung nahe wären. Im Gegenteil – die nächsten 15 Jahre werden in bezug auf technologische Entwicklung wahrscheinlich ebenso spektakulär sein, wie es die letzten 15 Jahre waren.[3]

2.1.2 Technologie und Gesellschaft

Rasche Entwicklungen in der Technologie beinhalten nicht von selbst einen ebenso raschen gesellschaftlichen Wandel. Es gibt andere Faktoren, wie z. B. Ökonomie und Sozialpolitik, Bildungspolitik, Tarifverträge, Werte und fixe Gewohnheiten, die tief in der Kultur verwurzelt sind und sich im alltäglichen Leben und in den sozialen Institutionen widerspiegeln, die für die Entwicklung der Gesellschaft wichtiger sind als Technologie. In einfachen Worten könnten wir sagen, daß Dynamik und Ergebnis der gesellschaftlichen Auswirkungen einer Technologie vom Zusammenspiel der nachfolgenden vier Faktorenbündel abhängig sind:

---

[2]   Vgl. FAST, FS 11, 12, 13 und 17, 1983; und FAST FOP 3, 1980.
[3]   „Information Society: For Richer, For Poorer", Berichte der FAST-Konferenz in London, 25–29 Januar 1982 (Nord Holland, 1982).

— Wissenschaftliche und technologische Faktoren — gemeint sind Entwicklungen in der Forschung; sie sind im wesentlichen nur begrenzt durch die Fähigkeit der Forscher und die ihnen zur Verfügung stehenden Ressourcen. Entwicklungen in der Forschung sind zugegebenermaßen durch einen hohen Grad an Unvorhersehbarkeit charakterisiert.

— Ökonomische und industrielle Faktoren — mangelnde Kenntnis und fehlende Wahrnehmung von Chancen, Kapitalmangel, Mangel an qualifizierten Arbeitskräften und das Vorhandensein gegenwärtig „adäquater" Produktionsausrüstungen und Büroausstattungen sind Faktoren, die die Aufnahme von technologischen Innovationen ins Wirtschaftsleben verzögern oder blockieren.

— Soziale Faktoren — auch wenn Innovationen ökonomisch vorteilhaft sein mögen, kann ihre Einführung durch nicht-ökonomische Werte der potentiellen Nutzer abgelehnt oder verzögert werden. Z. B. erfordern Personal-Computer Fähigkeiten, die nicht allgemein verfügbar sind, der Einkauf per Bildschirm behindert soziale Kontakte, Bildschirmtext könnte zum „Anzapfen" von Informationen über Konsummuster und Informationsbedarfe von Individuen mißbraucht werden.

— Institutionelle Faktoren — Institutionen und Regelungen sind dazu da, eine bestimmte Balance in der sozialen Verteilung von Nutzen und Risiken zu sichern oder auch um gegenwärtige Positionen zu verteidigen. Somit üben Institutionen Schutz- und Überwachungsfunktionen aus und haben eine eingebaute Tendenz zu einem gewissen Konservatismus. Dies mag für die einen den unmittelbaren gesellschaftlichen Nutzen durch neue Technologien ebenso reduzieren, wie den Schaden für die anderen. So wird zum Beispiel die Verbreitung von Kabelfernsehen durch Gesetze und Vorschriften bestimmt und nicht durch die drei anderen genannten Faktorenbündel, die eine sehr viel größere Verbreitung in den meisten europäischen Ländern begünstigt hätten.

Alle vier Faktorenbündel müssen bei der Einschätzung der gesellschaftlichen Auswirkungen neuer Technologien sorgfältig berücksichtigt werden. Dies trifft besonders dort zu, wo es um die Analyse dynamischer Phänomene wie beispielsweise Diffusionsraten und -geschwindigkeiten geht. Das läßt sich am Beispiel des Videotext-Systems illustrieren. Obwohl dessen technologische Machbarbeit grundsätzlich außer Frage steht, würde es scheitern, wenn man die institutionellen Hindernisse beseitigen würde, bevor die ökonomischen und sozialen Faktoren angemessen verstanden und berücksichtigt worden sind.[4]

Im allgemeinen dürfte die Diffusionsdynamik neuer Technologien wichtiger sein als alles andere. Konzeptuell kann die Einführung neuer Technologien als ein Drei-Phasen-Prozeß beschrieben werden:

Steigerung/Substitution — die neuen Informationstechnologien arbeiten im wesentlichen durch Substitution, erhöhen die Produktivität des jeweiligen Prozesses und steigern dabei Gewinne ebenso wie Probleme.

---

[4] Vgl. Arnold in den Berichten der FAST-Konferenz in London, a.a.O., Anmerkung 3.

Wachstum – die Ausbreitung hinein in neue Produktbereiche und Dienstleistungen; es folgt die qualitative Veränderung im Produktionsprozeß und in der Nachfragestruktur.

Assimilation/Integration – schließlich verbindet sich die Technologie mit vielen anderen und wird Teil der Techno-Kultur.

In bezug auf NIT befindet sich Europa gerade in der Steigerungs- /Substitutionsphase. Dies wird in der Schlußfolgerung des vorherigen Kapitels reflektiert, in der die vorherrschende Nutzung von NIT, zur Prozeßinnovation ebenso wie zur Produktinnovation, als Hauptfaktor für steigende Arbeitslosigkeit gesehen wird. Eine einfache Extrapolation von gegenwärtigen Trends legt nahe, daß die 80er Jahre die Steigerungsphase, hingegen die 90er Jahre die Wachstums- und Integrationsphase darstellen wenn man voraussetzt, daß die relevanten sozialen Aspekte in den Phasen eins und zwei mit bedacht und somit die Bedingungen für einen gesellschaftlichen Lernprozeß geschaffen werden, worauf wir im folgenden Punkt (2) in Hinsicht auf Bildung und Ausbildung weiter eingehen.

Obwohl es recht klischeehaft wirkt, soll hier noch einmal hervorgehoben werden, daß die europäischen Staaten in der Frage der NIT nicht vor der Wahl zwischen Zustimmung und Ablehnung stehen. Die neue Informationstechnologie ist – als solche, wenn auch nicht im Sinne einer spezifischen Anwendung oder eines spezifischen Typs dieser Technologie – für Europa unvermeidbar. Dies hat vier Hauptgründe:

1. Die europäische Industrie braucht sie in bezug auf ihre internationale Wettbewerbsfähigkeit;
2. Die europäischen Staaten brauchen sie, um wichtige gesellschaftliche Probleme anzugehen;
3. Europa braucht sie für seine Sicherheit und
4. niemand kann eine gesellschaftliche „Elite" davon abhalten, sie zu nutzen.

Die Konsequenz ist, daß Europa in bezug auf neue Technologien aktiv sein muß, und eine rein ökonomische Politik, welcher Richtung auch immer, kann dies nicht leisten. Vielmehr ist eine direkte Technologiepolitik erforderlich. Dies ist von der Kommission der Europäischen Gemeinschaft[5], von nationalen Regierungen und Gewerkschaften[6], von der Industrie[7] und in anderen wichtigen Bereichen klar zum Ausdruck gebracht worden.

1. Die Wettbewerbsfähigkeit der Industrie in der Gemeinschaft ist zunehmend verwundbar: Die europäische Industrie muß die neuen Informationstechnologien nutzen, um international konkurrenzfähig zu werden.

Die Position der EG als Handelspartner des größten Teils der Welt beruht vollständig auf der Wettbewerbsstärke ihrer Industrie. Abbildung 2.1 zeigt, daß die

---

[5] Dokument COM (79) 650.

[6] Vgl. z. B. Baker, Dondoux und Johansson über nationale Regierungen und Asplund über Gewerkschaften in den Berichten der Londoner FAST-Konferenz, a.a.O., Anmerkung 3.

[7] Vgl. Masuda, in: Information Technology-Impacts on the Way of Life. Berichte der FAST-Konferenz in Dublin, 18.–20. November 1981 (Tycooly, 1982).

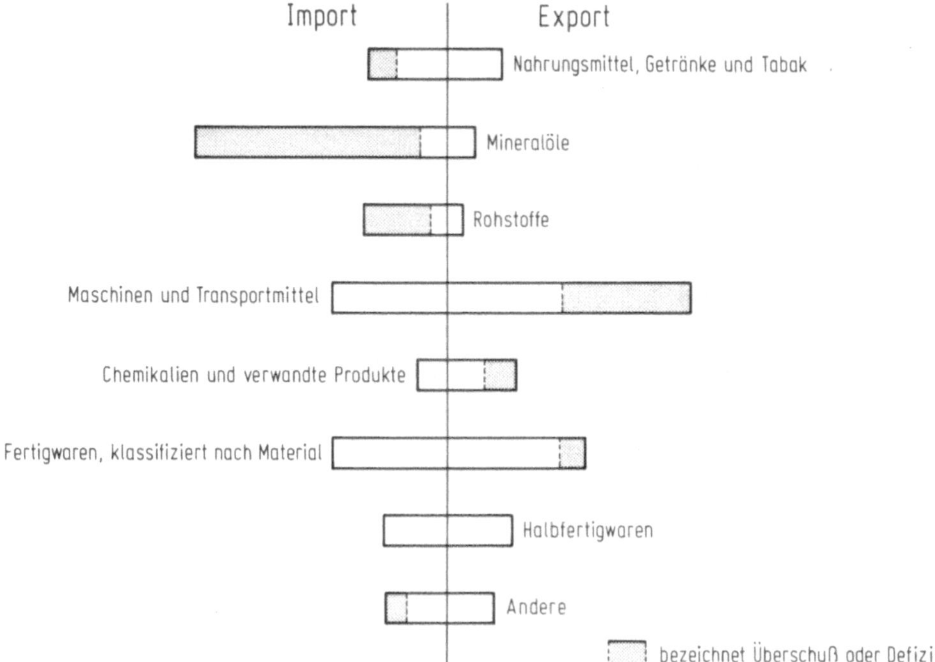

Abb. 2.1. Überblick über den EG-Handel 1980. Quelle: Monthly External Trade Bulletin, 10, 1981, EUROSTAT

Gemeinschaft Nettoimporteur von Nahrungsmitteln, Energie und Rohstoffen und Nettoexporteur lediglich von industriellen Gütern ist. Abb. 2.1 läßt keine Alternative zu industriellen Produkten als Netto-Exportartikel Europas erkennen, die zur Ausbalancierung mit dem Import von Mineralöl und anderen Rohstoffen in den nächsten 10–20 Jahren dringend erforderlich sind. Mit industriellen Produkten wettbewerbsfähig zu bleiben oder zu werden, wird ohne die Beherrschung der neuen Technologien zur Gestaltung der zukünftigen industriellen Basis einer fortgeschrittenen industriellen Gesellschaft nicht möglich sein. Das betrifft sogar in größerem Maße den weniger sichtbaren, aber deshalb nicht weniger wichtigen internationalen Handel von Dienstleistungen.

Die Abb. 2.2 und 2.3 weisen auf das Risiko hin, falls Europa diese Beherrschung nicht gelingt. Obwohl sie bereits entmutigend ist, wird die europäische Position in der Halbleitertechnik in Abb. 2.2 zu positiv dargestellt, weil sie nicht die in großem Maßstab stattfindende Produktion unter ausländischer Lizenz in Europa offenlegt. Abbildung 2.3 zeigt für einige der wichtigsten NIT-Anwendungen, daß die europäische Produktion in den meisten Fällen signifikant unterhalb des europäischen Konsums zu erwarten ist. Eine Stärkung der europäischen Position im Bereich neuer Informationstechnologien kann nur über F & E geleistet werden. Informationstechnologien sind extrem F & E-intensiv und sehr schnell technologisch obsolet. Die Höhe von F & E-Investitionen wird deshalb ein koordiniertes europäisches Vorgehen unumgänglich machen.

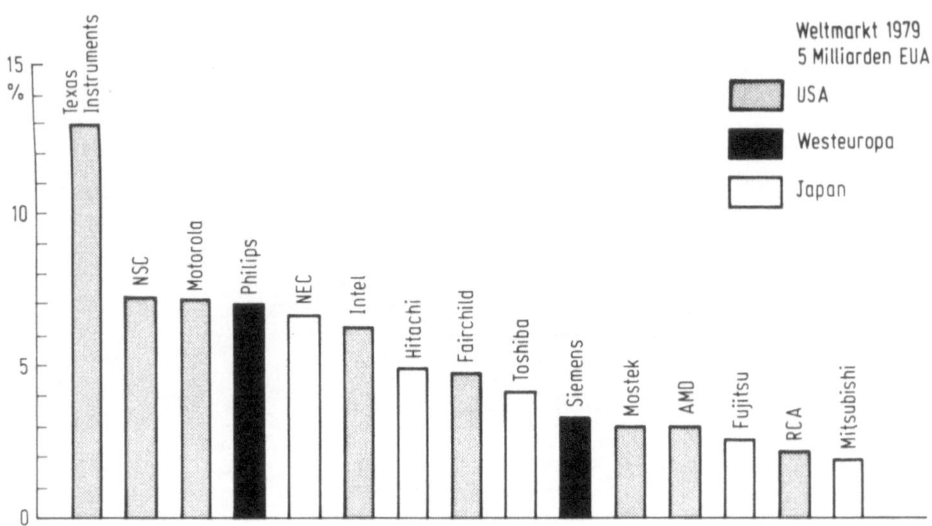

Abb. 2.2. Weltmarktanteile der 15 größten IC-Hersteller. Quelle: Financial Times/McIntosh, Strategies for Success, 1980, wie im FAST – B.1. – Projekt reproduziert

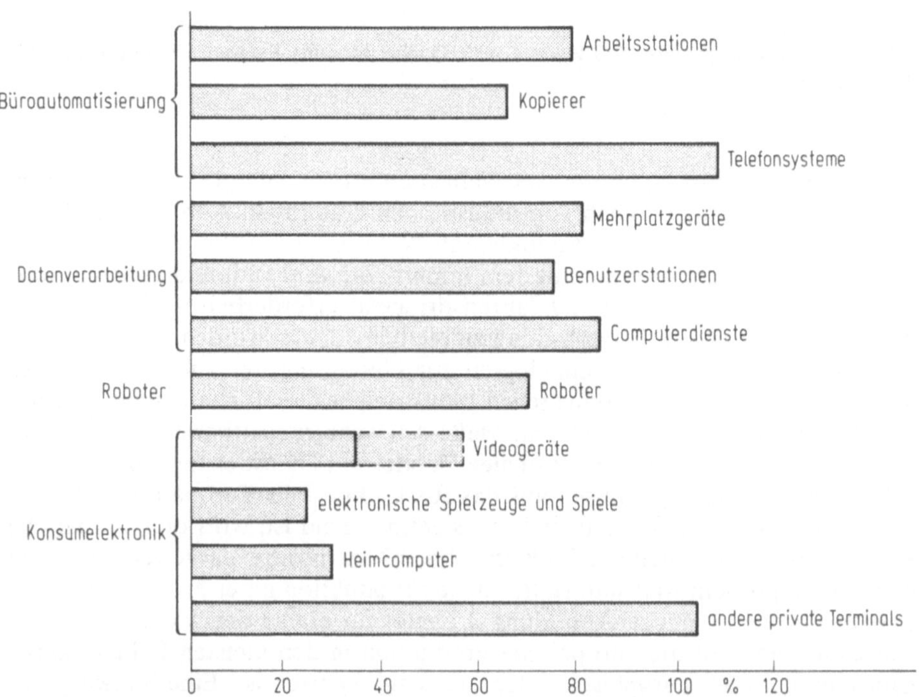

Abb. 2.3. Geschätzte Anteile des EG-Konsums und der EG-Produktion für 1985 (inclusive Nicht-EG Verkäufern, die in der EG produzieren) – für die meisten der aufgelisteten Produkte sind der US-Markt bzw. der Weltmarkt 1,5–2 bzw. 3–4 mal so groß wie der gesamte EG-Markt. Quelle: FAST, FOP 3, 1980

Europa muß seine F & E-Potentiale in vollem Umfang ausschöpfen und den Einsatz verfügbarer Kompetenzen in Schlüsselbereichen intensivieren.

2. Neue Informationstechnologien werden zunehmend genutzt werden, weil sie uns in die Lage versetzen, einige unserer hauptsächlichen gesellschaftlichen Probleme anzugehen (z. B. Energie- und Rohstoffknappheit, Arbeitslosigkeit, Bildungs- und Ausbildungsprobleme und die Kluft zwischen entwickelten und unterentwickelten Ländern).

Mikroelektronik bietet die große Chance zur Energieeinsparung durch verbesserte Energieeffizienz, d. h. bei gringerem Energieverbrauch grundsätzlich den gleichen Output wie vorher zu produzieren. In einer landesweit in der Bundesrepublik Deutschland durchgeführten Studie wurde 1981 von Goetzberger u. a. das Energieeinsparungspotential von Mikroelektronik auf $11-13\%$ des gegenwärtigen Energieverbrauchs der Bundesrepublik (1979: 2200 TWH) geschätzt. Ähnliche Einsparungen sind wahrscheinlich beim Verbrauch von Rohstoffen durch bessere Konstruktion (Computerunterstütztes Konstruieren), bessere Produktionsplanung (Produktionsplanungssysteme, integrierte Fertigungssysteme), bessere Anpassung der Produktion an die Nachfrage (flexible Fertigungssysteme) etc., zu leisten. Empirisch-quantitative Einschätzungen dieses Potentials sind bisher jedoch noch nicht verfügbar — Untersuchungen und Modellprojekte müßten dazu beitragen.

Die Frage nach der Beziehung zwischen NIT und Arbeitslosigkeit ist nicht einfach und sehr umstritten. Wir glauben jedoch, daß die Arbeitslosigkeit auf lange Sicht durch die Nutzung von NIT niedriger ist, als beim Verzicht auf ihre Nutzung. Deshalb werden öffentliche Stellen, wie bereits erkennbar, die Durchsetzung von NIT in Industrie und Gesellschaft weiter stimulieren, während sie gleichzeitig die zwangsläufigen Arbeitsplatzverluste in Europa über die kommenden Jahre, die teilweise den NIT zuzurechnen sind, und alle Implikationen für Wirtschafts-, Sozial und Ausbildungspolitik, nicht vernachlässigen. Der Verlust von Arbeitsplätzen kann, wenigstens teilweise, durch neue Arbeitsplätze kompensiert werden, aber deren Schaffung hängt von der heimischen Verfügung über NIT ab.

Die nächsten 15 Jahre werden Zeiten vielleicht nie dagewesenen Wandels von benötigten Qualifikationen in der Arbeit und im Privatleben sein. Bildung, Ausbildung und Umschulung sind die Instrumente, um solch einen Wandel herbeizuführen und etwas allgemeiner gesagt, um den Individuen die Verfügung über die neuen Informationstechnologien zu ermöglichen. NIT bieten durch die Massenmedien und durch spezialisierte Telekommunikationsdienste die Gelegenheit, sonst unerreichbare Personen zu kontaktieren (in geographisch abgelegenen Regionen, zu „ungünstigen" Zeiten) und, durch den portablen Mikrocomputer mit benutzerfreundlichen Softwarewerkzeugen, dem Lehrer Möglichkeiten zur Verbesserung des Unterrichts bereitzustellen.

Ohne uns schließlich die utopische Vision über die neuen Informationstechnologien anzumaßen, derzufolge sie der Dritten Welt die Chance gäben, mit einem Sprung das industrielle Zeitalter zu erreichen, glauben wir, daß durch die NIT möglicherweise einige der fundamentalen Probleme der Dritten Welt gelöst werden können. Ein Beispiel dafür ist die Nutzung von Satelliten zur Versorgung aller Regionen eines Landes mit Bildungsangeboten, wie in Indien bereits praktiziert.

3. Europäische Verteidigungspolitik benötigt moderne militärische Technologien und Systeme, die zunehmend von Informations- und Kommunikationstechnologie abhängig sind.

Obwohl militärische Verteidigungspolitik außerhalb der gegenwärtigen Zuständigkeit der Institutionen der Europäischen Gemeinschaft liegt, ist deren zunehmende Abhängigkeit von anspruchsvollen elektronischen Systemen eindeutig und es ist unrealistisch, ihre Bedeutung für F & E und Industriepolitik zu ignorieren. Die Kosten für ein Flugzeug verteilten sich einmal ungefähr im Verhältnis 50:50 auf Motor und Flugwerk; der Anteil der Flugelektronik beträgt inzwischen ein Drittel und steigt weiter. Bei Software, Komponenten und Systemen ist der Verteidigungssektor häufig an „vorderster Front", und im Rahmen der F & E im Verteidigungsbereich (20% der Ausgaben aller Mitgliedstaaten für F & E) müssen die NIT deshalb ein Hauptbereich sein. Innerhalb der Verteidigungspolitik selbst ist die NIT im Begriff, die Kriegsführung zu verändern; es ist vorstellbar, daß präzisionsgelenkte Geschosse Ersatz für das gegenwärtige Vertrauen der NATO auf taktische oder Gefechtsfeld-Atomwaffen bieten. Wie bei den atomaren Sprengköpfen und Trägheitsnavigationssystemen auf Interkontinentalraketen, besteht eine umgekehrte Beziehung zwischen erforderlicher Sprengkraft und Präzision. Beim konventionellen Schlagabtausch, was nur zu gut in den Konflikten von 1982 illustriert wurde, wird der Kampf zunehmend von technologischer Konkurrenz bestimmt, zwischen der Aufdeckung von Hardware und der Steuerungssoftware der widerstreitenden Seiten; oder eher zwischen der F & E und Produktionskompetenz ihrer jeweiligen Lieferanten.

Der militärische Stimulus hat in der amerikanischen Mikroelektronikindustrie für bedeutende Nebenprodukte gesorgt, seit der US-Kongress die heimischen Produktionskapazitäten bevorzugt und damit die Erwartungen einer „Zweibahnstraße" für Waffenkäufe in der NATO oft enttäuscht hat. Der japanische Handelserfolg und die ausufernden amerikanischen militärischen Beschaffungskosten demonstrieren, daß Handelserfolg und technologische Führung in hochentwickelten Bereichen nicht per se identisch sind. Es scheint aber klar zu sein, daß für das Bestreben der Europäer, angemessen oder zunehmend zu ihrem Verteidigungsanteil innerhalb des atlantischen Bündnisses beizutragen, die Leistungsfähigkeit in bezug auf neue Informationstechnologien, Komponenten und Kommunikations- und Datenverarbeitungssysteme ein essentielles Element politischer Stärke ist.

4. Die „Elite" kann nicht davon abgehalten werden, NIT zu nutzen.

Eine offene Gesellschaft hat viele Ein- und Ausgänge – niemand ist in der Lage, sie alle zu überblicken – und deshalb ist es nicht möglich, die neue Informationstechnologie von Europa fernzuhalten. Ob ein Produkt oder eine Dienstleistung von einem Individuum oder einer Gruppe von Individuen genutzt wird, beruht auf dem Zusammentreffen von drei Bedingungen. Man muß um seine

Existenz und seine Eigenschaften wissen, muß es erwerben können und man muß motiviert sein, es zu nutzen (Wissen, Können, Wollen).

Ob die Bedingungen „Wissen" und „Können" zusammentreffen, hängt vom Einzelnen ab. Ist er in der Lage, die überwältigende Zahl von Angeboten zu absorbieren, zu verstehen und zu filtern, und hat er die finanzielle und intellektuelle Kapazität, sie zu kaufen und zu nutzen? Dies wird je nach Beruf, Einkommen, Bildung und sonstiger Lage differieren. Ob die Bedingung „Wollen" zutrifft, hängt auch von individuellen Präferenzen ab. Entscheidend ist, daß es in allen EG-Ländern eine „Elitegruppe" von Personen geben wird, für die alle drei Bedingungen erfüllt sind. Ob die Gruppe klein sein wird, und wie lange sie klein bleibt, wird auch von der Politik abhängig sein. Durch Antizipation und Förderung, im einzelnen eher bestehend aus Infrastrukturinvestitionen als aus dem Versuch, das Unaufhaltsame zu stoppen, haben öffentliche Institutionen starke Mittel, um sicherzustellen, daß die „Informationselite" kein exklusiver, machtvoller Club bleibt. Diese Analyse betrifft mehr oder weniger die Einführung jeder Technologie, aber da „Wissen Macht ist", ist dies besonders im Falle der NIT relevant.[8]

Unsere Grundannahmen waren, daß die neuen Informationstechnologien auf lange Sicht und im Ganzen gewinnbringend für Europa sein werden, vorausgesetzt, daß gesellschaftliche Zugkraft und technologischer Druck ihre Entwicklung lenken, und die damit verbundenen grundlegenden und entscheidenden Risiken antizipiert, beurteilt und überwacht werden.

2.1.3 Neue Informationstechnologien und regionale Disparitäten

Zwischen den EG-Ländern gibt es wichtige Unterschiede, wenn man deren Kapazitäten zur Produktion von NIT, die Durchsetzung von NIT in Berufs- und Privatleben und die institutionellen Mittel und Infrastrukturen für eine Beschleunigung oder Einschränkung der Durchsetzung von NIT betrachtet. Griechenland, Portugal und Spanien haben nicht die Mittel, die fortgeschrittene neue Technologie ausreichend schnell zu entwickeln; sie riskieren „Nachzügler" zu werden, durch eine wachsende technologische Kluft von den übrigen Ländern Europas getrennt.

Die technologisch führenden Länder Europas werden ihren Vorteil aller Voraussicht nach in weiterer Spezialisierung innerhalb der internationalen Arbeitsteilung sehen; ein Beispiel, dem zu folgen es einigen der „Nachzügler" aufgrund ihrer ökonomischen und industriellen Strukturen schwer fallen wird. Viele industrielle Bereiche sind ungeeignet für Innovation (95% der griechischen Unternehmen beschäftigen 1−9 Personen); Produktionsmuster widersetzen sich der Modernisierung (Produktion in kleinen Serien in ländlichen Regionen ist dem Wesen nach selbstgenügsam); oder die industrielle Spezialisierung

---

[8] Vgl. Jensen, et al.: Representation and sharing of power in information society. FAST, FOP 38, 1982; Laudon: Power and participation in an information society. EUR 8543, Kommission der Europäischen Gemeinschaft; Garnham, de Gournay und Fitzgerald, Berichte der FAST-Konferenz in Dublin, a.a.O., Anmerkung 7.

ist auf „traditionelle" Bereiche wie Textil- oder Bekleidungsindustrie gerichtet, die bereits einen hohen Grad an Produktionsautomatisierung erreicht haben.

Zudem wird das in einigen Regionen Europas relativ geringe Niveau der allgemeinen Bildung das Haupthindernis für eine nutzbringende Anwendung von NIT sein. Dies ist von größter Bedeutung für Länder wie Griechenland und Portugal, die einen hohen Grad an Analphabetismus haben (über 13% sind ohne allgemeine Schulausbildung und die Rate an funktionalem Analphabetismus ist noch höher). Somit könnten die wirtschaftlichen und sozialen Nord-Süd-Unterschiede, nicht nur in Europa, sondern auch innerhalb der einzelnen Mitgliedsstaaten, wie Italien, Frankreich und Großbritannien, bedeutend anwachsen.

2.1.4 NIT stellen Europa vor eine doppelte Herausforderung

Die Gesellschaften in der europäischen Gemeinschaft haben zwei Basiserfordernisse gemein; externe Stabilität und internen sozialen Zusammenhalt. Die neuen Informationstechnologien sind potentiell deshalb so gefährlich für Europa, weil sie diese beiden Erfordernisse bedrohen.

Die beiden Aspekte dieser doppelten Herausforderung sind eng miteinander verwoben und nicht trennbar. Das Konzept einer „doppelten Herausforderung" basiert auf der grundlegenden Erkenntnis, die deutlich aus der gesamten Arbeit von FAST erwachsen ist – das Konzept von industriellem „Wettbewerb" und „Überleben" ist auf globaler wie auf regionaler Ebene zu eng. Auf globaler Ebene wird es nicht möglich sein, die bedeutenden Probleme, die die Menschheit bedrohen, auf einer reinen Wettbewerbsbasis zu lösen – hier bedarf es einer stimulierenden Mischung von Wettbewerb und Kooperation. Auf regionaler oder nationaler Ebene ist es nötig zu erkennen, daß die Widerstandsfähigkeit einer Gesellschaft nicht nur in ihrem externen Wettbewerb und ihrer technologischen Stärke liegt, sondern auch in einem hohen Grad an gesellschaftlicher Flexibilität, die kontinuierliche soziale Innovationen und die Anpassung von technologischen Leistungen an soziale und individuelle Bedürfnisse erlaubt. Japan und der Iran haben in unterschiedlicher Weise die Notwendigkeit aufgezeigt, Technologie mit Kultur – und umgekehrt – zu umgeben. Somit ist das Ziel technologischen Fortschritts nicht hinreichend; dieser muß auch von enormen Forschungsanstrengungen begleitet sein, die diesen Fortschritt menschlichen Bedürfnissen anpassen, sofern er akzeptiert werden und funktionieren soll.

Die Grundlage für europäische Partizipation an internationaler Arbeitsteilung ist hoch unsicher, wenn nicht unmittelbar in Gefahr (wie Abb. 2.3 zeigt). Wenn Europa die Aufgabe neuer Informationstechnologien nicht meistert, steht das Überleben der europäischen Industrie in einer freien Welthandelswirtschaft auf dem Spiel. Dies entspricht der Infragestellung unserer offenen Wirtschaft und Gesellschaft. Leider werden die Fragen industriellen Überlebens und gesellschaftlicher Gestaltung oft behandelt, als wenn sie getrennte oder sogar konfligierende Dinge seien.

Obwohl notwendige Bedingungen, garantiert industrieller und ökonomischer Erfolg Europas gegenüber seinen Konkurrenten nicht auch ähnlichen gesellschaftlichen Erfolg. Die FAST-Ergebnisse zeigen, daß wirtschaftliches Wachstum nicht per se Ungleichheiten innerhalb der Gesellschaft[9] oder zwischen Gesellschaften reduziert. Ein Szenario „nicht-sozialer Innovation" wird in jedem Falle durch größere Diskrepanzen innerhalb der Gesellschaft, als sie heute bestehen, gekennzeichnet sein. Eine Elite wird in jedem Falle von den neuen Technologien profitieren, während der Nutzen nicht notwendigerweise unter der Allgemeinheit verteilt wird. Es besteht die Gefahr, daß die meisten Menschen in eine passive Konsumentenrolle gegenüber den neuen Informationstechnologien geraten. Deshalb müssen wir:

- *sicherstellen, daß Entwicklungen und Anwendungen von NIT der Gesellschaft als Ganzer nützen und nicht nur dem Bedürfnis einer kleinen exklusiven Elite dienen* (z. B. bestimmten Regionen in Europa oder der Welt, bestimmten Berufen, bestimmten Altersgruppen oder einem bestimmten Geschlecht) was möglicherweise sogar die sozialen und ökonomischen Bedingungen der anderen verschlechtert;
- *sicherstellen, daß die Bedürfnisse der Gesellschaft, wie auch die des Individuums, die Entwicklungen von NIT direkt und frühzeitig beeinflussen;* auf diesem Wege können NIT ein unverzichtbares Instrument zur Bekämpfung von zentralen Problemen, wie z. B. Energieversorgung, Beschäftigung, soziale Kommunikation, Bildung und Ausbildung, soziale Entfremdung von Minderheiten etc. darstellen.

Dies sind die zentralen Aspekte der doppelten Herausforderung. Um sie zu bewältigen, werden fünf Probleme für die Europäische Gemeinschaft von besonderer Bedeutung sein. Zwei stammen von äußeren/industriellen und drei von inneren/sozialen Aspekten jener doppelten Herausforderung. Sie werden im folgenden behandelt.

2.2 Die Langzeitstrategien für die Gemeinschaft

Die Beherrschung von Informationen ist ein entscheidendes Zukunftselement für Autonomie und äußere Stabilität jeder Gesellschaft. Ob eine solche Beherrschung geleistet werden kann, hängt von zwei Problemen ab – von der industriellen Beherrschung der Informationstechnologie und vom Zugang und Gebrauch der Information selbst. Dies zeigt Abb. 2.4. Der innere soziale Zusammenhang ist betroffen, weil die neuen Informationstechnologien neue Trennungen in der Gesellschaft schaffen oder aber reduzieren könnten. Das ist das allgemeine soziale Problem im Zusammenhang mit NIT. Ob und in welchem Umfang Entfremdung oder Integration bestimmend werden, wird besonders von zwei Problemen abhängen – Beschäftigung einerseits und Bildung und Ausbildung andererseits. Beschäftigung insofern, als sie den Eckstein für ökonomischen und sozialen Status des Individuums bildet und aus diesem Grunde

---

[9] „Vie quotidienne et nouvells technologies de l'information", FAST, FS 10, 1982 und FAST, FOP 38, 1982.

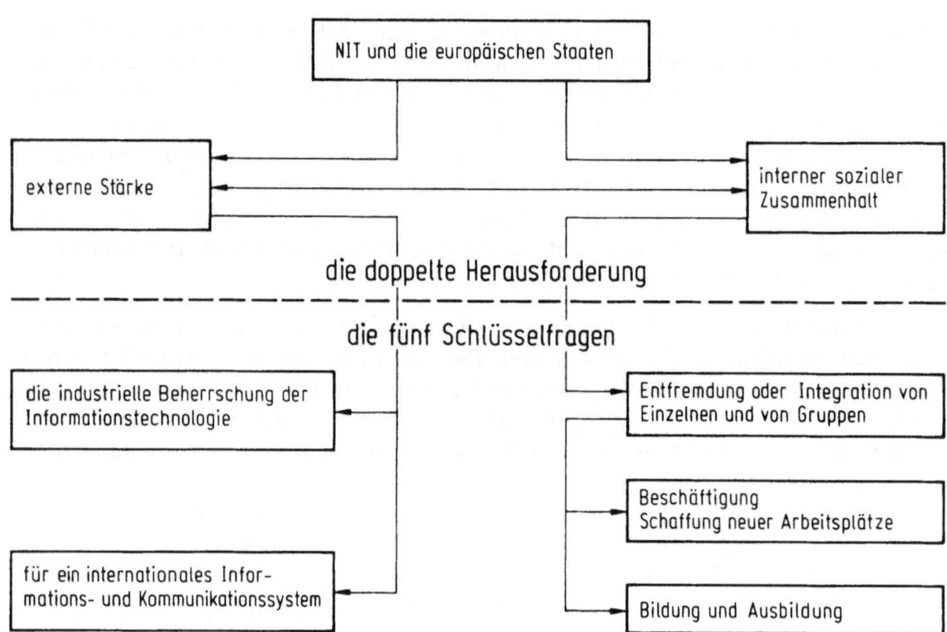

Abb. 2.4. Die fünf Schlüsselfragen der doppelten europäischen Herausforderung durch die neuen Informationstechnologien

die Arbeitswelt viele andere gesellschaftliche Folgen von NIT bestimmt; und Bildung und Ausbildung insofern sie Hauptinstrumente der Gesellschaft und des Individuums sind, nicht nur auf Erfordernisse zu reagieren, sondern auch die gesellschaftliche Beherrschung neuer Technologien zu erzielen. Letztgenanntes bestimmt somit die Verteilung von Nutzen und Risiken, die innerhalb der Gesellschaft mit NIT verbunden sind.

2.2.1 Die industrielle Beherrschung der Informationstechnologie

Informationstechnologie durchdringt nicht nur eine breite Palette von Produkten, Dienstleistungen und Produktionsprozessen und wird konsequenterweise eine Komponente von strategischer Bedeutung für die zukünftige industrielle Basis, sie bildet auch für sich genommen einen wichtigen Sektor. Ein Vergleich der Weltproduktion des Elektroniksektors mit anderen industriellen Sektoren zeigt, daß der Elektronikbereich bereits 1980 – 1981 vergleichbar mit der Größe der Eisen- und Stahlindustrie war (300 Millionen $) und 60% der Größe der Automobilindustrie erreicht hatte. Bis 1990 könnte der Elektroniksektor der größte Einzelfertigungssektor werden (600 Milliarden $), und wenn wir allgemeine Informationstätigkeiten einschließen, mehr als 50% der Erwerbstätigen beschäftigen.[10]

---

[10] „Microelektronic innovations in the context of the international division of labour", FAST, FOP 39, 1982.

2.2.1.1 Die Stellung der europäischen Industrie auf dem Weltmarkt

Die generell schwache Stellung europäischer Firmen in den NIT läßt sich auch auf den Markt für Spitzentechnologie beziehen. Europa importiert 80% seines Bedarfs an integrierten Schaltkreisen und produzierte 1981 dem Wert nach nur 5% des Weltmarkts für integrierte Schaltkreise (hauptsächlich Siemens und Philips), während die USA 80% und Japan 15% innehatten. Auf dem Markt für Peripherieprodukte fiel der Anteil europäischer Firmen von einem Drittel 1973 auf ungefähr ein Viertel 1980.

Oft wird damit argumentiert, daß der Beitrag eines Mikrochips im Endprodukt oder der Produktionsanlage dem Wert nach fast unbedeutend ist. Das ist zwar richtig, aber in bezug auf Leistung und Wettbewerb bedeutet die Unfähigkeit, Anwendung und System-Know-how fortgeschrittener Mikroelektronik weiterzuentwickeln, vollkommene Abhängigkeit von denjenigen, die die Kompetenzen haben, Chips zu konstruieren und zu bauen. Zu spät auf dem Markt zu sein, ist ebenso tödlich für den Wettbewerb; dies zeigt deutlich, daß Europa Schlüsseltechnologien und Grundlagenwissen braucht − eine europäische Kompetenz für Mikroelektronik.

Die USA und Japan haben von der schlechten Position Europas profitiert. Die gegenwärtige Quasi-Monopolstellung dieser beiden Länder im Bereich hochentwickelter Informationstechnologie ist Ergebnis von mittel- bis langfristigem strategischem Denken, das deren Erfolg über viele Jahre bestimmte. Das F & E-Niveau ist wesentliche Voraussetzung für diesen Erfolg. Trotz der führenden Position der USA und jetzt auch Japans stimulierten beide Regierungen das weitere rasche Wachstum dieser Technologie durch zielgerichtete Langzeitprogramme in F & E, die zum Erwerb neuen technischen Potentials führen und dazu dienen, unabhängige F & E-Investitionen zu bündeln und anzuregen.

Außer diesen großen Programmen, die sich ausdrücklich den neuen Informationstechnologien widmen, haben zahlreiche US-Verteidigungs- und Raumfahrtprogramme einen substantiellen Gehalt an Informationstechnologie, der dadurch auch zur Kompetenz der Industrie beiträgt. In den USA ist das „Very-High-Speed-Integrated-Circuits-(VHSIC)-Programm" von 210 Mio $ das bekannteste Beispiel, aber es gibt zahlreiche andere Bemühungen, die zusammen genommen vielleicht wichtiger sind. In Japan ist das bestbekannte Beispiel das laufende Programm für Computer der fünften Generation über 360 Mio $. Ein „Gemeinsames Laboratorium für Optoelektronik" hat jetzt seine Arbeit aufgenommen, gegründet, ausgestattet und finanziert von zehn japanischen Firmen mit 9,7 Mio $ Unterstützung des MITI *.

Kein europäisches Land kann eine solche Spannbreite technologischer Optionen abdecken. Die verschiedenen Aktivitäten von Industrie und nationalen Regierungen sind zu gering, sie sind nicht Teil einer einheitlichen Strategie und noch wichtiger: es gibt nach wie vor zu wenig Einsatz in Richtung eines kompakten, großangelegten Markts, den nur ganz Europa bereitstellen könnte. Europa braucht eine ambitionierte F & E und eine industrielle Strategie, um seine Industrie in die Lage zu versetzen, in zehn Jahren mit den USA und Japan un-

---

* Japanisches Industrieministerium (Anm. d. Übers.).

ter gleichen Bedingungen konkurrieren oder kooperieren zu können. Der systematische Entwurf einer solchen Strategie erfordert erstens die Beantwortung der Frage, welche Schlüsseltechnologien angeeignet werden müssen und welche Forschung in Europa unternommen werden muß. Ein Anhaltspunkt für eine Antwort liegt in der Identifizierung von vielversprechenden Anwendungen und möglichen Wachstumsbereichen. Zweitens ist es notwendig, sich mit der Frage zu beschäftigen, wie diese sozio-ökonomische und techno-industrielle Herausforderung angenommen werden kann, d. h. sich auf die Fragen und möglichen Forschungsvorhaben zu konzentrieren, die regulierende und institutionelle Aspekte ebenso betreffen, wie individuelle Bedürfnisse und relevante Einstellungen und Perspektiven.

2.2.1.2 Welche Art von Schlüsseltechnologien?

Zunächst wollen wir die Frage stellen, *welche* Schlüsseltechnologien angeeignet werden müssen. Es ist möglich, bestimmte Anwendungsfelder zu identifizieren, die heute aus Marktgesichtspunkten besonders vielversprechend sind, wobei wir die folgenden vorschlagen würden: Telekommunikation (inklusive Satelliten), Integration von Kommunikation und Datenverarbeitung (z. B. Büroautomatisierung), Heimelektronik und Meß- und Steuerungsausrüstungen.

Es gibt zwei Vorbedingungen, um diese Anwendungsfelder zu meistern. Erstens erfordert die Beherrschung dieser Märkte eine Spannbreite von Kompetenzen im Bereich von Informationstechnologie, von denen die meisten langfristige F & E-Anstrengungen und einige aufgrund ihrer Größe ein gemeinsames europäisches Vorgehen erfordern. Zweitens macht die rasche Entwicklung von Technologie und Märkten Prognosen in hohem Maße unsicher. Deshalb müssen alle Technologieoptionen verfolgt werden, solange nicht klar ist, welche auf lange Sicht die Schlüsselpositionen einnehmen. Kein Land Europas hat die Kapazität, so ein Spektrum technologischer Optionen abzudecken, was andererseits der einzige Weg ist, einen befriedigenden Grad technologischer Flexibilität gegenüber zukünftigen ökonomischen, sozialen und technologischen Entwicklungen zu erreichen. Folglich steht die Gemeinschaft vor einer doppelten Aufgabe: erstens eine gewisse Arbeitsteilung und Zusammenarbeit zu erreichen, um gemeinsam ein breites Spektrum technologischer Optionen zu verfolgen; und zweitens diejenigen spezifischen Programme durchzuführen, bei denen es offensichtliche Vorteile durch ihre Größenordnung gibt.

Die Notwendigkeit europäischer Anstrengungen auf dem Feld der Informationstechnologie ist sowohl von der Kommission als auch vom Rat der EG erkannt worden und es sind bzw. werden gerade Initiativen aufgenommen, um die Potentiale der Industrie in diesem Bereich zu stärken; z. B. die Konstruktion und Entwicklung von großen integrierten Schaltungen (VLSI), die Software-Methodologie, das „Euronet Diane" System und die Unterstützung spezifischer Projekte mit dem Ziel der Entwicklung von Produkten, die in Informationssysteme eingebaut werden können. FAST erkannte diese Aspekte und Probleme vergleichsweise früh und begann 1980 mit der vorbereitenden Arbeit, die zur Gründung des „Joint European Planning Exercise in Information Technology" (JEPEIT) führte. Dessen Ziel war es, die Bedingungen einer Zusammenarbeit in bezug auf langfristige F&E durch das „European Strategic Program für R&D in Information Technologies" (ESPRIT) zu schaffen und mit der Festlegung von notwendigen Ergänzungsmaßnahmen eine wettbewerbsfähige europäische informationstechnologische Industrie in den 90er Jahren zu fördern.

Die beiden ersten Schritte der langfristigen F&E-Forschung sind bereits abgeschlossen. Der erste hat nach einem mühsamen Prozeß der Bedarfsanalyse und der Abschätzung von Problembereichen zur Bestimmung einer Anzahl von Technologie-Bedarfspaketen und einer Bestimmung derjenigen Technologien geführt, die ein gemeinsames Vorgehen auf europäischer Ebene verlangen. Fünf Hauptbereiche der Informationstechnologie wurden identifiziert, die durch richtig gebündelte Bemühungen auf europäischer Ebene der europäischen Industrie die Möglichkeit geben, die technologische Lücke zu ihren Konkurrenten zu schließen und umgehend die Möglichkeit verfügbar zu haben, diese Technologien in anderen Bereichen anzuwenden, ohne von ausländischen Versorgungsquellen abhängig zu sein. Die fünf Bereiche sind:

— fortgeschrittene Mikroelektronik[11],
— fortgeschrittene Informationsverarbeitung,
— Software-Technologie,
— Büroautomatisierung und
— Systeme zur Büroautomatisierung und computer-integrierten flexiblen Fertigung.

Der Ansatz des ESPRIT hat drei Hauptcharakteristika. Erstens zielt er auf technologische Grundlagenforschung: Die Hauptlinie besteht aus einer Anzahl von langfristigen F&E-Programmen in den fünf erwähnten Bereichen. Zweitens muß der Ansatz integriert und systematisch sein, weil verschiedene F&E-Programme des ESPRIT vom Standpunkt industrieller Nutzung eng zusammenhängen. ESPRIT muß zudem mit staatlichen Aktivitäten abgestimmt werden. Drittens muß es von substantieller Bedeutung sein, die entsprechenden Bemühungen der USA und Japans aufzuholen und ihnen gleichzukommen.

Die Wichtigkeit eines ESPRIT-gemäßen strategischen und integrierten Bemühens um eine Identifizierung des technologischen Bedarfs auf der Ebene der Gemeinschaft kann kaum überschätzt, aber nicht isoliert gesehen werden. Ebenso muß das ‚wie' beantwortet werden, d. h. welche Anpassungen des institutionellen Gefüges und welche Vereinbarungen notwendig sind. Dies ist Gegenstand der folgenden Seiten.

2.2.1.3 Wie sind diese Schlüsseltechnologien anzueignen?

Die Halbleiterindustrie wird einer der Schlüsselbereiche zukünftigen europäischen Wirtschaftens sein, um den sich die anderen Bereiche zunehmend gruppieren werden. Deshalb ist diese Ausarbeitung auf die technologische und qualifikatorische Grundlage dieser Industrie und auf Regierungsstrategien fokus-

---

[11] Die FAST-Studie über „Microelectronic innovations", FOP 39, a.a.O., Anmerkung 3, empfiehlt, daß F&E in mindestens einer der folgenden Technologien gefördert werden sollte: Computerunterstütztes Konstruieren (CAD) und Prüfgeräte, Maskenerstellung, Fertigungstechnik und kundenspezifische Mikroprozessoren.

siert, die ihre Durchsetzung bewirken. Fast alle Ergebnisse haben jedoch die Berechtigung bewiesen, über die Halbleiterindustrie hinauszugehen. Die Ergebnisse deuten an, daß eine institutionelle Neuregelung drei Hauptaspekte enthalten müßte:

Integration. Zwischen früher getrennten Organisationen und Einheiten müssen engere Beziehungen hergestellt werden. Regierungsstrategien waren ungenügend koordiniert und haben eine innereuropäische Wettbewerbssituation geschaffen, die der europäischen Halbleiterindustrie das Leben schwer macht. Es gibt keine Tradition einer engen Kooperation zwischen Regierung und Industrie und zwischen einzelnen Unternehmen in der europäischen Halbleiterindustrie. Ebensowenig sind (wie in Japan) irgendwelche Strategien sichtbar, die auf eine Integration von F&E-Politiken mit anderen Regierungspolitiken wie Bildung, Finanzen, Wettbewerbsregeln etc. zielen, obwohl einige sporadische Initiativen mit strategischen Elementen vorfindbar sind. Gemeinsame Verpflichtung und Nutzung europäischer F&E-Potentiale erfordern jedoch abgestimmtes europäisches Handeln, um den entschlossenen Strategien der anderen Blöcke (Japan, USA, aber auch sich entwickelnde Länder wie Korea) entgegenzutreten, die den europäischen Markt erobern. Europas Halbleiterindustrie hat die grundlegenden Potentiale, solch einer Strategie der Kooperation zu folgen, und sie kann sie auf der Grundlage weniger Versuche auf industrieller und politischer Ebene bilden.

Qualifikationen von Arbeitskräften[12] müssen besser entwickelt und genutzt werden. Arbeitskräfte-Strategien ließen den integrativen Blick für Ausbildung und Umschulung von Ingenieuren für multidisziplinäre Fachorientierungen und Wirtschaftslichkeitsanforderungen vermissen. Der Glaube an die Schlüsselrolle der Eliten (esoterisches Verhalten von Konstrukteuren, Planern und Prozeßingenieuren in der Halbleiterindustrie) hat zu dem Fehler geführt, ausschließlich den Bestand an Studenten und Technikern auszuweiten, um einer Personalknappheit entgegenzuwirken. Dies hat teilweise mit dem oben behandelten Integrationsaspekt zu tun, weil Beschwerden der Industrie zu Überspezialisierung, Theorieorientierung und fehlendem Teamwork wie eine Beschwerde über ihre eigene Inaktivität gegenüber Universitäten erschienen. Universitäten brauchen die Industrie im Halbleiter-(HL)-Bereich ebenso wie die Industrie die Universitäten braucht. Neue Konstruktions- und Fertigungsverfahren müssen auch von der Industrie vorgestellt werden, wenn Studenten nicht an obsoleten Konstruktionstechniken ausgebildet werden sollen; und Ingenieure müssen sich in der Hochschulausbildung engagieren, wenn die Orientierung ihrer Absolventen an Markt und Wirtschaftlichkeit steigen soll. Die HL-Industrie muß die Hochschulen im Sinne einer gemeinsamen Implementierung von Forschungsprojekten nutzen, wie sie bereits in den USA durchgeführt werden.

---

[12] In den vergangenen Jahren hat die Kommission mehrere Initiativen als Antwort auf die steigende Bedeutung der Frage von NIT und Berufsausbildung aufgenommen. Vorschläge wurden dem Rat vorgelegt und anschließend unter Nutzung des Europäischen Sozialfonds implementiert (COM (79) 650 und COM (82) 296).

Programme für Technologietransfer und internationale Zusammenarbeit müssen wieder in den Blick genommen werden. Die Hauptstrategie europäischer HL-Unternehmen, um internationale Konkurrenten auf dem HL-Markt einzuholen, waren bisher Technologieimport durch Lizenzvereinbarungen und Zukäufe. Dies war eine erfolgreiche Strategie, solange kompetentes Personal für Ausbildung in Übersee verfügbar war. Dies könnte tatsächlich Europas Hauptinstrument werden, um den „Kampf um die mittleren Ränge" zu gewinnen. Europa hat die Fähigkeit, ausländische Technologie zu absorbieren und zu innovieren, wenn für die „Internationalisierung" seiner Ingenieure gesorgt ist. Europas Ingenieure müssen dem „internationalen Konstrukteurszirkel" durch rechtzeitige Teilnahme an ausländischen Studien, Ausbildungskursen und Arbeitsverpflichtungen angehören. Es müssen aber Anreize für internationale „Migranten" geschaffen werden, damit sie zurückkehren und ihre Kompetenzen und Qualifikationen in den Dienst der europäischen Halbleiterindustrie stellen.

HL-Hersteller und HL-nutzende Firmen müssen lernen, mit Kunden, Lieferanten, Beratern, Softwarehäusern, Banken, Universitäten und Regierungen zu kooperieren. Auch die Kooperation zwischen Firmen muß durch Verbindung von F&E-, Konstruktions-, Fertigungs- und Marketingpersonal gefördert werden. Das Management muß „integratives Denken" entwickeln, um optimale Bedingungen für zunehmende Personalverkettungen und -interaktionen (z. B. zwischen Prozeß-, Konstruktions-, Test- und Systemingenieuren) zu schaffen. Im Ausmaß der Zunahme solcher Kontakte zwischen verschiedenen Qualifikationen und organisatorischen Untereinheiten ist ein proportionaler Anstieg der Chance für innovative Ideen zu erwarten. Es mangelt nicht an F&E-Basiskompetenzen, sondern am Vermögen des Managements, diese mit anderen Unternehmensressourcen zu integrieren, um routinisierte Prozeduren in der Fertigung zu steigern. (Mit jeder Verdoppelung der „Produktionserfahrung" fallen die Kosten in der Halbleiterindustrie um 30%.) Ein solcher integrativer Managementansatz würde alle relevanten Gruppen in eine technologische Innovationsstrategie einbeziehen und deren Kommunikations- und Rückkoppelungsinteressen in Betracht ziehen.

2.2.1.4 F&E-Bedarf

Welches sind nun die Anforderungen an F&E, wenn klar ist, welche Schlüsseltechnologien wie angeeignet werden? Dieser Bedarf kann wie folgt kurz umrissen werden:

Förderung kooperativer industrieller F&E-Bemühungen. Diese impliziert bedeutende Programme vom Typ des ESPRIT, die beispielsweise enthalten könnten:

- spezifische Programme über Technologien, in denen die Europäer einen Vorsprung haben, wie computerunterstütztes Konstruieren (CAD) und Prüfausrüstungen, Maskenerstellung, Fertigungstechnik und kundenspezifische Mikroprozessoren.
- spezifische Programme, um vielversprechende Anwendungen z. B. in den Bereichen Telekommunikation, Büroautomatisierung, Heimelektronik sowie Meß- und Steuerungsausrüstungen zu entwickeln.

F & E im Bereich technologischer Anpassungen. Dies schließt beispielsweise F & E-Aktivitäten ein, die:

– Probleme der Zusammenschaltung von Chips mit ihrer unmittelbaren technologischen Umgebung (z. B. Chipträgern, Sensoren, Aktivatoren, Peripheriegeräte, IC-Interface) und der Integration von Subsystemen in übergeordnete Systeme behandeln;
– zu breit benötigten Funktionen führen, die vielen Anwendungen gemein sind (Mustererkennung und deren Visualisierung);
– Markt- und firmeninterne Integration erleichtern (z. B. Standards, Normen, Input/Output-Kapazitäten);
– die Kooperation und Interdisziplinarität von F & E-Personal benötigen (z. B. Optoelektronik; Molekularelektronik).

Verbesserung der Beziehungen zwischen Hochschulen und Industrie. Hierauf ist immer wieder hingewiesen worden, und wir sollten an dieser Stelle nur betonen, daß wirkungsvolle Maßnahmen über spezifische F & E-Projekte hinausgehen und die Beteiligung an aufwendigen Ausrüstungen und adademischer Ausbildung und Umschulung beinhalten müssen.

Förderung der Mobilität von Elektronikingenieuren innerhalb Europas. Einige Maßnahmen zur Unterstützung könnten sein:

– akademische Prüfungsanforderungen und Regelungen sozialer Sicherheit zu standardisieren oder sogar in Einklang zu bringen;
– die Einbeziehung von wenigstens zwei Fremdsprachen selbst in Ingenieurskursen zu befürworten;
– die Gründung und die Arbeit von Europäischen Technischen Gesellschaften und ihre Präsenz in Wissenschaft und Industrie voranzutreiben.

Anregung von Technologietransfer zwischen Europa und anderen Teilen der Welt. Die Kommission der europäischen Gemeinschaft könnte diesem Bedarf entsprechen, in dem sie z. B. Maßnahmen ergreift wie:

– Förderung von F & E-Aktivitäten ausländischer multinationaler Tochtergesellschaften in Europa, innerhalb des übergeordneten strategischen Kontextes der Gemeinschaft;
– Ausbau und Nutzung von europäischen Informationsnetzwerken (z. B. Verbesserung von „Diane"; Standardisierung von Nomenklatur und Zugriffsbedingungen auf nationale Datenbanken);
– Schaffung von Anreizen für industrielles F & E-Personal zu Studium und Arbeit in Übersee, aber auch zur Rückkehr nach Europa;
– systematische Verfügbarmachung strategischer Regierungs- und EG-Informationen über F & E-Aktivitäten und Markt- und Produktionsstrategien ausländischer Standardkomponentenhersteller für europäische Unternehmen;
– Herabsetzung von Halbleiterzöllen;
– Vorbereitung von Diskussionen über bestimmte Aspekte des internationalen Handels (Handel von Dienstleistungen innerhalb des GATT-Abkommens, DFÜ, Handelspolitik in den 80er Jahren, Technologietransferpolitik);

– Wirkungsanalyse der politischen Regelungen für innereuropäischen Wettbewerb auf gemeinsame F & E-Aktivitäten; die erneute Überprüfung europäischer Anti-trust-Gesetze und der Entwurf von Richtlinien zur Aufklärung von Firmen darüber, wie, ohne Anti-trust-Klagen befürchten zu müssen, gemeinsame Forschung betrieben und Informationen ausgetauscht werden können.

2.2.2 Internationales Kommunikations- und Informationssystem

Neue Informations- und Kommunikationstechnologien haben Zeit und Raum überwunden. Große Datenmengen fließen als unterschiedliche Signale – analog oder digital – und über unterschiedliche Medien – Post, Telex, Telefon, Datennetzwerke – über die Grenzen. Während die meisten Daten weiterhin in traditioneller Weise transportiert werden, wurden computerisierte Datennetzwerke geschaffen, die enorme Mengen von Informationen in Form digitaler Signale schnell und zuverlässig befördern. Diese Entwicklung ist das Ergebnis der Kombination von Telekommunikation und Datenverarbeitung und wird durch das Aufkommen von Satelliten multifunktionalen Typs verstärkt, die gleich gut gesprochene Nachrichten, Bilder und Klang übertragen und damit ein leistungsstarkes Instrument globaler Kommunikation darstellen. Diese säkulare Entwicklung kann sowohl Risiken als auch Chancen enthalten. Um diese abzuschätzen ist es wichtig, die geographische Ausbreitung der neuen Kommunikationsinfrastruktur, die Nutzung dieser Netzwerke und Kanäle und die Probleme, die mit einem möglichen internationalen System für transnationale Kommunikation und Informationsflüsse verbunden sind, zu verstehen.

2.2.2.1 Datennetzwerke

Viele große multinationale Firmen betreiben bereits internationale Datennetzwerke zu ihren eigenen internationalen Zwecken. Es gibt private Banknetzwerke wie SWIFT, an dem mehr als 500 europäische und amerikanische Banken beteiligt sind. Einige nationale Fernsehgesellschaften planen nationale öffentliche Netzwerke wie das französische TRANSPAC-System, das deutsche on-line Dokumentations- und Informationsnetz (ODIN) oder das Datanet 1 in den Niederlanden. Die Europäische Gemeinschaft hat das EURONET ins Leben gerufen. All diese Entwicklungen münden in eine neue nationale und internationale Infrastruktur für die Übertragung und Verarbeitung digitaler Daten. Sie werden bald wahrhaft globale Dimensionen annehmen, wenn Satelliten in verstärktem Maße für Zugriffe genutzt werden und Koppelungsmöglichkeiten ihre jeweilige Reichweite abdecken. Solche Netzwerke werden unmittelbaren Zugang zu allen Arten von Datenbanken möglich machen.

2.2.2.2 Ökonomische und politische Auswirkungen

Da die weltweiten Datenbanken zahlenmäßig zunehmen und durch immer mehr Netzwerke anwählbar werden, werden Fragen der Nutzung, des Zugangs und der Kontrolle dieser Netzwerke zunehmend relevant. Zum Beispiel legen multinationale Banken[13] größten Wert darauf, in der Entscheidungsfindung des Managements auf globaler Ebene zentralen Zugang zu unerläßlichen Informationen über die Bankvorgänge mit ihren Kunden zu haben. Deshalb wird zentrale Datenverarbeitung von Banken als Schlüsselerfordernis eingeschätzt. Die Netze für Computerkommunikation werden entscheidend zu einer Steigerung des Geldumlaufs (einer „besonderen Art von Information") innerhalb der Gesellschaft und in globalem Rahmen führen. Fraglich ist, ob dies zu einem raschen Wachstum von Ausgaben führt. Wird der Geldumlauf den Wert der verfügbaren Waren und Dienstleistungen übersteigen? Kommt es deshalb zu einer weltweiten Erhöhung der Inflation? Andererseits könnten so beträchtliche Ressourcen freigesetzt werden, die derzeit in der Finanzwirtschaft festliegen. Elektronische Datenfernübertragung könnte auch in zunehmendem Maße Regierungskontrollen über internationale Kapitalbewegungen erschweren. Es war immer schon schwierig für Regierungen, Kapitalbewegungen zu kontrollieren, aber nun fordern die Informationstechnologien die nationalen souveränen Mächte grundsätzlich heraus. Ein gutes Beispiel ist der Euro-Markt, auf dem die meisten Transaktionen elektronisch abgewickelt werden: dies könnte zu einem verringerten Kontrollpotential der Regierungen führen. Einige Beobachter argumentieren somit, daß die Anwendung moderner Informationstechnologien die Macht einiger multinationaler Banken gegenüber der Macht nationaler Regierungen steigert.

Neue Informationstechnologien könnten auch zu einer radikalen Veränderung in den althergebrachten Verfahren industrieller Produktion führen.[14] Die Verbreitung neuer Verfahren von computergestützter numerischer Steuerung, besonders im Werkzeugmaschinenbau, und die Einführung von computerunterstützten Konstruktions- (CAD), Fertigungs- (CAM), Test- (CAT) und sogar Management- (CIM) -Systemen und die Auswirkungen dieser neuen Technologien auf Werkstatt, Forschungslaboratorien und Managementhandeln sind hinreichend bekannt. Aber dies ist nur der Beginn der Entwicklung. Die Kombination dieser Systeme mit fortgeschrittener Telekommunikation eröffnet neue Möglichkeiten für internationale Geschäfte. Multinationale Unternehmen könnten zunehmend vom Vorteil globalen Managements und weltweiter Produktion profitieren und somit in der Lage sein, die Funktionen ihrer Schwestergesellschaften zu kontrollieren und Produktion, Transport und Geschäftshandlungen ebenso wie das Finanzmanagement zu koordinieren.

Dies könnte die Zentralisierungstendenzen innerhalb multinationaler Gesellschaften weiterhin stärken und zu noch stärker „gestutzten Unternehmen" in den jeweiligen Gastländern führen.[15a] Somit stammt, wie kürzlich durch OECD-Studien belegt, ein substantieller Teil der Daten, die gegenwärtig innerhalb von Telekommunikationsnetzen über die Grenzen fließen, aus Transaktio-

---

[13] Vgl. Hamelink, „Bank's control and use of information", A Transnational Data Report, V(1), 1982, S. 21–27.

[14] Vgl. Christiano Antonelli, „Transborder data flows and international business – a pilot study", vorbereitet für die OECD Arbeitstagung über Informations- Computer- und Kommunikationspolitik (ICCP), CDSTI/ICCP 81.16 (Paris OECD, 2. Juni 1981).

[15a] Grewlich, K.: Transnational enterprises in a new international system (1980).

nen innerhalb ein und desselben Konzerns. Staaten, in denen multinationale Unternehmen einen großen Teil der Wirtschaftstätigkeit verantworten sind über die Auswirkungen von „telematics"[15b] auf die Aktivitäten multinationaler Unternehmen besorgt und beginnen, entsprechende politische Maßnahmen abzuwägen. Auf der anderen Seite besteht im privaten Sektor die Befürchtung, daß die vorgesehenen Maßnahmen letztendlich die Effektivität internationaler Firmen beeinträchtigt.

Datenfernübertragung (DFÜ) könnte auf der anderen Seite zu einer gewissen Dekonzentrierung von Tätigkeiten führen. In Europa wurde — um ein Beispiel zu nennen — vor einiger Zeit via Satellit Gebrauch von US-Computerzentren außerhalb ihrer Hauptbelastungszeiten gemacht. Das mag in der Tat kosteneffektiv sein, aber es steigert die Anfälligkeit technologischer und sozialer Systeme. Ein weiterer Aspekt von DFÜ entspringt der Rolle von Unternehmen im Informations-Dienstleistungsbereich. Ihr Anteil am Gesamtvolumen des internationalen Datenverkehrs beträgt wahrscheinlich $10-20\%$, scheint aber rapide zu wachsen. Besonders betrifft dies den Fernzugang zu Datenbanken und -basen, Spezialsoftware, Verarbeitungsmöglichkeiten und on-line Betrieb. Eine neue Art Geschäftsmann entsteht, der „Informationsunternehmer", der Marketing und Verkauf von Informationsprodukten betreibt.[16] Dies ruft die Frage nach dem Wert dieser Informationen in bezug auf Zollverpflichtungen und Besteuerung auf den Plan. Ist Information eine Ressource oder eine Ware? Kann das GATT-Abkommen noch auf solche Art von Handel angewandt werden?

Eine weitere Überlegung von größter Wichtigkeit bezieht sich auf die Position der Entwicklungsländer[17] in dem Prozeß, der möglicherweise in Richtung auf ein internationales Informationssystem hinführt. Im Moment scheint es, daß der Zugang zum Informations- und Datenmarkt in erster Linie Wirtschaftseinheiten, insbesondere multinationalen Unternehmen der entwickelten Marktwirtschaften offensteht. Die unterentwickelten Länder betonen, daß ihre Erfahrung sich bisher in der Hauptsache auf die Lieferung von Rohdaten und den Kauf von verarbeiteten Daten bezieht. Obwohl einige schon mehr oder weniger hochentwickelte Produktionsmittel für den „telematic"-Sektor erworben haben, stellen sie fest, daß sie die erforderliche Technologie, insbesondere die zweckmäßige und angemessene Softwareentwicklung, nicht beherrschen, besonders die für ihre Absichten angemessene Softwareentwicklung, und zunehmend „informationsarm" werden. Wenn ein Land keine Daten über sich selbst und das internationale System, in dem es operiert, besitzt, kann man sagen, daß ihm die relevanten Kapazitäten zur Entscheidungsfindung über seine eigene Zukunft fehlen. Eine solche Situation wirft die Frage nationaler Souveränität auf und aus diesem Blickwinkel betrachtet, ist eine Ausdehnung des Konzepts von Souveränität, das dem Vorschlag internationaler Juristen folgend „Informationssouveränität" einzuschließen habe, kaum überraschend.

[15b] Der Begriff „telematic" wird im weiteren weiter verwendet. Er bezieht sich auf eine Verknüpfung von Informatik und Kommunikationswissenschaft und meint hier insbesondere eine Verbindung von DV-Anlagen mit Telekommunikationsmitteln (Anm. d. Übers.).

[16] Vgl. OECD, Policy Implications of Data Network Developements (Paris, OECD, 1980).

[17] UN Economic and Social Committee: Strengthening the negotiating capacity of developing countries, 10/87, 6. Juli 1981.

Schließlich gibt es das Problem der Kommunikationsflüsse, wie es ausführlich in der McBride Kommission (UNESCO) diskutiert wurde[18] und sich auf die Veränderung der Meinungsfreiheit im Zusammenhang mit modernen Informationstrukturen bezieht, was neue Fragen und neue Probleme aufwirft. Hinter der Diskussion, die in der McBride-Kommission stattgefunden hat, steht die Tatsache, daß Diskussionen über Kommunikationsangelegenheiten ein Stadium der Konfrontation erreicht haben. Proteste der Dritten Welt gegen dominierenden Datenzufluß aus industrialisierten Ländern – z. B. elektronisches Verlagswesen, das den unmittelbaren Druck von Zeitungen in Übersee erlaubt – wurden oft als Angriffe auf den freien Datenfluß aufgefaßt – Verteidiger der Pressefreiheit wurden als Angreifer auf nationale Souveränität etikettiert. Unterschiedlichste Konzepte neuer Werte und Rollen, Rechte und Verantwortlichkeiten von Journalisten, sowie die Rolle der Massenmedien bei der Lösung von bedeutenden Problemen in der Welt waren heftig umstritten. Somit wurde der Ruf nach einer neuen Welt-Informations- und Kommunikationsordnung laut, die allen Ländern die Möglichkeit gibt, nicht nur Informationsempfänger, sondern auch *Informationsanbieter* zu sein.

2.2.2.3 Datenfernübertragung (DFÜ): ein Gegenstand für internationale Debatten?

Das Thema Datenfernübertragung ist in verschiedenen internationalen Foren auf der Tagesordnung, seitdem sie, wie oben bereits angedeutet, ein Bereich zukünftiger Konflikte sein könnte. Der bisher am intensivsten behandelte Gegenstand betrifft die Sorge um den Schutz von individuellen, persönlichen Datenbewegungen und Persönlichkeitsrechte. Inzwischen existiert ein „Rat für europäische Konventionen" in diesem Bereich, und die OECD hat Richtlinien festgelegt, die den Schutz der Persönlichkeit und die Übertragung von Personendaten regeln.[19] Aber dies kann nur der Anfang eines weltweiten Aushandlungsprozesses in den entsprechenden Foren, wie z. B. der UN-Kommission für multinationale Vereinigungen, dem Informationskommittee, das sich aus der Generalversammlung der UN gebildet hat, UNESCO, UNCTAD, ECOSOC, GATT und OECD sein, der auch Datenflüsse von Vereinigungen, wissenschaftliche, technische und ökonomische Informationen einbezieht. In diesem Kontext muß die Europäische Gemeinschaft ihre Rolle definieren. Muß sie ihre Position und ihre Zielvorstellung im Interesse einer aktiven Rolle in diesen Aushandlungen überprüfen?

Von einigen Seiten wurde in der Europäischen Gemeinschaft auf die Gefahr hingewiesen, daß die Gemeinschaft „informationsarm" wird und einer kommerziellen wie auch einer gewissen kulturellen Dominanz im Bereich von Kommunikations- und Datenflüssen und -handel ausgeliefert wird. Es gibt Anzeichen dafür, daß – auffällig besonders in den europäisch-amerikanischen Beziehungen – diese Befürchtungen berechtigt sind, und zwar sowohl im Hardwarebereich als auch bei Software für Computer-zu-Computer-Kommunikation.

---

[18] UNESCO, McBride Commission, Many Voices, One World (Paris 1980).
[19] OECD: Guidelines on the protection of privacy and transborder flows of personal data (Paris, OECD, 1981); CEC, Data Protection – Data Security – Privacy (1981).

Bei Computern und zugehörigen Ausstattungen dominiert der Weltmarktführer IBM mit einem Anteil von 55% den gesamten europäischen Markt; in der Bundesrepublik Deutschland sind es 61%, in Frankreich 55% und in Großbritannien 40%.

Die USA sind weiterhin der wichtigste Anbieter von Datenbanken in der Welt, insbesondere dem Umfang nach. Es soll allein 55 Millionen Aufzeichnungen (Titel) auf bibliographischen on-line Datenbanken geben, von denen über 80% aus Datenbanken amerikanischer Herkunft stammen.[20] Obwohl keine Publikationen für den Softwarebereich zugänglich sind, d. h. über die Intensität und Qualität von Datenfernübertragung zwischen den USA und Westeuropa, nehmen einige Beobachter an, daß die überwältigende Mehrheit von Datenströmen aus der Bewegung von Rohdaten von Europa in die USA besteht, während es verarbeitete und interpretierte Daten sind, die aus den USA nach Europa kommen.[21]

Das Ungleichgewicht in der europäisch-amerikanischen DFÜ scheint von untergeordneter Bedeutung zu sein, wenn sie mit der einseitigen Beziehung zwischen den industrialisierten Ländern und der Dritten Welt verglichen wird.[2][2] Dieses Ungleichgewicht könnte tatsächlich die Gefahr einer Konfrontation beinhalten.

Aufgrund dieses Konfliktpotentials besteht die Notwendigkeit gerechter und ausgewogener internationaler Abkommen, wie in anderen Bereichen von globaler Bedeutung, z. B. Nahrungsmittel, Handel, Finanzbeziehungen, internationale Investitionen, Energie, der Nutzung von Meer, Weltraum und Umwelt. Das heißt nicht, daß die Gemeinschaft die Ausweitung eines Konzepts „neuer ökonomischer Ordnung" auf den Bereich von internationaler Information und Kommunikation unkritisch akzeptieren sollte. Fraglich ist aber, ob die Organisation von Konferenzen zwischen Ländern des Westens (Nord-Nord-Dialog) ein befriedigender Ansatz für die Bewältigung derartiger Probleme ist: Er birgt das Risiko des Ausschlusses der Länder des Südens von der Suche nach Lösungen, der zu einem neuem „Nord-Süd-Nicht-Dialog" führt.

Die Gemeinschaft und ihre Mitgliedsländer sind im Prinzip in der Lage, eine ausschlaggebende Rolle bei der Suche nach Lösungen für diese Probleme zu spielen, wenn zwei Vorbedingungen erfüllt sind:

— *Techno-industrielle Stärke.* Die Gemeinschaft wird notwendigerweise einer der wichtigsten Akteure auf dem Weltschauplatz sein, wenn sie erfolgreich auf die techno-industrielle und gesellschaftliche Herausforderung der neuen Informationstechnologien antwortet, d. h., in der Lage ist, ihren internen Markt zu nutzen, eine telematische Infrastruktur für das 21. Jahrhundert aufzubauen, und einen hohen Grad an Kooperation mit sich entwickelnden Partnerländern im Bereich von Telekommunikation zu erreichen.

---

[20] Dateien von PA Unternehmensberatern, angeführt in J. Becker, Euro-American Conflicts in the Sphere of TDF (1981) (unveröffentlicht).

[21] Rein Turn, „Transborder data flows — concerns in privacy protection and free flow of information", Bericht des AFIPS-Sachverständigenrates zur Datenfernübertragung, Washington, American Federation of Information Processing Societies, 1, 1979, Seite 5.

[22] „Transnational corporations and transborder data flows: their role and their impact", CTC Reporter, 1 (10), 1981, S. 9—11.

— *Ein übereinstimmender und vorausschauender Standpunkt.* In internationalen Kreisen erscheint die Gemeinschaft zu oft als nur auf Probleme reagierend, und dies zudem sehr langsam und inkonsistent, aufgrund verschiedener Sichtweisen der Mitgliedsländer. Von nun an sollte ein auf gründlicher Vorbereitung beruhender Zusammenhalt eine Position der Gleichheit der Gemeinschaft mit anderen „techno-industriellen (informationsreichen) Mächten" wiederherstellen. In der Verfolgung ihrer eigenen Interessen könnte die Gemeinschaft gleichzeitig die Interessen der sich entwickelnden Länder unterstützen, für die sie eine besondere Verantwortung trägt.

2.2.2.4 F & E-Bedarf

Das Feld ist noch nicht reif für F & E im eigentlichen Sinne, aber die konzeptuelle Basis für einen vorausschauenden Standpunkt muß so schnell wie möglich gebildet werden. Um dies zu erreichen, wird eine handlungsorientierte Forschung benötigt, die jedoch nicht als Vorbereitung zur Konfrontation gesehen werden darf, sondern in Richtung einer Vermeidung von Konflikten zwischen Nord und Süd, aber auch innerhalb der West-West-Beziehungen, orientiert sein sollte. Wie in anderen Bereichen globaler Betroffenheit tragen die Gemeinschaft und die anderen industriellen Mächte des Westens eine besondere Verantwortung und sollten nicht in kurzsichtige, potentiell widersinnige Konkurrenz treten. Der zukünftige Rahmen eines internationalen Kommunikations- und Informationssystems muß das Ergebnis von Kooperation unter Partnern sein.

Die folgende Liste könnte helfen, die zur Debatte stehenden Punkte zu strukturieren und eine tentative Grundlage für die Auswahl einiger besonders wichtiger Forschungsthemen sein:

1. *Der Erwerb eines besseren Verständnisses der existierenden und geplanten öffentlichen und privaten Kommunikationsnetzwerke und ihrer Struktur auf regionaler, Gemeinschafts- und weltweiter Ebene und verbessertes Wissen über aktuelle und potentielle Nutzungen von Elektronik, Kommunikationskanälen und Netzwerken.* Damit im Zusammenhang stehen:

— Fragen, die einen Datenfluß zwischen Einheiten derselben Unternehmung — teils über Ländergrenzen hinweg — betreffen: In welchem Ausmaß stellen Praktiken von multinationalen Unternehmen ein Hindernis für die Liberalisierung von Handel und Dienstleistungen dar? Führt Zentralisierung auf der Grundlage von hocheffizienten intrakorporativen Netzwerken zu „gestutzten Unternehmen" in bestimmten Gastländern?
— Ist die Quantifizierung der Aussage möglich, daß es gewisse „Welt-Informations-Zentren" gibt, und andere Regionen der Welt zu reinen Rohdatenlieferanten werden? Welche Perspektiven bestehen für die europäische Gemeinschaft?
— Welche besonderen Bedürfnisse haben verschiedene Gruppen von Entwicklungsländern im Bereich der Telekommunikation?

2. *Fragen zur Gestaltung eines internationalen Systems für Information und Kommunikation.*

— Die richtige Balance zwischen freiem Fluß von Informationen und wesentlichen Anliegen wie Privatheit, „Informationssouveränität" und ökonomischer Sicherheit;
— Fragen des Zugangs zu Information:
Wie kann die Monopolisierung ökonomischer Macht, die aus einem monopolisierten Gebrauch von hochentwickelten Formen des Zugangs zu Informationen (z. B. on-line) resultieren, vermieden werden, und wie kann die Balance zwischen privatem und öffentlichem Sektor gesichert werden?
— Wird es möglich sein, Kriterien zur Unterscheidung von „kommerzieller Information" und Informationen, die das „gemeinsame Erbe der Menschheit" bilden zu entwerfen.
— Probleme, die die ökonomische und rechtliche Definition von „Information" betreffen. Welche Bestimmungen sollten auf diese Art von Ware oder Dienst angewendet werden?
— Fragen des effektiven Schutzes von Datenbanken, Besitzrechten und Softwareprogrammen;
— Probleme der Vereinbarungen über Positionen auf geostationären Umlaufbahnen, Frequenzbändern und deren Kapazitätsprobleme;
— Wie kann die Freiheit von Presse und Information garantiert, „kulturelle Dominanz" vermieden und allen Regionen der Welt gleichermaßen Empfang und Lieferung von Informationen zugesichert werden?

Die Kommission der EG kann diesen Bedarf erfüllen: erstens durch frühzeitige Forschung entlang der oben skizzierten Linien; und zweitens durch Schaffung eines Zentrums für die Untersuchung und Antizipation der komplexen Entwicklung im Zusammenhang mit dem Fortschritt in Richtung auf ein internationales Kommunikations- und Informationssystem.

2.2.3 Entfremdung und/oder aktive Beteiligung des Individuums[23]

2.2.3.1 Das Risiko zunehmender gesellschaftlicher Differenzierung

Im gesellschaftlichen Kontext wirkt die neue Informationstechnologie als eine „doppelte Technologie", in vielen Fällen nach dem Muster „Dr. Jekyll/Mr. Hyde". Dem Individuum kann sie als Herr oder Diener erscheinen, weil sie zentrale Kontrolle lokaler Einheiten oder eine Dezentralisierung von Entscheidungen ausbauen kann; sie kann für passive Unterhaltung oder für individuelles, kreatives Lernen genutzt werden; sie kann für eine Förderung oder Erset-

---

[23] Der Gebrauch von „und/oder" im Titel ist bewußt gewählt. Das „oder" betrifft jedes einzelne Individuum, während das „und" sich auf die Gesellschaft im Ganzen bezieht. In was für einer Informationsgesellschaft wir auch immer leben werden, wird es Gruppen geben, die vom Kern der Gesellschaft entfremdet sind; wir können aber, durch verschiedene Politiken (technologische, soziale, pädagogische, ökonomische, regionale, etc.) die Größe und die Beharrlichkeit dieser Gruppen beeinflussen.

zung geistiger Fähigkeiten des Menschen, besonders bei der Arbeit, genutzt werden. Was tatsächlich geschehen wird, hängt davon ab, ob der Einzelne, die Gruppe oder eine betroffene Region entweder Herr oder bloß passives Objekt der neuen Informationstechnologien sein wird (um die beiden Extremfälle zu nehmen).

Diejenigen, die die Fertigkeiten und Mittel haben, Vorteile aus den neuen technologischen Angeboten zu ziehen, werden dies tun, und ein passender politischer und sozialer Rahmen, um die mit den neuen Technologien verbundenen Risiken und Chancen auszugleichen, wird erst nach Jahren der Verzögerung folgen. In der Zwischenzeit besteht ein großes Risiko zunehmender Differenzierung innerhalb der Gesellschaft und zwischen den Gesellschaften Europas. Das ist der gesellschaftliche Entwicklungstrend, den wir bereits undeutlich in Europa erkennen können, wo zwei „Bedrohungen" durch die neuen Informationstechnologien scheinbar besonders erkannt werden: Arbeitslosigkeit und die „Big-Brother"-Problematik im Zusammenhang mit der Ausübung von und Teilhabe an Macht in der Informationsgesellschaft.

Während wir den Ernst des Problems der Arbeitslosigkeit erkannt haben und ihrer Diskussion deshalb ein besonderes Kapitel widmen, sind wir der Meinung, daß die Big-Brother-Problematik um einiges überdramatisiert wird – es gibt weder Anzeichen dafür, daß wir uns auf eine „Big-Brother-is-watching-you"-Gesellschaft zubewegen, noch steuern wir zügig auf das andere Extrem zu, eine radikale, partizipative, direkte (on-line) Demokratie, in der jeder Bürger per Zwei-Wege-Kommunikationssystem an allen politischen Entscheidungen teilnehmen kann; NIT bieten die Möglichkeit für eine Bewegung in beide Richtungen.

Das Beispiel der öffentlichen Verwaltung auf lokaler Ebene kann dies illustrieren. EDV-gestützte Planungs- und Steuerungssysteme mögen wenig ansprechend für individuelle Bürgerbedürfnisse sein, aber sie bieten auch Chancen zur Reduzierung des Abstands zwischen Bürgern und öffentlicher Verwaltung. Dezentralisierte Datenverarbeitung und einfacher Zugang zu zentralen Informationsbanken und -diensten eröffnen Möglichkeiten für dezentralisierte und individualisierte Dienstleistung. Durch die Nutzung von NIT zur Information der Bürger über ihre Rechte und Möglichkeiten kann die Last der Beratung für öffentliche Institutionen reduziert und der Bürger besser in die Lage versetzt werden, die von den lokalen Regierungen vorgelegten Vorschläge und Pläne zu beurteilen (vorausgesetzt der Bürger hat ebenso Zugang zu den zur Vorbereitung von Plänen und Vorschlägen benutzten relevanten Datenbasen).

Solch ein Zugang könnte durch flexible Mehrzweck-Kommunikationsnetze eröffnet werden, die auch die Organisierung von gleichgesinnten Personen auf örtlicher Ebene zwecks politischer Einflußnahme auf Entscheidungsträger erlauben würden.[24] Kurzgesagt: Basisbewegungen könnten leichter geschaffen werden und effektiver arbeiten. Dieses Beispiel zeigt die hypothetisch mögliche Nutzungsbreite von NIT in einem besonderen Fall der Ausübung von und Teilhabe an Macht.

---

[24] FAST, FOP 38, 1982.

Die tatsächliche Wirkung mag in der Tat weniger sensationell, aber trotzdem sehr wichtig sein, was in den nächsten Abschnitten gezeigt wird.

2.2.3.2 Die Geschwindigkeit des Wandels

Obwohl ein Trend zum Wandel erkennbar ist, sind bedeutende Veränderungen über Nacht nicht in Sicht. Eine technologische Revolution beinhaltet nicht (notwendigerweise) eine soziale Revolution. Obwohl wir vor 1995 einige technologische Revolutionen und bedeutende ökonomische und industrielle Übergänge und Neuregelungen erwarten, werden bedeutende Änderungen im täglichen Leben des Einzelnen, in Machtstrukturen, in Ungleichheiten zwischen Personen oder in anderen, das alltägliche Leben bestimmenden, Aspekten nicht erwartet.

Telearbeit, Tele- und Computerkonferenzen oder aber elektronische Zeitungen werden in großem Ausmaß nicht vor 1995 kommen, einfach weil das einen Bruch im Alltagsleben bedeuten würde und sie deshalb nur allmählich, wenn überhaupt, eingeführt werden.[25] Auch werden die europäischen Gesellschaften bis 1995 keine Freizeitgesellschaften sein, in denen Maschinen die gesamte Arbeit verrichten. Vielmehr werden wir nach und nach die traditionellen Grenzen zwischen Arbeit und Freizeit durch Verteilung des Gesamtvolumens der heute formalen (bezahlten und kontrollierten) Arbeit überwinden — etwa durch Weiterbildung, Beibehaltung professioneller Kontakte und Informationsmöglichkeiten, Inanspruchnahme öffentlicher Dienstleistungen etc.

Diese Beobachtungen sollten nicht so verstanden werden, als wenn sozialpolitische Antworten auf die NIT nicht dringlich wären. Sie sagen lediglich, daß sozialer Wandel langsam und in verschiedenen Richtungen vor sich geht und deshalb mit parallel laufenden Regulierungen in der Sozialpolitik verbunden sein muß. Anderenfalls werden die bestehenden Disparitäten allmählich zunehmen und neue Diskrepanzen geschaffen.

Die Durchsetzung neuer Informationstechnologien wird vermutlich einem bestimmten Muster folgen. Zuerst werden sie das Arbeitsleben durchdringen, d. h. Arbeit und Bildung. Erst später wird die allgemeine Öffentlichkeit zu einem bedeutenden Markt werden, zunächst für Spielsachen und Spiele, danach dem privaten Gebrauch angepaßte professionelle Anwendungen und erst dann für allgemeine Anwendungen im Haushalt. Es gibt sicherlich Ausnahmen von diesem allgemeinen Entwicklungsschema, z. B. die Digitaluhr und den Taschenrechner. Sie sind bereits weit verbreitet, haben aber kaum tiefgreifende gesellschaftliche Änderungen verursacht, weil sie lediglich andere Produkte ersetzt haben. Die zuerst betroffenen alltäglichen Verrichtungen werden das Einkaufen, Freizeitaktivitäten sowie Transport und Kommunikation sein. Von drei besonderen Anwendungsbereichen wird eine Beeinflussung des täglichen Lebens eher erwartet als von anderen: Videotext, Bildschirmtext und elektronischem Zahlungstransfer.

---

[25] FAST, FS 10, 1983; und Garnham und de Journay im Bericht der FAST-Konferenz in Dublin, a.a.O., Anmerkung 7.

2.2.4 Szenarien für technologischen und sozialen Wandel

Unser Ansatz zur Analyse möglicher zukünftiger Auswirkungen der Nutzung neuer Informationstechnologien auf den Einzelnen ist einfach. Zunächst haben wir vier Szenarien für das Europa des Jahres 1995 aufgestellt (im wesentlichen die vier Kombinationen aus Wachstum/kein Wachstum und soziale Innovation/keine soziale Innovation).[26] Zweitens haben wir drei gebräuchliche Modelle für die Beziehung zwischen Individuum und neuer Technologie analysiert.[27]

– *Integration* – die Gesellschaft produziert die dem gesellschaftlichen Bedarf entsprechenden wissenschaftlichen und technologischen Innovationen.
– *Dysfunktionalität* – Technologie und Gesellschaft sind zwei getrennte Sphären, mit einem Minimum an gegenseitigem Einfluß.
– *Unterwerfung* – die technologische Entwicklung bestimmt die Bedürfnisse, das Angebot bestimmt die Nachfrage.

Es gibt noch eine vierte Möglichkeit, *Ausschluß*, die den Ausstieg aus der Gesellschaft bedeutet. Dieser kann unfreiwillig (Armut) oder freiwillig („alternative Lebensformen") stattfinden.

Wie die Zukunft tatsächlich aussehen wird, hängt von drei sozialen Akteuren ab – der allgemeinen Öffentlichkeit, dem Staat und den Anbietern (Industrie). Alle drei befinden sich in einer Spielsituation – der Staat und die Anbieter können eine „Unterwerfungs"-Strategie verfolgen, aber dann wäre die erwartbare Reaktion der Öffentlichkeit „Dysfunktionalität" oder „Ausschluß", d. h., alle würden verlieren. Nur wenn alle drei Akteure zusammenarbeiten, wird umfangreicher gesellschaftlicher Nutzen möglich sein. Das ist das allgemeine Modell, aber andererseits ist jeder der Akteure ein „vielköpfiges Ungetüm"; deshalb kann keine Strategie „Integration" bewirken, die sich nicht universell auf alle Gruppen und Regionen erstreckt. Die vier untersuchten Szenarien können keine Anhaltspunkte dafür geben, wie weit wir gehen können, und welche Maßnahmen gefordert sind.

Abbildung 2.5 illustriert die möglichen relativen Effekte von „Wirtschaftswachstum" und „sozialer Innovation" anhand einer Aufschlüsselung der europäischen Bevölkerung entsprechend dem folgenden Modell der Wechselwirkung zwischen Alltagsleben und NIT. Die Abbildung zeigt, daß ökonomisches Wachstum nur teilweise soziale Innovation ersetzen kann und im Falle fehlender sozialer Innovationen große Gruppen in der Kategorie „Unterwerfung" und „Ausschluß" übrigbleiben. Eine *laisser-faire*-Politik in bezug auf die sozialen Implikationen der NIT würde beinhalten, daß die Gesellschaft von Morgen noch elite-dominierter als heute sein wird. Es ist zudem festzuhalten, daß in jedem der vier Szenarien vier „Dominanzrichtungen" vorkommen. Die Zukunft ist in keinem Falle einfach schwarz oder weiß.

---

[26] Diese Szenarien sind die im FAST-Projekt über NIT und Lebensstile verwendeten. Die beiden Szenarien sozialer Innovation sowie die beiden Szenarien nicht-sozialer Innovation korrespondieren mit dem „partizipatorischen" Szenario bzw. dem „Elite"-Szenario, die im FAST-Projekt „Information technology, representation and sharing of power" benutzt wurden, vgl. FAST, FOP 38, 1982.

[27] FAST, FS 10, 1983.

Die vier Szenarien sind aus folgenden Kombinationen gebildet:

Szenarium	Wirtschaftl. Wachstum	Soziale Innovation
1	−	−
2	−	+
3	+	−
4	+	+

Die Ergebnisse der FAST-Studie über Interessenvertretung und Machtverteilung[28] zeigen, daß die benötigten sozialen Innovationen sich aus einem gesellschaftlichen Lernprozeß ergeben könnten, der durch zwei Arten von Handlungen angeregt würde — erstens der Popularisierung der Benutzerschnittstelle der neuen Technologien und Verbreitung der Anwendung neuer Technologien in breiten Bevölkerungsschichten; zweitens ist ein hoher Grad an Dezentralisierung des Entscheidungsprozesses in Organisationen, Regierungen etc. gefragt.

Daß die vier Szenarien unterschiedliche gesellschaftliche Entwicklungen reflektieren, kann anhand von sechs Dimensionen, von denen jede durch ihre beiden Extreme beschrieben wird, illustriert werden.

— Angebot von Dienstleistungen über den Markt vs. nicht über den Markt vermittelte Dienstleistungen;
— Ungleichheit vs. Gleichheit innerhalb der Gesellschaft;
— Dezentralisierung vs. Zentralisierung von Macht;
— Abhängigkeit vs. Autonomie des Individuums gegenüber der Gruppe;
— Sicherheit vs. Unsicherheit für das Individuum hinsichtlich der Zukunft und
— Differenzierung vs. Homogenisierung von Kultur und Alltag.

Diese sechs Charakteristika anwendend, können die vier Szenarien wie in Abb. 2.6 beschrieben werden. Insbesondere die folgenden Beobachtungen sind beachtenswert:

— Im Falle ausbleibender sozialer Innovation (Szenario 1 und 3) hat der „Stern" eine klare Orientierung auf zunehmende Homogenisierung, Ungleichheit, Abhängigkeit, Zentralisierung etc. Auch zunehmendes Wachstum wird der Elite nützen, d. h. mehr Ungleichheit, Homogenisierung etc. bedeuten.
— Soziale Innovation bedeutet eine Konfiguration des „großen Sterns", der auf starke Unsicherheit oder Spannungen hinweist. Verschiedene Gruppen, verschiedene Regionen etc. könnten sich in verschiedene Richtungen entwickeln.

Der letzte Punkt zeigt, daß während auf der einen Seite soziale Innovationen und damit staatliche Interventionen gefordert sind, gleichzeitig die Gefahr besteht, daß sie statt in die gewünschte, in die entgegengesetzte Richtung führen,

---

[28] Vergleiche die Beschreibung von Risiken und Chancen, die jeweils mit dem Elite-Szenario und dem partizipativen Szenario verbunden sind, in FAST FOP 38, 1982.

Integration
Dysfunktion
Ausschluß
Abhängigkeit
Szenario 1

Integration
Dysfunktion
Ausschluß
Abhängigkeit
Szenario 2

Integration
Dysfunktion
Ausschluß
Abhängigkeit
Szenario 3

Integration
Dysfunktion
Ausschluß
Abhängigkeit
Szenario 4

Abb. 2.5

Abhängigkeit
Sicherheit
Dezentralisierung
Ungleichheit
Differenzierung
kein Markt
Markt
Gleichheit
Homogenisierung
Zentralisierung
Gefährdung
Autonomie
Szenario 1

Abhängigkeit
Sicherheit
Dezentralisierung
Differenzierung
Ungleichheit
kein Markt
Markt
Gleichheit
Homogenisierung
Gefährdung
Zentralisierung
Autonomie
Szenario 2

Abhängigkeit
Sicherheit
Dezentralisierung
Ungleichheit
Differenzierung
kein Markt
Markt
Gleichheit
Homogenisierung
Zentralisierung
Autonomie
Gefährdung
Szenario 3

Abhängigkeit
Sicherheit
Dezentralisierung
Differenzierung
Ungleichheit
kein Markt
Markt
Gleichheit
Homogenisierung
Zentralisierung
Gefährdung
Autonomie
Szenario 4

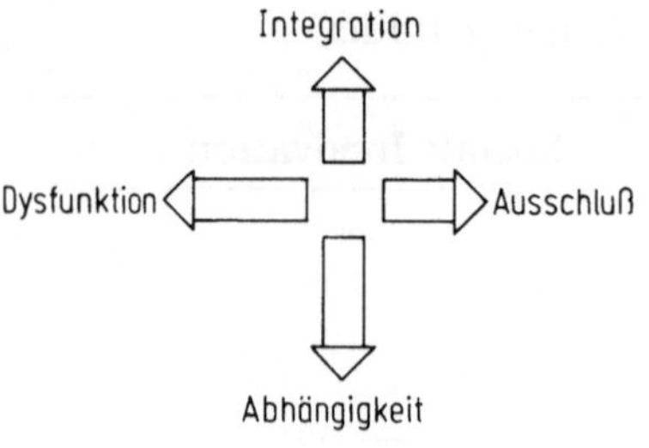

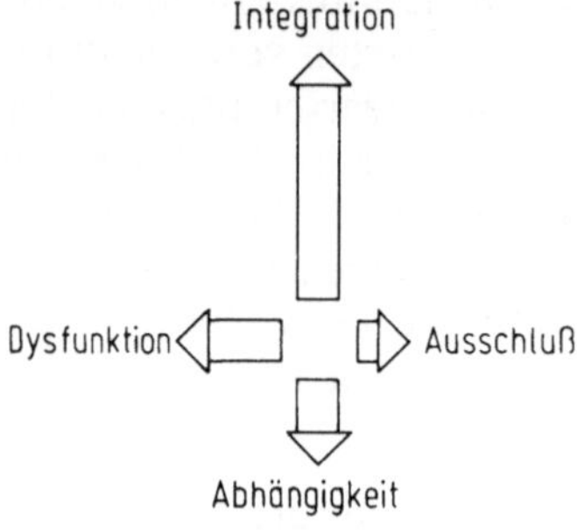

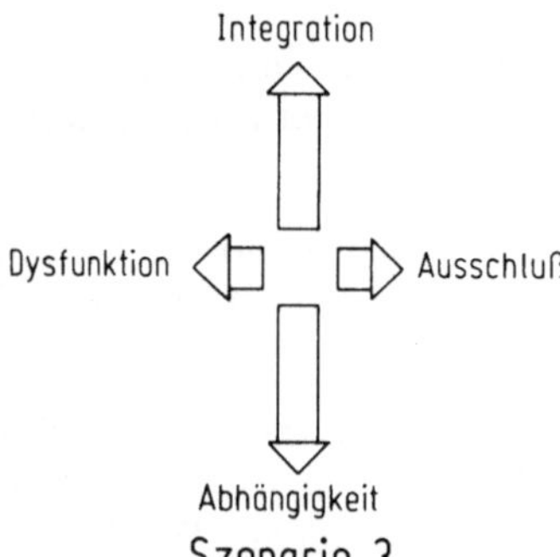

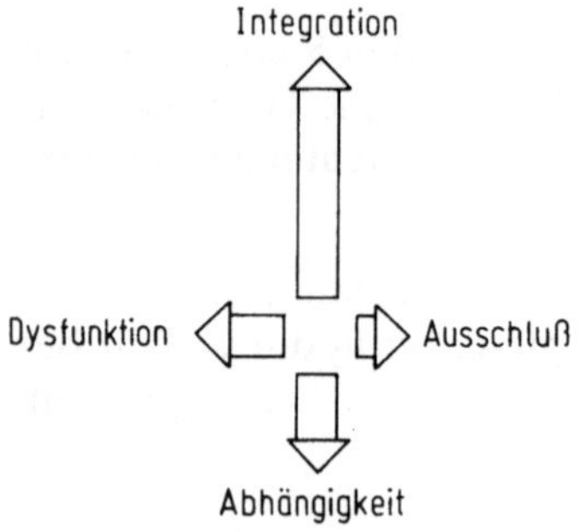

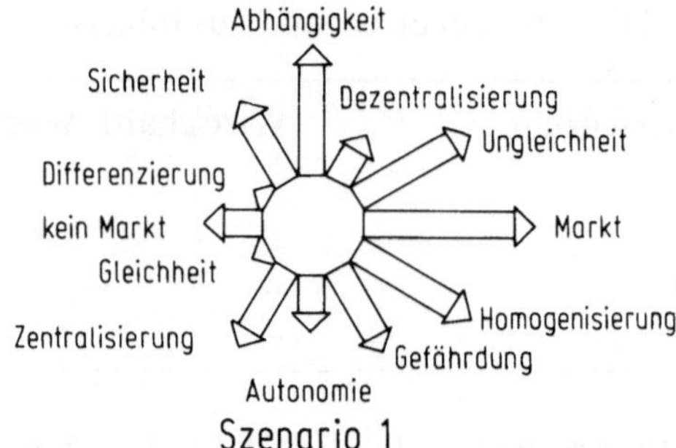

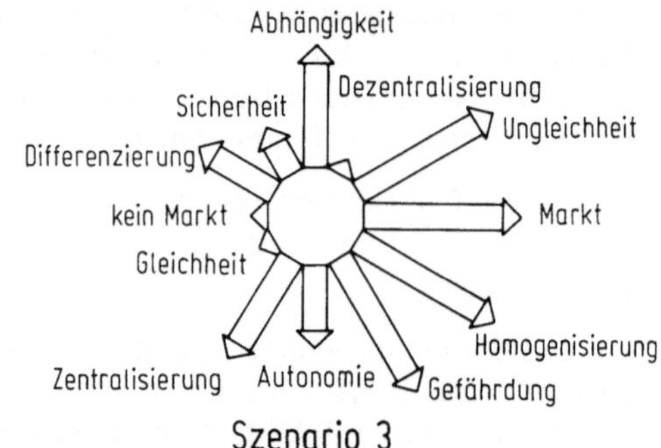

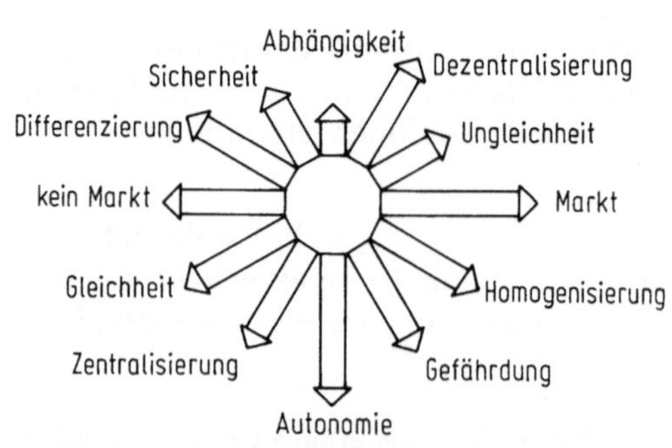

Abb. 2.6

◄ **Abb. 2.5.** Die Auswirkungen der Wechselwirkung zwischen Alltagsleben und NIT auf die europäische Bevölkerung in den vier Szenarien

◄ **Abb. 2.6.** Die sechs Dimensionen in den vier Szenarien

---

also in Richtung einer „elektronischen Diktatur" durch den Staat, anstatt in den „Garten Eden". Wie auch immer, es gibt zwei bedeutende Konfliktherde; zum einen das Verhältnis zwischen Staat und Industrie, und zum anderen das Verhältnis zwischen dem Zentralstaat und seinen Regionen.

2.2.5 Welches sind die gefährdeten Gruppen innerhalb der Gesellschaft?[29]

Die unmittelbaren Aussichten für die Verteilung von Nutzen und Risiken von NIT sind nicht ermutigend. Eine starke Vereinfachung riskierend, können sie mit „wer hat, dem wird gegeben" zusammengefaßt werden, und das läßt sich auf Personen, sozioökonomische Gruppen, die Regionen Europas und die Welt anwenden. Im Idealfall sollte jedes freie Land seine eigenen heimischen Kapazitäten aus allgemein verfügbaren wissenschaftlichen und technologischen Fähigkeiten aufbauen, wenn Information und Informationstechnologie wirksam aufgenommen werden sollen.

Innerhalb der europäischen Gesellschaften sind die Arbeitslosen zweifellos die am stärksten betroffene Gruppe. Zum einen, weil Beschäftigung der Schlüssel zu Einkommen, sozialen Kontakten und persönlicher Erfüllung ist und zweitens, weil es die Arbeit selbst sein wird, die den meisten Menschen die Möglichkeit bietet, den Umgang mit NIT zu lernen. Somit ist das Hauptkriterium für eine Identifizierung betroffener Gruppen die potentielle Gefahr, arbeitslos zu werden. Die nachfolgenden sechs Gruppen wurden ermittelt:

1. Tätigkeiten, die nicht durch Maschinen vorgegeben sind, tendieren dazu Kreativität zu fordern, was umgekehrt bedeutet, daß sie tendenziell hochqualifizierten und ausgebildeten Personen vorbehalten sind. Konsequenterweise sind diejenigen, deren Arbeitsplätze diese Charakteristika nicht aufweisen, im besonderen diejenigen, die „Computer-unkundig" sind, gefährdet.

2. Frauen sind eine weitere gefährdete Gruppe, weil ihre Arbeitsplätze besonders ungeschützt sind und sie im Durchschnitt weniger Ausbildung erhalten haben als Männer. Außerdem dürfte es Druck verschiedener Art sein — politischer, ökonomischer, männlicher —, der Frauen zurück ins Haus drängt, um Arbeit mit häuslichen Aufgaben zu kombinieren.

3. Die Armen sind die dritte, gefährdete Gruppe — erstens, weil es Geld kostet, die mit NIT verbundenen Dienstleistungen zu nutzen und zweitens, weil unsere sozialen Institutionen und Dienste sich wahrscheinlich nicht genügend schnell anpassen.

---

[29] Die Hauptquelle für diesen Abschnitt ist der Bericht der FAST-Konferenz in London, a.a.O., Anmerkung 3.

4. Eine vierte betroffene Gruppe sind die „Außenseiter", diejenigen, die nicht mit den Zukunftswerten und -normen übereinstimmen. „Die neuen Informationstechnologien liefern in sehr subtiler Weise die soziale Definition dessen, was als Abweichung gilt. Diese Standards werten möglicherweise diejenigen Qualitäten hoch, die leicht in das technologische System absorbierbar und konform mit Annahmen über menschliches Handeln . . . sind. Die Kehrseite dieses Prozesses ist die Produktion von Aussteigern."[30]

5. Junge Leute im Schulentlassungsalter bilden eine fünfte Risikogruppe. Selbst wenn es uns gelingt, das Problem der Jugendarbeitslosigkeit zu beseitigen, haben die gegenwärtig Arbeitslosen das Alter von 25 – 30 Jahren erreicht, ohne eine angemessene Beschäftigung gehabt zu haben.

6. Eine sechste gefährdete Gruppe sind aus zwei Gründen die Älteren: Für sie wird es besonders schwierig sein, sich an neue Arbeitsanforderungen anzupassen. In Norwegen wurde z. B. herausgefunden, daß im Falle einer Fabrikschließung 50% der Belegschaft im Alter von über 50 Jahren keine neue Dauerbeschäftigung fand, und das, obwohl Norwegen eine niedrige Arbeitslosenrate hat. Zweitens tragen demographische Trends, durch bessere Gesundheitsversorgung, frühere Rente, hohe Arbeitslosenraten und andere Faktoren, zur Bildung einer großen Gruppe von alten, aber potentiell aktiven Personen bei. Die Schaffung sinnvoller Freizeit-Aktivitäten für sie wird eine gesellschaftliche Herausforderung sein.

F & E-Bedarf

Die deutlichste und allgemeinste Aussage, die sich aus unseren Studien herauslesen läßt, ist, daß technologische Innovation von sozialer Innovation begleitet sein muß, und dies nicht ohne eine langfristige Strategie für die NIT geschehen kann. Es gibt keinen gradlinigen Weg, die benötigten sozialen Innovationen zu fixieren. Bildung war z. B. oft förderlich für die Lösung komplexer, gesellschaftlicher Probleme, die mit der Durchsetzung von NIT verbunden sind. Obwohl als solche wichtig, ist Bildung allein keine Lösung – ihre institutionellen Strukturen und Lehrpläne ändern sich nur langsam; außerdem sind gegenwärtig nur wenige Personen in der Lage, die NIT für Bildungszwecke einzusetzen. Deshalb wird Bildung, sowohl innerhalb wie außerhalb von Schulen, ein sozialer Filter bleiben.[31]

Wir können auch keinen Entwurf für die zukünftige Informationsgesellschaft präsentieren, erstens, weil niemand in der Lage ist, die Folgen einer so radikalen Technologie wie der NIT vorauszusehen und zweitens würde es naiv sein zu glauben, daß eine kleine Elite die Grundlagen menschlichen Wohlergehens kennen könnte. Auf der anderen Seite müßten wir geeignete soziale und ökonomische Maßnahmen ergreifen, die einen langfristigen gesellschaftlichen Lernprozeß für einen dynamischen Übergang in eine Informationsgesellschaft anregen. Dies ist das allgemeine Prinzip, das hinter der Auswahl der folgenden drei besonders wichtigen Handlungsbereiche steht:

---

[30] Nowotny, Bericht der FAST-Konferenz in London, a.a.O. Anmerkung 3.
[31] Fitzgerald und de Journay, Bericht der FAST-Konferenz in Dublin, a.a.O., Anmerkung 7.

— soziale Modellversuche;
— neue Kommunikationsinfrastrukturen und
— eine Reihe spezifischer F & E-Projekte.

Soziale Modellversuche sind ein unverzichtbarer Bestandteil des gesellschaftlichen Lernprozesses hinsichtlich der NIT.

Wir sehen keine Alternative zu wechselseitiger Verknüpfung von sozialer und technologischer Innovation, zu effektiver Anpassung der neuen Informationstechnologie an individuelle und gesellschaftliche Bedürfnisse, zur Ersetzung von Spekulation durch Evidenz. Die Schwierigkeiten bei der Vorhersage der Folgen der Informationstechnologien wurden in bezug auf die Gestaltung von großen EDV-Systemen lange akzeptiert, und Modellversuche mit Prototypen sind als Mittel zur Erzielung von Früherkennung möglicher Folgen weit verbreitet. Dieses Vorgehen könnte auf andere NIT-Anwendungen übertragen und dazu genutzt werden, Wissen über potentielle Auswirkungen alternativer Anwendungen der Informationstechnologie zu gewinnen, bevor umfangreiche Entwicklungen in Gang gesetzt und bedeutende Investitionen getätigt werden.

Vollen Nutzen werden soziale Modellversuche nur bringen, wenn drei Bedingungen erfüllt sind. Erstens müssen sie gut durchdacht sein in bezug auf ihre Ziele, ihre Probleme und ihre zu überprüfenden Hypothesen, ihre Methoden und schließlich ihre Kosten. Zweitens muß man die Grenzen solcher Modellversuche erkennen:

— Die Wirkungen einer real eingeführten umfangreichen Technologie können ganz anders ausfallen, als die in einem sozialen Modellversuch gewonnenen Ergebnisse erwarten lassen.
— Es sollte nicht erwartet werden, daß ein soziales Experiment zur Einführung technologischer Ausrüstungen kristallklare und schlüssige Antworten auf bisher unbeantwortete und hoch kontroverse Fragen sozioökonomischer Politik geben. Obwohl Experimente dazu beitragen könnten, unser Verständnis von Konflikten innerhalb der Gesellschaft zu klären, dürfen reale Konflikte deshalb nicht außer acht gelassen werden.
— Soziale Modellversuche wären sinnlos und verfälscht, wenn sie zur Legitimation bereits getroffener Entscheidungen benutzt würden, oder dazu dienten, notwendige Entscheidungen zu vertagen oder zu blockieren.

Drittens ist es wichtig, eine große Zahl von parallelen Projekten laufen zu haben, wenn die aus einem Einzelexperiment gewonnene Information in gewissem Umfang die spezifischen Umstände, unter denen das Experiment stattgefunden hat, berücksichtigen soll. Aufgrund individueller Unterschiede zwischen den verschiedenen Regionen Europas ist es auch von großer Bedeutung, daß Experimente in einer breiten Varietät von Umwelten in verschiedenen Ländern durchgeführt werden.

Soziale Modellversuche sind besonders in bezug auf alltägliche Tätigkeiten gefragt: Einkaufen, Freizeit, Transport und Kommunikation und entsprechend den drei Bereichen: Videotext, elektronischem Zahlungstransfer und Bildschirmtext. Wir schlagen drei spezifische Modellprogramme vor, die gleichzeitig von theoretischer Forschung begleitet sein sollten:

– Die Nutzung von elektronischen Postdiensten zur Unterstützung der Kommunikation zwischen Interessengruppen in Kommunen. Welche Personengruppen nutzen sie zu welchem Zweck? Wird das die Entscheidungsprozesse formalisieren oder eher das Gegenteil bewirken? Wie wird das den Gebrauch gegenwärtiger Kommunikationsmittel beeinflussen?
– Heimarbeit oder Arbeit in gemeinschaftlichen Arbeitszentren. Wie wird die Arbeitsplatzmobilität von Männern und Frauen beeinflußt, wenn Personen Arbeitsplätze wechseln können, ohne den Ort zu wechseln? Was beinhaltet dies für eine Dezentralisierung von Unternehmen, für eine De-Organisierung gewerkschaftlicher Arbeit, für die Strukturierung und Kontrolle von Arbeit, für soziale Kommunikation, etc.? Welche Berufe sind die wahrscheinlichsten Kandidaten für Telearbeit?
– Integration von Bildung und Arbeit. Wie erreichen wir die Gesamtbevölkerung? Wie können wir den Unterricht individualisieren? Wie können wir Unterricht und Arbeitsplatzerfahrung kombinieren? Wie organisieren wir die kontinuierliche, lebenslange Verbindung zwischen Arbeit und Ausbildung, etc.?

Kommunikationsinfrastrukturen sind das zweite Feld, in dem politische Institutionen handeln und besonders vorbereitend wirken müssen. Die Einrichtung von neuen Kommunikationsinfrastrukturen (welcher Art? welche Dienstleistungen? welche Zugangsbedingungen? unter wessen Schirmherrschaft? etc.) wird von vorrangiger Bedeutung für die Durchsetzung von neuen Technologien sein – die gegenwärtig staatlichen Monopole für Telekommunikation werden gezwungen sein, ihre Rolle neu zu definieren. Ist die Sendung oder die Informationsbereitstellung die Aufgabe öffentlicher oder privater Fernsehgesellschaften? Können die nationalen Fernmeldegesellschaften die Entstehung von privaten, kommerziellen Satelliten-Kommunikationsnetzen verhindern?
Das sind einige der durch die technologische Entwicklung selbst und durch den Druck lokaler und regionaler Gruppen aktuell gewordener Fragen. (Konvergenz von Technologien, Entstehung von internationalen Satelliten-Kommunikationsnetzen und die Integration von vielen Funktionen in ein einzelnes Produkt bewirken, daß die gegenwärtige Bestimmung staatlicher Monopole sehr künstlich wird.) Die ersten Anzeichen dieser Entwicklung und des entsprechenden institutionellen Änderungsprozesses sind bereits deutlich (British Telecom wurde vom British Post Office getrennt; PRESTEL, BBC-data, die Legalisierung von regionalen Radio- und Fernsehstationen in einigen Ländern etc.) und einige Lehren wurden daraus gezogen.[32]
Ohne die Antizipation von Ergebnissen zukünftigen Forschens und Experimentierens hinsichtlich der Auswirkungen neuer Kommunikationsinfrastrukturen, das zeigen jedenfalls unsere bisherigen Studien, wird eine alleinige Politik der Kanalisierung von Mitteln in Richtung der klassischen Medien die Möglichkeiten der Teilnahme von Einzelnen und Gruppen verhindern, während die Option von flexiblen Mehrzwecknetzwerken neue Chancen für eine demokrati-

---

[32] Vgl. Arnold, Bericht der FAST-Konferenz in London, a.a.O., Anmerkung 7.

schere Teilhabe in der Informationsgesellschaft eröffnet. Somit besteht die größte Gefahr nicht in einem ungenügenden Schutz der Privatsphäre, sondern im Verlust der Möglichkeit, die Informationstechnologie auf demokratische Art und Weise zu benutzen.

Drittens ist eine Reihe spezifischer Schritte gefragt:

- Forschung, die unser Verständnis der *grundlegenden Zusammenhänge zwischen Produktivität, Technologie, Wachstum und Beschäftigung* verbessert.
- Beispielsweise ist der Ansatz, der Kapital und Arbeit als diametral entgegengesetzte Momente ansieht, nicht länger gültig. Die Mikroelektronik wird die Relevanz beider Momente modifizieren.
- Der Erfahrungsaustausch über Zielvorstellungen, Maßnahmen und Konsequenzen der verschiedenen staatlichen Informationstechnologie-Programme.
- Die Anregung europäischer Zusammenarbeit in der Forschung — workshops, parallele Studien, Forscheraustausch, Studienreisen, etc. — bezüglich der Auswirkungen der NIT auf das Alltagsleben unter besonderer Berücksichtigung des Bereichs der Nicht-Arbeit.
- Forschung, die Risiken (elektronische Diktatur) und Chancen (demokratische Teilhabe) alternativer staatlicher Politik, bezüglich der sozialen Folgen der NIT, zu klären sucht.
- Forschung über benutzerfreundliche neue Sprachen.

2.2.6 Neue Informationstechnologie und Beschäftigung[33]

Arbeit ist ein Kernstück menschlichen Handelns. Folglich sind Entwicklungen im Bereich der Beschäftigung in der Informationsgesellschaft von entscheidender Bedeutung für die gesamte Gestaltung der Informationsgesellschaft. Zudem werden sie zum wichtigsten Parameter für die Beantwortung der Frage, ob eine Partizipation oder eine Entfremdung des Individuums stattfinden wird. Somit ist es nicht verwunderlich, daß die Beschäftigungsfolgen der NIT mehr als alle anderen Folgen diskutiert werden.

2.2.6.1 Die Natur des Problems

Leider basiert die Debatte über die zukünftigen Beschäftigungsfolgen auf Spekulationen und einer Verzerrung des Gegenstands. Spekulation ist unvermeidbar, weil die NIT z. B. über die Elektrizität, die Eisenbahn oder das Auto vielfältigste Auswirkungen auf die Gesellschaft haben. Wir werden neue Dinge tun, und wir werden alte Dinge auf neue Weise tun, aber niemand kann genau voraussagen, wie die zukünftige Informationsgesellschaft aussehen wird. Der Gegenstand wird verzerrt, weil die Teilnehmer der Debatte zu dem Glauben neigen, daß isolierte Beobachtungen von Beschäftigungsfolgen der NIT univer-

---

[33] Die hauptsächlichen Quellen für diesen Abschnitt sind die Forschungsberichte über „Potential of information technologies for job creation", FAST, FS 11, 12, 13, 16, 17 (1983), und FAST, FOP 3 (1980), und 17 (1981).

sell gültig sind. Demgegenüber sollten wir aber die gegenläufigen Trends nicht übersehen – Arbeitsplätze werden in einigen Bereichen und Regionen verloren gehen, an anderer Stelle werden aber neue geschaffen. Einige Arbeitsplätze werden höhere Qualifikationen erfordern, andere niedrigere. Darum ist die Vorhersage eines quantifizierten „Endszenarios" nicht möglich. Es kann angenommen werden, daß in den nächsten 15 Jahren 50 Millionen neuer Arbeitsplätze geschaffen werden und 52 Millionen verloren gehen. Die Vorhersage der (relativ geringen) Differenz zwischen solch hohen Zahlen ist unmöglich, nicht nur aufgrund statistischer Unsicherheit, sondern auch, weil sie auf komplexen, dynamischen, kaum verstandenen Veränderungen beruht.

Viele dieser Zukunftsprobleme der Arbeit und der Beschäftigung und ihrem Verhältnis zu den neuen Technologien werden im folgenden Kapitel über Arbeit und Beschäftigung behandelt. In diesem Abschnitt wollen wir uns einem anderen Problem zuwenden: Wie können die NIT zur Schaffung neuer Arbeitsplätze beitragen? Dies ist aus den folgenden Gründen die entscheidende Frage:

– Im April 1982 gab es in der EG-10 10 Millionen Arbeitslose;
– Die demographischen Änderungen bei den Erwerbstätigen sehen wie folgt aus:
  1982 – 1985: zusätzlich 1 Million pro Jahr
  1985 – 1990: zusätzlich 3 – 400 000 pro Jahr
  1990 – 1995: zusätzlich 200 000 pro Jahr
– Wenn wir anstreben, die Arbeitslosenquote bis 1995 auf 2% zu drücken, so müßten wir ungefähr eine Million Arbeitsplätze pro Jahr schaffen. Selbst in den „goldenen 60ern" haben wir nur – durchschnittlich für den Zeitraum 1960 – 70 in der EG-9 – 260 000 neue Arbeitsplätze pro Jahr geschaffen.

Somit stehen wir einem Beschäftigungsproblem von entscheidender Größe gegenüber. Zusätzlich werden Arbeitsplätze in der Produktion und im Büro automatisiert und von Maschinen übernommen werden, und es werden sich bei einer noch größeren Zahl von Arbeitsplätzen Inhalt und Qualifikationsanforderungen ändern. Es wird deutlich, daß die Unterbeschäftigung wahrscheinlich bis über 1990 hinaus anhalten wird, zumindest wenn die Definition von Beschäftigung – als etwa 1800 Stunden entgoltener Arbeit pro Jahr – bestehen bleibt; zweitens wird sich für die meisten von uns die Funktion, wenn nicht sogar der Arbeitsplatz, in den nächsten 15 Jahren ändern.

Es gibt im wesentlichen zwei Wege, eine strukturelle Anpassung zwischen Angebot und Nachfrage von Arbeit zu ermöglichen:

1. Durch Bildung, Ausbildung und Umschulung, um die Möglichkeit des Einzelnen zu verbessern, von Arbeitsplatzangeboten Gebrauch zu machen;
2. Durch die Schaffung neuer Arbeitsplätze, um das Arbeitsplatzangebot zu maximieren. Der gegenteilige Ansatz der Minimierung des Arbeitsplatzabbaus wäre auf lange Sicht kaum erfolgreich.

Wir sollten uns des ersten Aspekts, des globalen Bedarfs an Bildung und Ausbildung als *sine qua non* für den Übergang in die Informationsgesellschaft annehmen; in diesem Abschnitt sollten wir uns dem letzten Aspekt, wie die Informationsgesellschaft für die Schaffung von Arbeitsplätzen genutzt werden kann, widmen.

2.2.6.2 Neue Informationstechnologie und Schaffung von Arbeitsplätzen

Es ist wichtig, von Anfang an zu klären, daß − trotz kurzfristigem Konflikt zwischen dem Ziel steigender Beschäftigung und dem der Nutzung neuer Informationstechnologien zur Verbesserung der internationalen Wettbewerbssituation − dieser Konflikt nicht die zentrale Frage zukünftiger Beschäftigung ist. Es gibt andere intermediäre Faktoren, wie Sozialpolitik und Nachfrage nach Arbeit, die auf kurze Sicht die Arbeitsplatzbeschaffung bestimmen und auf lange Sicht die beiden Ziele steigender Beschäftigung und steigenden internationalen Wettbewerbs sogar in Einklang bringen könnten. Jede Arbeitsplatzbeschaffung im traditionellen Sinne beruht auf dem Wachstum der Endnachfrage, die nur steigen kann, wenn Ressourcen von der aktuellen Nachfrage entbunden werden. Letzteres meint Produktivitätssteigerung, eine der Komponenten steigenden Wettbewerbs. Die Auswirkungen einer Verzögerung der Durchsetzung neuer Technologien sind somit doppelt negativ − Verlust von Wettbewerbsfähigkeit und Verlust der Möglichkeit von Arbeitsplatzbeschaffung anderswo.

Zweitens muß noch gesagt werden, daß eine Arbeitsplatzbeschaffungspolitik nicht isoliert betrieben werden kann. Sie muß Teil einer umfassenden Strategie zur Entwicklung von NIT sein. Solch eine Strategie wird Arbeitsplätze schaffen, wenn sie zur Lösung der Anpassungsprobleme der eurpäischen Wirschaft beiträgt, und sie wird Arbeitsplätze vernichten, wenn sie diese Probleme verschärft. Eingehende Studien zum Arbeitsbeschaffungspotential in fünf Bereichen (die Ausrüstung des zukünftigen Haushalts, die audio-visuelle Unterhaltungsindustrie, fortlaufende Bildung, Software-Entwicklungen, der Mirkoprozessor[34]) zeigen, daß die NIT tatsächlich ein großes Potential für die Schaffung neuer Arbeitsplätze enthalten, besonders im Bereich neuer Dienstleistungen. Es muß betont werden, daß nur neue Nutzungen von Technologie, was neue Infrastrukturen und neue Qualifikationen mit einschließt, neue Arbeitsplätze schaffen können. Das beinhaltet, daß die Endnachfrage auf nicht gesättigten Bedarf gerichtet werden muß, d. h. auf den Haushalt, Freizeit, Transport und Gesundheit, wie im rechten Teil der Tabelle 2.1 gezeigt. Tabelle 2.2 deutet eine Hierarchie in der Bedeutung des Arbeitsbeschaffungspotentials für die EG-10 von 1982−1995 an, das mit einer Reihe von Produktfamilien verbunden ist.

Wenn wir diese Abbildung auf andere Anwendungsfelder ausdehnen, erreichen wir eine Zahl von 4−5 Millionen neuer Arbeitsplätze durch neue Informationstechnologien in der EG-10 vor 1995. Aufgrund von realen und psychologischen Hindernissen für Arbeitsplatzschaffung in Europa − fehlende Wahrnehmung neuer Bedürfnisse und Märkte, mangelndes Kapitaleinsatzrisiko und Fehlen qualifizierter Arbeitskraft − könnte Europa so langsam in der Anpassung institutioneller und industrieller Strukturen sein, daß es nur einen Bruchteil dieser Zahl erreicht.

Selbst diese 4−5 Millionen Arbeitsplätze würden nicht ausreichen, um der Beschäftigungsnachfrage nachzukommen. Ein deutliches Ergebnis unserer Forschung über wichtige Auswirkungen für die Politik ist, daß eine Angebots-

---

[34] Vgl. „Les équipements de la maison du futur", FAST, FS 11, 1983, und „Le micro-ordinateur: elements prospectifs", FAST, FS 17, 1983.

Tabelle 2.1. Endnachfrage bei der Nutzung von NIT

		Endnachfrage	
	gesättigt ◄——————— ———————►		wachsend
Haus(halts-)- Ausstattungen	– elektrische Haushaltsgeräte – Möbel		– Qualität, Größe der Hauptwohnung – Zweitwohnung – Sicherheit
Kultur und Freizeit	– Radio Kino – Fotoausrüstungen – TV-Geräte		– neue Videopro- dukte
Transport und Kommuni- kation	– Audio-Kommu- nikation – Autobesitz		– Video-Kommunikation – Freizeitreisen – Autobenutzung
Gesundheit	– Antibiotika – Behandlung von In- fektionskrankheiten		– Präventive Versorgung – Betreuung und medizi- nische Versorgung von Alten

Anmerkung: Die Beispiele sind im allgemeinen illustrativ – der Grad der Sättigung varriert von Land zu Land.

Tabelle 2.2. Arbeitsplatzbeschaffungspotential (10^3 Arbeitsplätze)

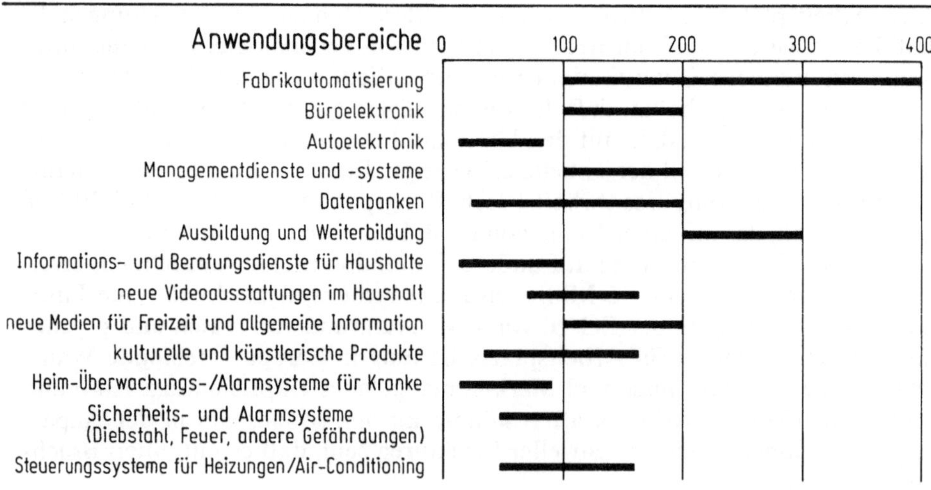

Anmerkung: Die Liste der Anwendungsbereiche ist keineswegs erschöpfend

schub-/Technologieschub-Strategie nicht annähernd in der Lage wäre, dem Erfordernis an Arbeitsplatzbeschaffung gerecht zu werden. Deshalb muß Technologieforschung einerseits von Forschung über Bedürfnisse des Einzelnen und andererseits über gesellschaftlichen Bedarf begleitet sein. Das spiegelt sich in der heutigen Situation nicht wider. Trotz vielem Gerede über neue Nutzungen entsprechen die meisten Anwendungen einem Produktivitäts- oder Wettbewerbsinteresse von Unternehmen (Roboterisierung, Büroautomatisierung) und nicht dem Bedarf der übrigen Gesellschaft. Folglich ist die Bedrohung durch die neuen Technologien für einen Großteil der Bevölkerung zwar sichtbar, während die globalen Gewinne aber kaum erkannt werden.

2.2.6.3 F & E-Bedarf

Aktivitäten sollten in erster Linie darauf gerichtet werden, einzelne Personen und Gruppen anzuregen, kreativen Gebrauch von der neuen Technologie zu machen.[35] Dazu bedarf es eines breit angelegten Ansatzes für F & E, wie in Tabelle 2.3 illustriert.

Traditionell gruppiert sich Forschung und Entwicklung um den ersten der Bereiche — die materiellen Produkte. Zunehmend wechselt die Aufmerksamkeit aber auf andere in Tabelle 2.3 dargestellte Bereiche. Besonders bei Informationstechnologien, wo neue Nutzungen schwer vorherzusehen und unerwartet sind, ist es wichtig, sowohl öffentlichen Institutionen als auch Herstellern zu einem besseren Verständnis aufkommenden gesellschaftlichen Bedarfs und dessen Bewältigung zu verhelfen. Es wird neue Formen der Zusammenarbeit zwi-

Tabelle 2.3. Ansätze für F & E

Output	Beispiele	F & E Fokus
(Materielle) Produkte	Bauteile; Hardware; Peripherie; Sensoren; Kommunikationsinfrastrukturen	Untersuchung technischer Machbarkeit von Entwicklung und Fertigungen
Systeme	Büroautomation; Roboter; Programmpakete	Definition und Lösung von Problemkonstellationen
Dienstleistungen	Datenbasen; audiovisuelle Programme; Software (-dienste)	Ausnutzung existierender Technologie; Schärfung von Vorstellungen

---

[35] Ein hierfür besonderer Aspekt wurde in unseren Studien herausgearbeitet — das Fehlen unternehmerischer Motivation in Europa als ein prinzipielles Hindernis für die Schaffung von Arbeitsplätzen. NIT ändern daran nichts. Einige Gründe für das Fehlen dieser Motivation wurden im Bericht von Pinter, „Les obstacles à l'innovation dans les pays de la Communauté Européene", (EUR 7528, FR, EN) aufgezeigt. Gemeinschafts-Initiativen beinhalten den gegenwärtig diskutierten Vorschlag einer „European Association of Innovation-Financing Organizations", und ein Pilotprojekt für transnationale Kooperation für die Erleichterung der Erlangung von Risikokapital.

schen ungewöhnlichen Partnern (Industrie, Öffentlichkeit, Universität und Regierung, etc.) erfordern, und es braucht eine Reihe von sozialen Modellversuchen von ungewöhnlicher Zahl und Verschiedenartigkeit.

Staatliche Institutionen sollten tätig werden, um erstens die Nachfrageseite besser zu verstehen – Erforschung der Bedürfnisse; zweitens, um neue technische Möglichkeiten zu schaffen – technologische Forschung; und drittens sind begleitende Maßnahmen notwendig. Sogar wenn solche Maßnahmen in bezug auf F & E erfolgreich sein sollten, werden neue Arbeitsplätze nur dann entstehen, wenn zwei Vorbedingungen erfüllt sind – die Ideen aus der F & E müssen zum einen im Innovationsprozeß in konkrete Nutzung umgesetzt werden, und andererseits müßte sich die Innovation auf bisher unerkannte Bedürfnisse beziehen. Folglich, und unter besonderer Berücksichtigung der Institutionen der europäischen Gemeinschaft[36], gibt es zwei bedeutende Zielvorstellungen für Initiativen der Gemeinschaft zur Schaffung von Arbeitsplätzen:

1. Innovationen (Produkte, Systeme, Dienstleistungen) anzuregen, die mit neuen Bedürfnissen korrespondieren.
2. Die Schaffung günstiger Rahmenbedingungen für die Entwicklung von NIT.

Diese Zielvorstellungen erfordern folgende EG-Maßnahmen:

2.2.6.4 Maßnahmen zum besseren Verständnis der Nachfrageseite

1. Austausch von Erfahrungen, die in den Mitgliedsländern in sozialen Modellversuchen gewonnen wurden.
2. Förderung von Pilotprojekten, offenem Experimentieren, begleitenden Fallstudien und Zusammenarbeit in ausgewählten Feldern. Tentative Vorschläge für EG-Handeln sind:

– Gemeinschafts- und Lebensformen der Zukunft (Haushaltsausstattung, Dienstleistungen, Betreuung von Kranken und anderen gefährdeten Gruppen, Kommunikationsnetzwerke);
– Technologien in der Bildung und
– audio-visuelle Unterhaltung.

Diese Felder wurden ausgewählt, weil sie sich auf „neue" Bedürfnisse beziehen, eine intersektorale Zusammenarbeit erfordern und starke industrielle Implikationen haben.

Direkte Technologieforschung. Tentative Vorschläge für Initiativen sind:

1. Neue Hardware/Software-Kombinationen, die nicht auf dem „von-Neumann-Konzept" beruhen und
2. neue Sprachen.

---

[36] Vgl. „Le potential de création d'emplois des technologies de l'information", FAST, FS 16, 1983.

Maßnahmen zur Schaffung günstiger Rahmenbedingungen für die Entwicklung von neuen Technologien

1. Schutz geistigen Eigentums. Dieser muß notwendigerweise global gesichert werden, erfordert aber zuvor europäische Abstimmung.
2. Entwicklung neuer Kommunikationsinfrastrukturen entlang europäischer Standards und die Festlegung kohärenter Zollpraktiken.
3. Die EG wird Leitbild, indem sie beim Gebrauch von NIT selbst vorangeht.

Es gibt einige Argumente gegen eine direkte Teilnahme der EG an technologischen Großprojekten in der Größenordnung des Airbus oder der Ariane. Erstens besteht das Risiko, daß ein solches Projekt im EG-Rahmen zu langsam angehen würde; zweitens wird die Konzentration dem Ziel der prinzipiellen Diversität möglicher Anwendung nicht gerecht.[37]

Die hier befürworteten Strategien können kaum eine Revolution in bezug auf Beschäftigung herbeiführen. Jedoch können sie neue Anwendungsbereiche eröffnen, in denen sie Positives bewirken; der sicherste Arbeitsplatz ist schließlich derjenige, der einen sozialen oder einen Marktbedarf erfüllt.

2.2.7 Neue Informationstechnologien und Lernen, Bildung, Ausbildung und Weiterbildung

Die Beziehungen zwischen Technologie und Mensch, zum Beispiel in der Form des in der Vergangenheit in der Industrie entstandenen „Taylorismus" oder „Fordismus", sind weder allein durch Technologie determiniert, noch sind sie unabänderlich. Sie resultieren aus einem komplexen Verhältnis zwischen Organisationsstrukturen, Eigenschaften der Technologie und menschlichen Qualifikationen. Ob eine CNC-Maschine (computer-numerisch gesteuerte Werkzeugmaschine) Qualifikationen der Arbeitskraft anhebt oder senkt, hängt nicht nur von der Gestaltung der CNC-Maschine ab, sondern auch von den Qualifikationen der sie nutzenden Person.[38]

Während Entscheidungen über organisatorische Strukturen, Partizipation, Technologievereinbarungen, etc. auf kurze Sicht entscheidend für die Veränderung der Beziehung zwischen neuer Technologie und Anwender sind, sind Bildung, Ausbildung und Weiterbildung das langfristige Mittel zur Anhebung von Qualifikationen, wodurch das Verhältnis zwischen Technologie und Mensch zugunsten des Menschen verändert werden kann. Eine Bedingung dafür ist, daß die Benutzer der neuen Technologien ebenso antizipativ sind, wie ihre Konstrukteure. Das wirft aber einige Schwierigkeiten auf. Wie motivieren wir Personen zu Umschulung und Weiterbildung, noch bevor sie selbst ein persönli-

---

[37] FAST, FS 1, 1983.
[38] Das Verhältnis von Qualifizierung/Dequalifizierung, von neuer Technologie und Organisationsstrukturen wird bei Sorge et al., Hedge und Crowley, Boddy und Buchanan; Rader und Francis et al., im Bericht der FAST-Konferenz in Dublin, a.a.O., Anmerkung 7; und Rosenbrock und Cooley im Bericht der FAST-Konferenz in London, a.a.O., Anmerkung 3, behandelt.

ches Bedürfnis danach verspüren oder wahrnehmen, und wie können die Bildungsinstitutionen ihre Rolle von einer traditionell reaktiven zu einer eher antizipativen wandeln? Diese Frage wird besonders delikat, wenn wir uns vor Augen führen, daß die neuen Bildungsanstrengungen die gesamte Bevölkerungs – alle Altersgruppen, alle Berufe, alle Regionen, etc. – erreichen müssen.

Zu dieser gewaltigen antizipativen Bildungs- und Ausbildungsanstrengung gibt es im Grunde keine Alternative. Wenn wir in einer grundsätzlich reaktiven Weise in Bildung und Ausbildung fortfahren, wird die Technologie zur treibenden Kraft werden und es werden neue Versionen des Taylorismus entstehen. Das Resultat könnte dann sehr wohl eine extreme Polarisierung von Arbeitsplätzen in hochqualifizierte, gutbezahlte und interessante Arbeit auf der einen Seite und langweilige, entqualifizierte und schlecht bezahlte Arbeit auf der anderen Seite sein. Die Polarisierung von Arbeit kann als das beängstigendste Beispiel für das generelle Risiko wachsender gesellschaftlicher Differenzierungen angesehen werden.

Bei der Überlegung, wie diesem Risiko begegnet werden kann, ist es wichtig, zwischen dem kurzfristigen und dem langfristigen Verhältnis zwischen NIT einerseits und Bildung und Ausbildung andererseits zu unterscheiden. Während die kurzfristige Herausforderung darin besteht, Lehrpläne in Bildung und Ausbildung anzupassen und der Ausbildung Vorrang zu geben, besteht die langfristige Herausforderung darin, eine neue gesellschaftliche Rolle von Bildung und Ausbildung zu verankern, die auf der Grundlage von Prinzipien wie lebenslanger Bildung und der Kombination von hoher nicht-anwendungsspezifischer Qualifikation mit hochspezialisierter Qualifikation in ein oder zwei Bereichen beruht. Zusammengenommen besteht die Herausforderung darin, die Bedingungen für einen gesellschaftlichen Lernprozeß zu schaffen, worin die gegenseitige Anpassung zwischen NIT und Gesellschaft stattfinden kann.

Dem Problem von NIT und Lernen kann man sich detaillierter durch schrittweise Bewegung vom Kurz- zum Langfristigen, vom Spezifischen zum Allgemeinen und durch die Diskussion von drei Aspekten des Problems, nähern:

1. Anforderungen an das Bildungs- und Ausbildungssystem in Europa – „die industrielle Herausforderung";
2. Bildung und Lernen zur Bewältigung des Übergangsprozesses in Europa – „die soziale Herausforderung" und
3. der gesellschaftliche Lernprozeß – „Bewußtsein der globalen Dimension und Kooperation".

Anforderungen an das Bildungs- und Ausbildungssystem

Die Bewältigung der „industriellen Herausforderung" der Informationstechnologie setzt voraus, daß Europa in der Lage ist, nicht nur hochqualifizierte Spezialisten für die Mikroelektronikindustrie auszubilden, sondern ebenso Konstrukteure, Produktionsingenieure, Techniker, Manager, Büroangestellte, etc. Abbildung 2.7 versucht, trotz großer Unsicherheit, den Wandel benötigter Qualifikationen in verschiedenen Bereichen vorauszusagen. Die Abbildung legt ein starkes Absinken un- und angelernten Bedienungspersonals und ein ähnliches Absinken traditioneller Facharbeit nahe. Auf der anderen Seite wird es einen

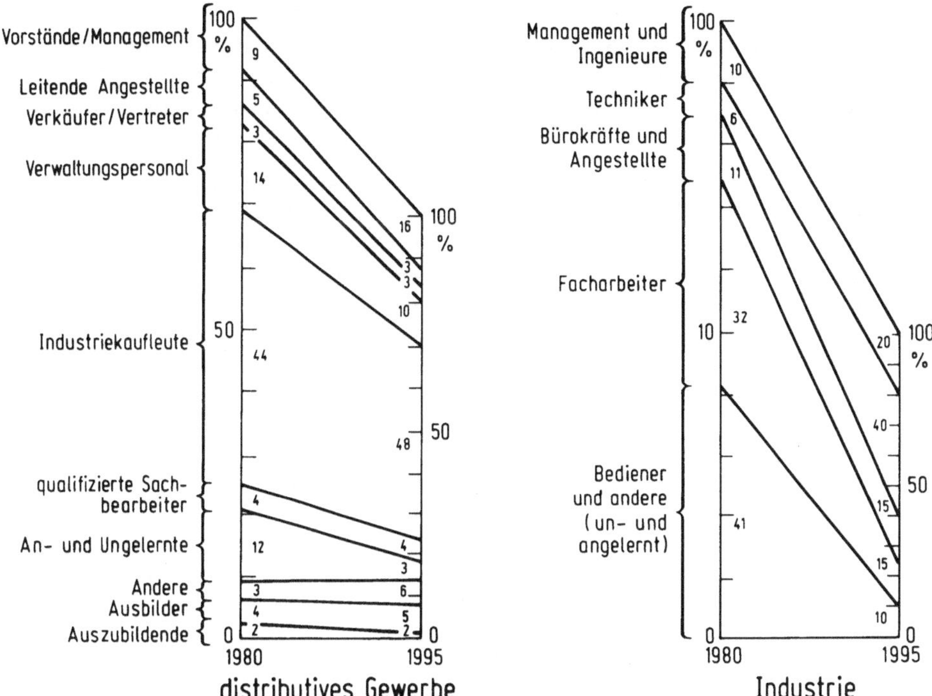

Abb. 2.7. Beschäftigungsstrukturen – geschätzte Veränderungen für Großbritannien zwischen 1980 und 1995. Quelle: FAST, FOP 17, 1981

bedeutenden Anstieg bei Technikern und einen geringeren Anstieg bei Ingenieuren geben. Dieser Befund wird durch ähnliche Ergebnisse, auf der Grundlage von Daten aus der Bundesrepublik Deutschland, untermauert.

Es muß jedoch klargestellt werden, daß gegenwärtige Qualifikationen nicht einfach durch computerbezogene Qualifikationen ersetzt werden. Traditionelle Facharbeit und andere Qualifikationen sind immer noch wesentlich, aber sie müssen durch auf NIT bezogene Qualifikationen ergänzt werden, die für die jeweilige Branche oder den Beruf relevant sind. Die benötigten Qualifikationen liegen quer zu traditionellen Wissens- und Qualifikationsgrenzen und werden deshalb manchmal als „multidisziplinär" bezeichnet. Der Begriff ist jedoch irreführend, weil die neuen Disziplinen mehr innere Gemeinsamkeit aufweisen als die alten, und einheitliche Konzepte wie „System" oder „Information" entwickelt werden. Solchem Wandel in den Qualifikationsanforderungen zu entsprechen, erfordert eine noch nie dagewesene Anstrengung in der Weiterbildung. Zum Beispiel wird für den Maschinenbau in Großbritannien (1980 2,8 Millionen Beschäftigte) ein zusätzlicher Bedarf von 100000 Ausbildern geschätzt; das bedeutet eine Verdoppelung.[39]

---

[39] FAST, FOP 17, 1981.

Wir befürworten keine engen Programme, die das Bildungssystem einfach an die industriellen Erfordernisse anpassen – die Rolle von Bildung und Ausbildung ist, wie die folgenden Seiten zeigen werden, wesentlich breiter – aber es muß erkannt werden, daß der gegenwärtige Stand von Bildung und Ausbildung der Entwicklung der Mikreoelektronikindustrie in Europa nicht förderlich ist.[40]

– Die Universitäten sind nicht in der Lage, dem rapide anwachsenden Bedarf an Ingenieuren in der Halbleiterindustrie zu entsprechen.
– Europäische Ingenieure werden zu Akademikern und nicht zu Praktikern ausgebildet – Teamgeist und Kostendenken bleiben oft zugunsten von Theorieorientierung und einer Haltung des „einsamen Genies" unterentwickelt. Einer der Gründe dafür ist der begrenzte personelle Austausch zwischen Industrie und Universitäten.
– Es stehen nicht genügend Ausbildungseinrichtungen für den Erwerb von Qualifikationen im Mikroelektronikbereich zur Verfügung.

Als Antwort auf diese Herausforderung werden im FAST, FOP 39 verschiedene Maßnahmen zur Verbesserung der akademischen Ausbildung und Weiterbildung und zur Stimulierung der Mobilität von Elektronikingenieuren vorgeschlagen. Das Europäische Zentrum für die Förderung der beruflichen Bildung (CEDEFOP) in Berlin arbeitet bereits über die NIT und bietet somit einen guten Ausgangspunkt für die Verstärkung der Bemühungen. Die Möglichkeiten einer Erweiterung der Arbeit des CEDEFOP auf akademische Ausbildung wären zu untersuchen.

Der erkennbare Ausbildungsbedarf beinhaltet eine Reihe von spezifischer F & E:

– künstliche Intelligenz für Lernzwecke;
– Entwicklung spezialisierter, benutzerfreundlicher Lehrprogramme (teachware);
– Erfahrungsaustausch über neue Curricula und Unterrichtsmethoden – nationale Bildungs- und Ausbildungstechnologie-Programme, TV-Einsatz für Bildungszwecke etc. und
– bessere und quantitative Erfassung des Ausbildungsbedarfs in spezifischen Bereichen.

Bildung und Ausbildung zur Befähigung von Individuum und Gesellschaft, den Übergangsprozeß zu bewältigen – ein gesellschaftlicher Lernprozeß

Daß jeder Bürger am gesellschaftlichen Lernprozeß teilnehmen sollte, ist eine gewagte These. Tatsächlich ist jedoch eine breite Wissensvermittlung erforderlich. Sie muß durch entsprechende Maßnahmen unterstützt werden. Das bedeutet erstens, Bildung und Ausbildung prinzipiell für jeden, allerdings nicht in Form traditioneller, sondern lebenslanger Bildung. Zusätzlich muß gleichzeitig Gebrauch von neuen und alten Methoden (Unterricht im Klassenraum, individuelle Beratung, TV-Bildungsprogramme, Lehrbücher, Computer, audio-visu-

---

[40] FAST, FOP 39, 1982.

elle Medien) und anderer „teachware" gemacht werden, wie z. B. die Zusammenstellung von BBC-Programmen, geschriebenem Material und der „open University"/„open Tech" in Großbritannien.

Jedes Instrument hat seine besonderen Qualitäten und Nachteile. Schulen sind für wissenschaftliche Ausbildung geeignet, während die Medien das beste Instrument für technische Ausbildung darstellen, weil sie die Möglichkeit bieten, durch wenige nationale oder internationale Experten, immer auf den neuesten Stand gebracht zu werden. Demgegenüber hat die außerschulische Ausbildung andere Nachteile — Eltern werden zu den alleinigen Ratgebern für Kinder und nur diejenigen, die zuhause den notwendigen Platz und die notwendige Ruhe haben, werden die Möglichkeit haben zu studieren. Es erübrigt sich zu sagen, daß Lehrer durch die neuen Technologien keineswegs überflüssig geworden sind. Sie werden aber neue Qualifikationen, und deshalb Weiterbildung, benötigen.

Dies zeigt, daß Informationstechnologien Probleme und Bedarf schaffen, aber ebenso — wenn sie intelligent genutzt werden — zur Lösung von Problemen beitragen können, für deren Entstehen sie selbst verantwortlich sind.[41] Leider sind die Probleme handfester als die möglichen, durch die NIT angebotenen Lösungen. Die Fülle an Spekulationen darüber zeigt die Notwendigkeit für neue Nutzungsformen der NIT für eine Anhebung menschlicher Qualifikationen. Der oben erwähnte Modellversuch zur Integration von Bildung, Berufsausbildung und Arbeit sollte diese Punkte einschließen.

Wir erwarten uns genaueren Aufschluß darüber, nicht nur allein im Sinne von Spezialisierung zu lernen, sondern auch hinsichtlich professioneller Flexibilität und eines tieferen Verständnisses des vor sich gehenden sozio-ökonomischen Prozesses.

Obwohl Berufsausbildung und Integration von Arbeit und Bildung eine wichtige Rolle spielen, und somit eine konstruktive Kooperation zwischen Management und Betriebsräten und/oder Gewerkschaften erfordern, bleibt die Entwicklung von vorausschauender Bildungspolitik in Begriffen von antizipatorischem und partizipativem Lernen[42] weitgehend die Sache von politischen Institutionen. Schulische wie auch die lebenslange Bildung muß dem Einzelnen, der Gruppe und der Gesellschaft im Ganzen helfen, den Übergang in die Informationsgesellschaft zu bewältigen[43].

Es wird in der Verantwortung dieser Institutionen liegen, jedem die Grundfertigkeiten zukommen zu lassen, um mit der Informationsgesellschaft zurechtzukommen, z. B. Kurse darüber zu veranstalten, wie und wo an Informationen

---

[41] Diese Beobachtung ist nicht auf den Bereich von Bildung und Ausbildung begrenzt. Sie gilt zum Beispiel auch für Beschäftigung, aber mit einer bedeutenden Unannehmlichkeit verbunden — die durch NIT entstehenden Probleme materialisieren sich einige Jahre vor ihren Chancen. Das Problem der Beziehung der beiden ist das, was als der gesellschaftliche Lernprozeß benannt wird.

[42] Zum Lernen, vgl. den Bericht des Club of Rome von Botkin, Elmandjara und Malitca, No Limits To Learning (1979).

[43] Vgl. auch die Vorlage von der Kommission an den Rat, „Vocational training and new information technologies: new community initiatives during the period 1983—1987", COM (82) 296, final.

heranzukommen ist oder wie und wo geeignete Ratschläge über die Benutzung von Informationstechnologien erhalten werden können. Technische Fähigkeiten werden notwendig sein, um in der Fabrik, im Büro, im Haus oder auf dem Hof der Zukunft zu leben und zu arbeiten. Das bedeutet nicht, daß traditionelle Lernziele – künstlerisch und wissenschaftlich orientierte – wie Denken oder klare und präzise Ausdrucksweise obsolet würden. Genau das Gegenteil wird zutreffen – Denken, Lernen und lernen zu denken werden die Schlüssel sein, um den Computer und die gesamte Skala der Informationstechnologien zu beherrschen.

Schließlich sollte noch einem besonderen Feld Aufmerksamkeit geschenkt werden – der künstlichen Intelligenz. Künstliche Intelligenz ist der Versuch, die heute wichtigsten Engpässe für eine effektive Mensch-Maschine-Zusammenarbeit zu überwinden, die Kommunikationsschnittstelle. Während Computer inzwischen hochgradig leistungsfähig sind (mit riesigen Speichern und schnellen Prozessoren), ist ihr intellektuelles Wissen noch gering (sie können Antworten auf gut definierte Fragen geben, aber nicht auf die Frage „Wie hast Du das herausgefunden?").

Das menschliche Gehirn hat entsprechende Fähigkeiten, was beinhaltet, daß die Kommunikation zwischen Mensch und Maschine innerhalb eines begrenzten Funktionsbereiches von angemessenen Intervallen von Rechengeschwindigkeit und Speicherkapazität – genannt „human window" (Fenster), stattfinden muß. Je näher wir die Kommunikationsschnittstelle zwischen Mensch und Maschine dem „Fenster" bringen können, je mehr werden sich diese beiden gegenseitig stützen, anstatt sich zu substituieren. Eine solche Substitution ist zum Scheitern verurteilt, wie die vier Fallstudien im FAST-Projekt über „Unausgewogenheit zwischen Mensch und Maschine" illustrieren.

Ein Durchbruch in der künstlichen Intelligenz wird einem neuen Verhältnis zwischen Mensch und Maschine gleichkommen und wird Grenzen für menschliches Lernen neu abstecken. Das Potential der künstlichen Intelligenz für die Entwicklung von NIT als Lerninstrument für den Menschen kann kaum überschätzt werden.

Der globale Lernprozeß

Jenseits des Erwerbs von Qualifikationen hat das Lernen die viel umfassendere Funktion, ein Verständnis der Welt zu vermitteln, in der wir leben. Obwohl es nicht sicher ist, daß die Menschheit in der Lage sein wird, ihr beachtliches Wissen und ihre Problemerkennung in *antizipatorisches* Handeln zu übersetzen, ist das aufkommende *Problem*bewußtsein trotzdem ein Zeichen der Hoffnung.[44]

---

[44] North-South: A Programme for Survival (Cambridge, MA, MIT Press, 1980); The Global 2000 Report to the President: Entering the Twenty-first Century (Washington, DC, US Government Printing Office, 1980); World Development Report 1980 (Washington, DC, The World Bank, 1980); World Conservation Strategy: Living Resource Conservation for Development (IUCN, 1980); INTERFUTURES: Facing the Future. Mastering the probable and managing the unpredictable (Paris, OECD, 1979); und FAST (Godet und Ruyssen), „L'europe en mutation", Brüssel, 1980), verfügbar in Englisch als „The old world and the new technologies: challenges to Europe in a hostile world", Kommission der EG, European Perspectives, 1980.

Bei der Analyse der ersten Ergebnisse dieses globalen Lernprozesses ist es interessant, eine „Trias" aufzudecken:

1. Es ist ein Wandel in den Einstellungen der Personen feststellbar, die beruflich mit globalen Problemen beschäftigt sind; weg von „materiellen" globalen Angelegenheiten (Energie/Resourcen, weltweite Inflation, Umweltzerstörung, Überbevölkerung) hin zu „humanen" Fragen (Menschenrechten, Kommunikation und Information, der neuen Rolle und Stellung der Frauen, dem Nord-Süd-„Nicht Dialog" und der Rolle von Wissenschaft, Technologie und Bildung in der weiteren Entwicklung der Welt).
2. Dies deckt sich mit der „Entdeckung", daß es nicht ausreicht, die externe Stärke und „materielle" Wettbewerbsfähigkeit eines Landes oder einer Region (z. B. Europas) zu entwickeln, ohne daß diese techno-industrielle Wettbewerbsfähigkeit zusammengebracht wird mit:
   - extern: dem Willen zu sowohl regionaler wie weltweiter Kooperation und
   - intern: fundamentalen sozialen Innovationen.
3. Gleichzeitig kann an dem Wandel von Bildung und Lernen beobachtet werden, daß die standardisierte „materielle" Wissensübertragung um erneute Hinwendung zu lokalen Besonderheiten und offenere Einstellungen gegenüber anderen Kulturen, Ethiken, Werten sowie um die spirituelle Seite menschlicher Existenz angereichert wird.

Diese Trias der Entwicklung sollte im Idealfall zu einer Geisteshaltung führen, die Personen an die Kreuzung von tiefverwurzelter lokaler Bindung und umfassenderer regionaler (europäischer) und globaler Orientierung bringt; sie somit gleichzeitig in verschiedenen Bewußtseinslagen leben. Diesen Lernprozeß entwickeln heißt, die „menschliche Lücke" zu überwinden, d. h. die Distanz zwischen steigender Komplexität — zum großen Teil unser eigenes Werk — und der zurückgebliebenen Fähigkeit der Gesellschaft und des Individuums, diese Komplexität zu verstehen, zu reduzieren und mit ihr zurechtzukommen.

Diese Anstrengung zur Überwindung der „menschlichen Lücke" muß ein partizipatorisches Bemühen sein. Der Versuch, eine hegemoniale Strategie zu verfolgen, die die Unterwerfung einiger Gruppen, Länder oder Regionen beinhaltet, würde den Prozeß blockieren. Dies ist der Punkt, an dem Informationstechnologien Bedeutung erlangen. Aufgrund der neuen Kommunikationstechnologien (wie im Abschnitt über das internationale Informations- und Kommunikationssystem gezeigt) wird es jetzt erstmals für jeden Einzelnen, jede Gruppe und jede Region möglich sein, sowohl zum Informationsempfänger wie -lieferanten zu werden und somit zum aktiven Teilnehmer im globalen Lernprozeß.[45] Damit können wir den bedeutenden Fehler in der Entwicklung des Welt- Informatisierungsprozesses vermeiden, nämlich daß einige Länder und Regionen der Welt informationsarm und zu rein passiven Empfängern von Informationen werden.

Praktischer, in Form von Lehrplänen gesprochen, muß sowohl für die Berufsausbildung als auch für die lebenslange Bildung die Verantwortung bei

---

[45] Diese Ideen werden von Masuda in seinem Buch, The Information Society (Japan, Institute for the Information Society, 1980), behandelt.

Lernenden für ihre eigene Zukunft, die Zukunft ihrer Familie, der Städte, der Länder, der Regionen und der Welt als Gesamtes und die Möglichkeit, mit neuen Situationen umzugehen, entscheidender Teil der Erziehung, d. h. des Lernens werden. Ein klares Verständnis darüber sollte einer der grundlegenden philosophischen Ausgangspunkte für Beratung und Zusammenarbeit innerhalb der Gemeinschaft bezüglich Lernen und Bildung im Verhältnis zu den Potentialen der neuen Technologien werden.

Zum Schluß ist ein Wort der Warnung über das Potential von Erziehung und Ausbildung angebracht. Bildung und Lernen werden nicht die einfache Lösung für alle Probleme sein, die mit den neuen Technologien auftauchen. Das radikale Gleichheitsideal (der „Bildungs und Sozialtechnologien") ist ein Mythos. Menschliche Fähigkeiten sind nicht gleich und einige gesellschaftliche Gruppen werden mehr als andere vom Aufkommen neuer Technologien profitieren.[46] Kein Bildungssystem kann das „Aussteigen" verhindern. Das Bildungssystem bleibt ein sozialer Filter, weil Lernen immer persönliche Initiative und Kreativität erfordert.

2.3 Eine integrierte Übersicht über F & E-Bedarf

2.3.1 Leitprinzipien

Eine einheitliche und effektive F & E-Politik der Gemeinschaft zur Informationstechnologie sollte Teil einer umfassenden gesellschaftlichen Strategie sein, die Wirtschafts-, Industrie-, Sozial- und Bildungspolitik einschließt.

Neue Informationstechnologien haben drei Charakteristika, die eine Integration notwendig werden lassen:

– durchdringender Charakter – NIT berühren alle Sphären menschlicher Tätigkeiten und bewirken fundamentale Veränderungen im wirtschaftlichen und sozialen Leben.
– Großinvestitionen – der „Eintrittspreis" für die Industrie ist enorm, NIT erfordern Infrastrukturen und Systemvorraussetzungen. In vielen Fällen gibt es nicht die Möglichkeit, halb einzusteigen – Investitionen, die unterhalb der „kritischen Masse" bleiben, bringen keine Gewinne.
– langfristige und mit hohem Risiko belastete Investitionen – es braucht zehn Jahre und mehrere hundert Mann-Jahre spezialisierter Arbeitskraft, um eine neue Computersprache zu entwickeln, und einmal entwickelt, kann sie von heute auf morgen kopiert werden.

Wir haben in den vorhergehenden Abschnitten gesehen, daß es eine Fülle von Motiven und Schwierigkeiten für die Gemeinschaft gibt, ihre eigene langfristige Strategie für die Informationstechnologie zu entwickeln, die Ergebnisse aber

---

[46] Das trifft in gleicher Weise für die Regionen Europas zu. Es ist offensichtlich, daß Regionen mit einer hohen Analphabetenrate, wie Griechenland (1979 13%), Portugal (1971 29%) und Spanien (1970 9,8%), besonderen Problemen gegenüberstehen werden.

auf sich warten lassen. Alle FAST-Forschungsprojekte erhärten den Bedarf einer gemeinschaftlichen Strategie. Zusammengenommen können daraus folgende Leitprinzipien vorgeschlagen werden:

1. Wir sind in der Entwicklung von Informationstechnologie in vielen Fällen verspätet, um die Führung in der Technologie von heute oder der näheren Zukunft zu übernehmen, und es wäre ein hoffnungsloses Unterfangen, die Verfolgung der gegenwärtigen Welt-Spitze in den gebräuchlichen Technologien aufzunehmen. Unsere einzige Chance ist die Konzentration unserer Ressourcen und Bemühungen auf spezifische Bereiche, in denen wir den „Bocksprung" wagen können.
2. Wir müssen uns auf einen gesellschaftlichen Lernprozeß vorbereiten, in dem technologischer, sozialer und institutioneller Wandel parallel laufen. Die Strategie sollte auf keinen Fall die zukünftige Informationsgesellschaft gestalten wollen. Niemand hat die Fähigkeit dies zu tun; aber die Strategie sollte die Bedingungen für einen gesellschaftlichen Lernprozeß schaffen, der die Menschen und die Industrie befähigt, die neuen Informationstechnologien in aktiver und kreativer Weise aufzunehmen, zu modifizieren und zu nutzen.

Obwohl eine solche umfassende Strategie für die Gemeinschaft nicht existiert, wurden einzelne Elemente nach und nach durch eine Anzahl von bereichsspezifischen Politiken definiert. Wenn wir die „doppelte Herausforderung", die zu Beginn des Kapitels behandelt wurde, als Ausgangspunkt nehmen, so glauben wir, daß die folgenden Vorschläge für eine F & E-Strategie der Gemeinschaft in bezug auf die neuen Informationstechnologien ihren angemessenen Platz in einer umfassenden Strategie finden, obwohl diese nur teilweise definiert ist. Ein weiteres Kriterium für die Auswahl der folgenden Empfehlungen war ihre „Robustheit" gegen Zukunftsunsicherheiten.

Das einfachste und zentrale Einzelprinzip unserer Empfehlung ist, daß die Herausforderung durch die neuen Informationstechnologien einer doppelten F & E-Antwort bedarf — zielgerichtete technologische Forschung und Bedarfsforschung. „Es muß eine gesunde Balance hergestellt werden zwischen Forschung mit dem Ziel der Schaffung einer neuen (technologischen) Wissensgrundlage, von der Produktion und Dienstleistungen ausgehen können, und Bedarfs- und Anwendungsforschung, die die größtmögliche Ausnutzung der Technologie unterstützt."[47]

Solche Forschungstätigkeiten müssen durch eine (nicht reine F & E) Linie von Maßnahmen — kontextuelle Maßnahmen — ergänzt werden, die zwei Hauptkomponenten haben — Investitionen in neue Kommunikationsinfrastrukturen sowie Bildung und Ausbildung. Die politischen Institutionen sollten zur Kenntnis nehmen, daß die Organisation eines solchen Programms eine sehr viel komplexere Aufgabe ist, als die Aufstellung und Verfolgung technischer Ziele. Ein stärkeres und kontinuierlicheres Engagement scheint für die Erreichung der schwieriger zu definierenden Ziele notwendig, die auf alle Fälle im Verlauf der Projekte herausgearbeitet werden müssen.

---

[47] FAST, FS 16, „The potential of information technologies for job creation", zusammenfassender Bericht, 1983.

2.3.2 Initiativen auf wissenschaftlichem und technologischem Gebiet

Der erste Vorschlag auf diesem Gebiet ist die Förderung der Entwicklung des ESPRIT (des „European Strategic Programme for Research in Information Technology"). Durch dieses Programm[48] werden die Länder der Gemeinschaft ihre besten Forschungsteams zusammenbringen und ihre institutionellen und finanziellen Ressourcen für technologische Forschung jenseits der Reichweite eines einzelnen Mitgliedstaats koordinieren.

Genaugenommen hat FAST die Notwendigkeit einer Stimulierung von F & E in der Gemeinschaft für sechs Bereiche aufgezeigt:

– die Schnittstelle zwischen Chips und ihrer unmittelbaren Umgebung (Supports, Sensoren, Aktivatoren, Mustererkennung, Visualisierung, Molekularelektronik, etc.);
– Roboter der dritten Generation mit Mustererkennung und -analyse;
– hochentwickelte Produktionstechnologien (Maskenerstellung, Steuerungs- und Prüfausrüstungen und -Software);
– Expertensysteme (die die Entwicklung von benötigter hochentwickelter Software fördern);
– Künstliche Intelligenz (besonders für Lern- und Lehrprogramme) und
– Sprachen (Entwicklung von neuen Mensch-Maschine-Kommunikationsmethoden, geeignete Sprachen für verbreiterten populären Gebrauch „teachware", etc.).

Die zweite Empfehlung ist anderer Art – sie zielt auf eine Förderung der Entwicklung von Infrastrukturen und Telekommunikation. Während diese in der Verantwortung der Mitgliedsländer liegt, sollte die Gemeinschaft ihre Bemühungen verdoppeln, um die Schaffung einer europäischen Kommunikationsinfrastruktur zu fördern, die in der Lage ist, eine fortgeschrittene technologische Gesellschaft des 21. Jahrhunderts zu tragen. Neue Kommunikationsinfrastrukturen sind zweifellos das wichtigste Instrument zur Steuerung des Angebots von und der Nachfrage nach NIT und zur Förderung des Entstehens von Dienstleistungen und Anwendungen, die die hochentwickelte Gesellschaft von morgen charakterisieren. Die Gemeinschaft sollte auf zwei Ebenen eingreifen; erstens in Form einer Reduzierung von Grenzbehinderungen bei der Installation von Telekommunikationssystemen; und zweitens durch Loslösung von ihren eigenen technischen Begrenzungen durch die Entwicklung einheitlicher europäischer Standards.

Schließlich schlägt FAST eine Reihe von Maßnahmen zur Schaffung günstiger Rahmenbedingungen für die Entwicklung von NIT vor – die Vorbereitung von Plänen der Gemeinschaft, die gemeinsame Forschung und Zusammenarbeit von Unternehmen (bei Grundlagenforschung, unter Beachtung innergemeinschaftlicher Wettbewerbsregeln), angemessene Finanzierungsquellen für hoch riskante Projekte und adäquate Mechanismen zum Schutz geistigen Eigentums von Herstellern (z. B. Software) ermöglichen.

---

[48] Der Ministerrat bewilligte am 28. Februar 1984 das 750 Mio ECU umfassende, fünfjährige ESPRIT-Programm.

2.3.3 Am europäischen Bedarf orientierte Maßnahmen

Hier hat FAST zwei Hauptempfehlungen formuliert:

1. Die europäischen Institutionen (das Europaparlament, der Wirtschafts- und Sozialausschuß, der Ministerrat und die Kommission) sollten einen Auftrag zur Untersuchung der langfristigen Folgen und Fragen im Zusammenhang von NIT vergeben („Auftrag SCANFIT"). Ziel eines solchen Auftrags sollte es sein, Maßnahmen der Gemeinschaft anzuleiten und die Initiative für als wichtig erachtete F & E zu übernehmen, so etwa im Bereich von Bildung und Lehre, Beschäftigung, Konsumentenschutz, Energie und der Problematik der Entwicklungsländer − alles Bereiche, auf die die Informationstechnologie starken Einfluß ausübt. Besonders wichtig sollte dabei der Anstoß zur Entwicklung von möglichst flexiblen Informations-, Kommunikations- und Kooperationsnetzwerken sein, sowie die Förderung sozialer Modellversuche auf einer bi- oder multinationalen Grundlage innerhalb der Gemeinschaft in den von NIT am meisten betroffenen Bereichen.

2. Vier Programme für soziale Modellversuche sollten möglichst schnell lanciert werden, um Nutzen aus den bereits hier und da in den verschiedenen Ländern der Gemeinschaft stattfindenden Modellversuchen zu ziehen und ihre Entwicklung und Auswertung zu fördern:

   − *lokale Kommunikationsnetzwerke* − elektronische Post, lokale Interessengruppen, Betreuung von Alten und Kranken, Einkaufen per Bildschirm;
   − *Arbeit* − Verteilung von Arbeit auf lokale Arbeitszentren und Einzelstationen;
   − *Integration von Arbeit und Bildung* − Lernen „on the job", Spezialisierung, Qualifikationserwerb und
   − *Freizeit* − Verteilung der Kanäle für audio-visuelle Freizeit und Produktion.

Begleitende Initiativen auf der Ebene der Gemeinschaft sollten die aus zwei speziellen Bereichen erwachsende Herausforderung antizipieren:

1. *Bildung.* Die Rolle der Gemeinschaft ist in diesem Bereich relativ begrenzt, weil Bildung in der Verantwortung nationaler Autoritäten steht. Trotzdem sollte die Gemeinschaft Schritte unternehmen, um den Austausch von Erfahrungen, die in den verschiedenen Mitgliedsstaaten gewonnen wurden, zu verbreitern, soweit sie neue Curricula und die Nutzung von NIT in der Bildung betreffen (vgl. das „Eurydice"-Netz der Kommission, das durch das Education Directorate betrieben wird). Die Erfahrungen, die z. B. aus dem BBC „Computer Literacy Project" gewonnen wurden, könnten Gegenstand europäischer Untersuchung werden.

2. *Einrichtung der „Neuen Welt-Informations-Ordnung".* Die Entwicklung der DFÜ (Datenfernübertragung) wirft bereits Probleme des freien Zugangs zu Informationen (z. B. zwischen entwickelten und sich entwickelnden Ländern, oder zwischen multinationalen und nationalen Unternehmen) und des Rechts

der Kontrolle von Daten auf (einschließlich Fragen persönlicher Grundrechte oder Privatheit, aber auch des Gebrauchs von strategischen Daten). Diese Probleme sind allgegenwärtig und werden zunehmend von internationalen Organisationen behandelt. Die Länder der europäischen Gemeinschaft könnten auf diesem Gebiet gemeinsam einen Ansatz entwickeln, der das besondere Verhältnis, das gegenüber vielen Dritte-Welt-Ländern aufgebaut wurde, zu Bewußtsein bringt.

3 Beschäftigung, Technik und Gesellschaft — in neues Konzept der Arbeit?

Die vorrausgehenden Kapitel haben die Rolle der Biotechnologie (langfristig) sowie der Informations- und Kommunikationstechnologien (mittelfristig) im Veränderungsprozeß der Industriegesellschaft aufgezeigt. Auch wurde ersichtlich, daß diese Technologien in den Bereichen Arbeit und Beschäftigung, unserem Untersuchungsgegenstand im Rahmen des FAST-Programms, strategische Fragen für die EG aufwerfen. Es geht darum, die entscheidenen Befunde einer langfristigen Vorausschau ins Verhältnis zur gegenwärtigen Situation zu setzen.

Auf diese Weise scheinen wir zunächst festeren Boden unter die Füße zubekommen. Wir versuchen hier nicht, die möglichen Entwicklungen in der Pflanzengenetik oder deren Rückwirkungen auf die Landwirtschaft am Ende dieses Jahrhunderts vorwegzunehmen, sondern wir beschreiben Veränderungen, die sich jetzt in den 80er Jahren vollziehen. Hierüber liegt bereits reichhaltiges Datenmaterial vor. Dies ermöglicht uns, die Analyse auf eine breitere Basis zu stellen. Tatsächlich aber erweist es sich als genauso schwierig, die Gegenwart zu verstehen wie die Vergangenheit, und die Gegenwart ist nicht minder komplex als die Zukunft.

Im Laufe unserer Studie über Arbeit und Beschäftigung hatten wir den Eindruck, daß wir mehr Fragen aufgeworfen, als Antworten gefunden haben. Der Leser wird keine eindeutigen Aussagen finden, etwa über das Beschäftigungsniveau in den 90er Jahren, über das Beschäftigungsvolumen in der Automobilindustrie am Ende dieses Jahrzehnts oder über die Rahmenbedingungen des Arbeitsmarkts für Frauen in den 90er Jahren. Stattdessen bieten wir dem Leser einen Schauplatz mit wechselvollen Ereignissen und mit kontrastierender Farbkulisse.

3.1 Die Beschäftigungskrise

3.1.1 Von der Energiekrise der 70er Jahre zur Beschäftigungskrise der 80er Jahre

Die 70er Jahre waren weitgehend von der Energiekrise geprägt und von den damit verbundenen Rückwirkungen auf Handel, Finanzen und Politik, die ihrerseits die Kriseneffekte verstärkt hatten. Heute haben die meisten europäischen Länder mit der notwendigen Umstellung ihrer Energieversorgungssysteme begonnen. Sie reduzieren ihre Abhängigkeit von importiertem Öl und erhöhen die Effizienz ihrer Produktionssysteme[1]. Sicher sind die Energieprobleme der

---

[1] Zur Erzielung des gleichen Bruttosozialprodukts verbrauchen wir heute 15 % weniger Energie als 1973.

Tabelle 3.1. Anwachsen der Zahl der registrierten Arbeitslosen von Mitte 1979 bis Anfang 1982

	BRD	F	IT	NL	B	L	GB	IR	DK	GR	Eur-10
Zahl der Arbeitslosen in Tsd.	1073	685	541	278	178	1	1680	57	144	42	4680
% Wachstum gegenüber 1979	122%	49%	33%	132%	53%	104%	121%	64%	105%	133%	68%
Rate der Arbeitslosigkeit 1/82 (in % der erwerbstätigen Bevölkerung)	7,5	9,0	9,9	9,4	13,1	1,3	11,8	12,0	10,7	2,1	

Gemeinschaft auch gegenwärtig noch nicht gelöst. Wir müssen unsere Bemühungen zur Diversifizierung unserer Energiequellen und die Erforschung von Wegen zur Energieeinsparung in der Produktion und im privaten Verbrauch fortsetzen. Dennoch muß man sich klar machen, daß die Europäer heute in ihrem täglichen Leben weit weniger vom Anstieg des Preises pro Barrel Rohöl betroffen sind, als viele andere Menschen auf der Welt.

Das allgemeine Anwachsen der Arbeitslosigkeit zu Beginn der 80er Jahre ist das kennzeichnenste Phänomen in den meisten Ländern der Gemeinschaft (Tabelle 3.1).

Die Entwicklung dieses Phänomens:

– 2 Mio Arbeitslose in den 60er Jahren;
– 6 Mio 1978 (das sind 12 % der erwerbsfähigen Bevölkerung);
– fast 12 Mio 1983.

Die schweren Konsequenzen, besonders der Jugendarbeitslosigkeit (jeder zehnte arbeitslose Europäer ist jünger als 25 Jahre), wurden zu einem neuen politischen Faktor in der Gemeinschaft. Variierte die Situation 1979 noch von Land zu Land (zu Beginn des Jahres lag die Arbeitslosigkeit in vier Ländern bei weniger als 6% der erwerbstätigen Bevölkerung, in vier anderen Mitgliedstaaten ging die Arbeitslosigkeit zurück), so haben wir heute die Situation einer andauernden Konvergenz der Arbeitslosigkeit auf hohem und weiter steigendem Niveau (vgl. Kasten S. 123).

Dies rechtfertigt den Begriff „Krise" für Gesellschaften, deren Zukunft und deren Glaubwürdigkeit auf der nicht länger gültigen Voraussetzung der Vollbeschäftigung basiert.[2] In den kommenden Jahren wird das Problem Beschäftigung und Arbeit mehr als in der Vergangenheit ins Zentrum der Politik der EG-Mitgliedsstaaten rücken.

---

[2] Die Beschäftigungskrise kann nicht als Folge der Energiekrise angesehen werden. Die Strukturen, die Akteure und die Bewegungszyklen sind fundamental verschieden.

Konvergenz der Arbeitslosigkeit auf hohem Niveau

Die Schwelle von 6% Arbeitslosen unter der erwerbstätigen Bevölkerung
wurde überschritten

- von Irland 1974 (BRD, F, GB, NL ca. 2%)
- von Belgien 1976 (die anderen Länder lagen bei ca. 4,5%)
- von Italien 1977
- von Dänemark und Großbritannien 1978 (als die BRD und die NL bei
  ca. 4% lagen und die Arbeitslosigkeit in DK, GB und Irland zurückging)
- von Frankreich 1979
- von den Niederlanden und der Bundesrepublik Deutschland 1981

Die offiziellen Statistiken der letzten zehn Jahre zeigen, daß die relativen
Differenzen der Arbeitslosenraten noch nie so gering waren. Die Situation
in den einzelnen Ländern ist dabei ähnlicher als aus den Statistiken hervor-
geht:

- es ist offensichtlich, daß die offizielle Arbeitslosenrate in Griechenland
  (2% 1983) nicht der Wirklichkeit entspricht (hauptsächlich verdeckte
  Unterbeschäftigung);
- in Belgien ist die Zahl der registrierten Arbeitslosen aufgrund eines offe-
  neren Unterstützungssystems relativ höher als anderswo.

3.1.2 Der Anstieg der Arbeitslosigkeit: langfristige und strukturelle Ursachen

Viele regionale und globale Analysen verschiedener europäischer Forschungsinstitutionen stimmen in der Prognose überein, daß die Arbeitslosigkeit kurz-
und langfristig andauern und sich weiter verschlimmern wird. Abbildung 3.1
zeigt die Entwicklung im Zeitraum 1980−1985.

Diese pessimistischen Vorhersagen, im Gegensatz zu den klassischen Inter-
pretationen der Arbeitslosigkeit, resultieren im wesentlichen aus fünf Faktoren.
Abgesehen von der Wirkung der einzelnen Faktoren[3] ist es zweifellos ihr
gleichzeitiges Auftreten, das ihre ungünstigen Effekte auf die Beschäftigung
verstärkt.

Der demographische Faktor. Das Wachstum der erwerbstätigen Bevölkerung
der Gemeinschaft (insbesondere die Differenz zwischen dem Zugang junger
Menschen zum Arbeitsmarkt und der Zahl der Abgänge) wird in der Zeit von
1980−1985 etwa eine Million Personen pro Jahr betragen. Mit anderen Worten,
um die Arbeitslosigkeit auf dem derzeitigen Niveau zu halten, müßten die europäischen Wirtschaften in der Lage sein, jährlich eine Million neue Arbeits-

---

[3] Der Einfachheit halber werden die Faktoren hier einzeln behandelt. Ihre Wechselwirkung
wird in den folgenden Abschnitten betrachtet.

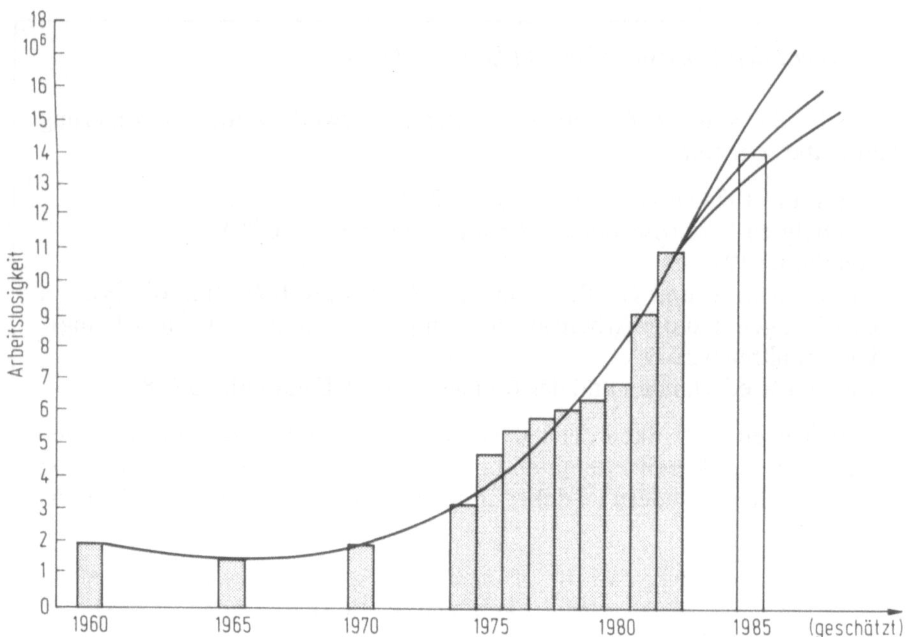

Abb. 3.1. Anstieg der Arbeitslosigkeit (Entwicklungstrend)

plätze anzubieten. Eine unerreichbare Leistung, wenn man bedenkt, daß in den „goldenen Jahren" des Wachstums, den 60er Jahren, die Zahl der neugeschaffenen zivilen Arbeitsplätze in der Gemeinschaft sich pro Jahr auf ca. 260 000 belief.[4]

Dieser in der zweiten Hälfte der 80er Jahre spürbar werdende und im nächsten Jahrzehnt anhaltende Druck auf den Arbeitsmarkt wird zwar von Land zu Land unterschiedlich ausgeprägt sein aber ohne signifikanten Unterschied in den allgemeinen Folgen des Phänomens. Eine andere Quelle des Wachstums der Erwerbsbevölkerung ist die *steigende Zahl von Frauen*, die auf den Arbeitsmarkt drängen. Zwischen 1972 und 1980 ist der Anteil der berufstätigen Frauen um 10% gestiegen (das sind in absoluten Zahlen 3 Mio).

Der Trend in Richtung auf eine *Marktsättigung* bei einer zunehmenden Zahl von Produkten führt zur Verringerung der Wachstumsrate beim Verbrauch. Dieses Phänomen drosselt das Wachstum der Produktion, das in den EG-Ländern von 4,6% pro Jahr in den 60er Jahren auf durchschnittlich 2,5% jährlich in den 70er Jahren bis zur Quasi-Stagnation zwischen 1980/1981 gefallen ist. Seit einige Prognosen das Wirtschaftswachstum in den Industriestaaten auf jährlich 2% veranschlagen, sind die mittelfristigen Aussichten wenig ermutigend, denn dies ist selbst unzureichend, um die Produktivitätssteigerung zu kompensieren. Aber auch ungeachtet hiervon ist das Wachstum allgemein zu niedrig.

---

[4] Der Durchschnitt zwischen 1960–1970 (Quelle: EUROSTAT, Employment and Unemployment 1972–1978, p. 204–205).

Der *technische Fortschritt* ist hauptsächlich verantwortlich für die deutliche Steigerung der Arbeitsproduktivität. In einigen Branchen (Automobilindustrie, Textilindustrie, Druckgewerbe und im Bürobereich) wird beständig Arbeit durch Kapital ersetzt. Dies ist Prozeßinnovation. Technischer Fortschritt kann aber genauso Produktinnovation bedeuten, die neue Nachfrage schaffen kann, einer der wichtigsten positiven Faktoren für Wachstum und Beschäftigung.

Der *verschärfte Konkurrenzkampf* auf internationaler Ebene ist das offenkundigste Kennzeichen für das Auftreten einer zunehmenden Zahl neuer Produzenten, die mehr und mehr mit Produkten und Dienstleistungen der EG konkurrieren. Dieser Konkurrenzkampf hat den Verlust von Exportmarktanteilen bei einer ganzen Anzahl von Produkten und das verstärkte Eindringen der neuen Konkurrenten in den Binnenmarkt der Gemeinschaft zur Folge. Deshalb reduzieren die Unternehmen einiger Branchen ihre Produktionskapazität in Europa, um mit neuen Produktionsstätten außerhalb der EG lokale Vorteile nutzen zu können (geringere Kosten für Arbeit, leichterer Zugang zu Kapitalmärkten, unmittelbare Nähe zu den führenden Märkten, tarifvertragliche Vorteile, flexiblere Qualifikationen, lokale Infrastruktur etc.). Offensichtlich haben diese verschiedenen Aspekte die Beschäftigung in Europa reduziert (vgl. Abbildung 3.2 und Tabelle 3.2). Zusätzlich wird der Freiraum bei der Wahl von Technologien reduziert. Der technische Wandel wird beschleunigt (z. B. bei der Automatisierung) und neue Produktionsmethoden werden notwendig, die früher vielleicht nicht eingeführt worden wären.

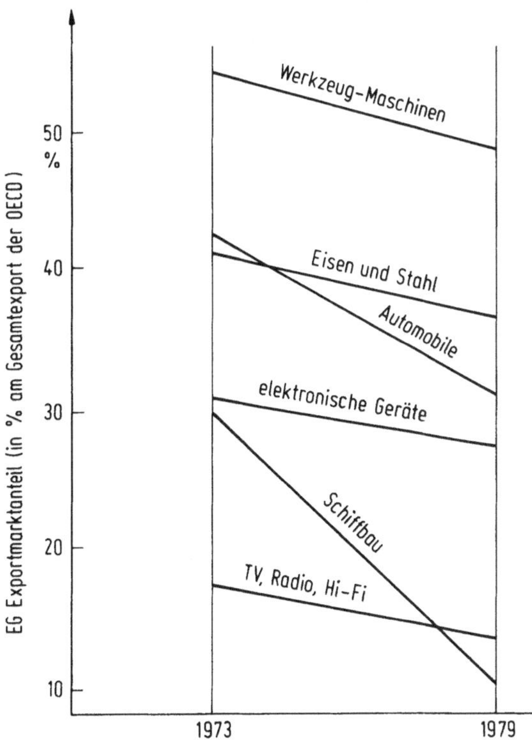

Abb. 3.2. Erosion der Exportmärkte: Verlust von 10% der Exportmarktanteile der EG bei Industrieprodukten am Gesamtexport der OECD innerhalb von sechs Jahren. Quelle: The competitiveness of EEC industry. Doc CEC III/387/82, March 1982; and GATT

Tabelle 3.2. Beispiele für die Verlagerung von Arbeitsplätzen in Europa. Quelle: (A) Dieter Ernst, „Restructuring World Industry in a Period of Crisis (Vienna, UNIDO, 1981); (B) Problèmes Economiques, July 1981

(A) Olivetti 1978–80		(B) Deutsche Industrie: Vergleich der Arbeitskräfte 1970 und 1979 (in Mio)		
			1970	1979
in Italien	− 5000	in Deutschland	8,5	7,5
im Ausland	+ 40000	im Ausland	0,3	2,0

3.1.3 Drei Konsequenzen für Europa

Drei Folgerungen aus dieser Analyse können festgehalten werden:

1. Es ist zu befürchten, daß es 1985 in der Gemeinschaft 15 Mio Arbeitslose geben wird. Darüber hinaus (sagen wir bis 1990) gibt es zu viele Unwägbarkeiten für eine Gesamtbeurteilung (der Zustand der Weltwirtschaft, die Datenlage in den verschiedenen Staaten, die Einstellungen und das Verhalten von Einzelnen und sozialen Gruppen, bei der Verteidigung von Positionen und Privilegien, deren Inflexibilität, die Richtung des technologischen Wandels etc.). Es ist höchst wahrscheinlich, daß die Vollbeschäftigung der Vergangenheit in Zukunft unerreichbar ist; aber das bedeutet nicht, daß die Arbeitslosigkeit zu einem unausweichbaren Schicksal wird. Mehr denn je reagieren die europäischen Gesellschaften auf die steigende Arbeitslosigkeit mit der Entwicklung alternativer Systeme für Beschäftigung und Arbeit (von der Frühpensionierung oder der Lohnkürzung bis zur Schattenwirtschaft oder dem informellen Sektor). Um Aussagen über Ausmaß und Durchschlagskraft dieser Entwicklung zu machen ist es noch zu früh.

2. Die Krise der Beschäftigung und Arbeit reicht über die Grenzen der Nationalstaaten hinaus. (Die Europäische Gemeinschaft muß hierauf angemessen reagieren, denn 50% ihres Handelsvolumens wird zwischen den Mitgliedsstaaten abgewickelt.) Zurückerobern des Binnenmarkts ist nur ein Rezept für den Export der Arbeitslosigkeit zu seinen Nachbarn. Eine Antwort der Gemeinschaft setzt die Entwicklung einer gemeinsamen sozialökonomischen Strategie voraus. Dies wird nicht einfach zu erreichen sein – aber gibt es eine andere Strategie, die mit dem weiteren Aufbau Europas vereinbar ist?

3. Der technologische Wandel ist der Kern im Veränderungsprozeß der Industriegesellschaften. Konsequenterweise erhalten Fragen der Technik immer größere politische Priorität[5]; Wissenschaft und Technik können ihren Bei-

---

[5] Dies wird deutlich an einigen Strukturanpassungen, etwa in den Staatshaushalten Frankreichs und Griechenlands, aber auch an den Programmen zahlreicher internationaler Konferenzen zu Beginn der 80er Jahre. Vgl. den Bericht „Technology, employment and growth" des Versailles Summit etc.

trag zu einer Antwort auf die Arbeitslosigkeit und zur weiteren Entwicklung der europäischen Industriegesellschaften leisten — Wiederaufstieg durch Technologie steht auf der Tagesordnung.

3.2 Der Wandel von Beschäftigung und Arbeit: langfristige Perspektiven und Probleme

Die Technik verhält sich nicht neutral in der Beschäftigungskrise: sie kann die Krise verschärfen oder mildern, abhängig von den Entscheidungen der Akteure im sozioökonomischen System und von ihrer weiteren Entwicklung und Anwendung. Deshalb müssen wir das Verhältnis zwischen Technik, Beschäftigung und Arbeit untersuchen, erkennen, wie es sich verändert und versuchen, mögliche Chancen für die Zukunft auszumachen. Dies ist der zentrale Untersuchungsgegenstand der FAST-Studien. Sie haben gezeigt, daß der sich vollziehende Wandel als ein Dreiecks-System betrachtet werden kann, dessen Winkel sich gegenseitig verändern (vgl. Abbildung 3.3). Um Beschäftigung und Arbeit aus einer klareren Perspektive betrachten zu können, muß man die Dynamik dieser Wechselwirkung verstehen.

Wir untersuchen im folgenden den technologischen Wandel in Relation zu:

— Wachstum und Beschäftigung (Nutzung neuer Chancen);
— räumlicher Verteilung der Arbeitsplätze (die regionale Dimension der Technologiewahl und ihre Folgen für die Arbeitsplätze);
— neuen Konzepten der Arbeit (technische und soziale Innovation).

3.2.1 Wachstum, Technik und Beschäftigung: neue Chancen

Es muß betont werden, daß das Wachstum nicht mehr das ist, was es in der Vergangenheit war, und dieses Statement impliziert mehr als nur eine quantitative Differenz. Wird es deshalb genügen, in einigen Branchen der europäischen Wirtschaft „high technology" einzuführen, um zur Vollbeschäftigung zurückzukehren, um die Umweltzerstörung zu begrenzen, für mehr Grün, Freizeit und Geselligkeit?

Die Dinge sind nicht so einfach, es gibt konfligierende Hypothesen. Mehr Technologie heißt nicht immer mehr Wachstum, und mehr Wachstum ist nicht immer gleichbedeutend mit mehr Arbeitsplätzen. Wie auch immer, neue Gleichgewichte sind möglich, wenn wir die neue Technologie mit genügender Vorsicht einführen und diese Innovation von angemessener Anwendung und Koordination begleitet wird. Das Wirtschaftswachstum der letzten Jahre hatte in den verschiedenen europäischen Ländern sehr unterschiedlichen Einfluß auf die Beschäftigung. Dies erlaubt es nicht, klare Schlüsse zu ziehen. Die Frage aber ist, inwieweit das Wiederaufleben des Produktionswachstums zum Wiederanstieg der Beschäftigung führt? Können wir nicht eine Veränderung im Verhältnis von Wachstum und Beschäftigung beobachten?

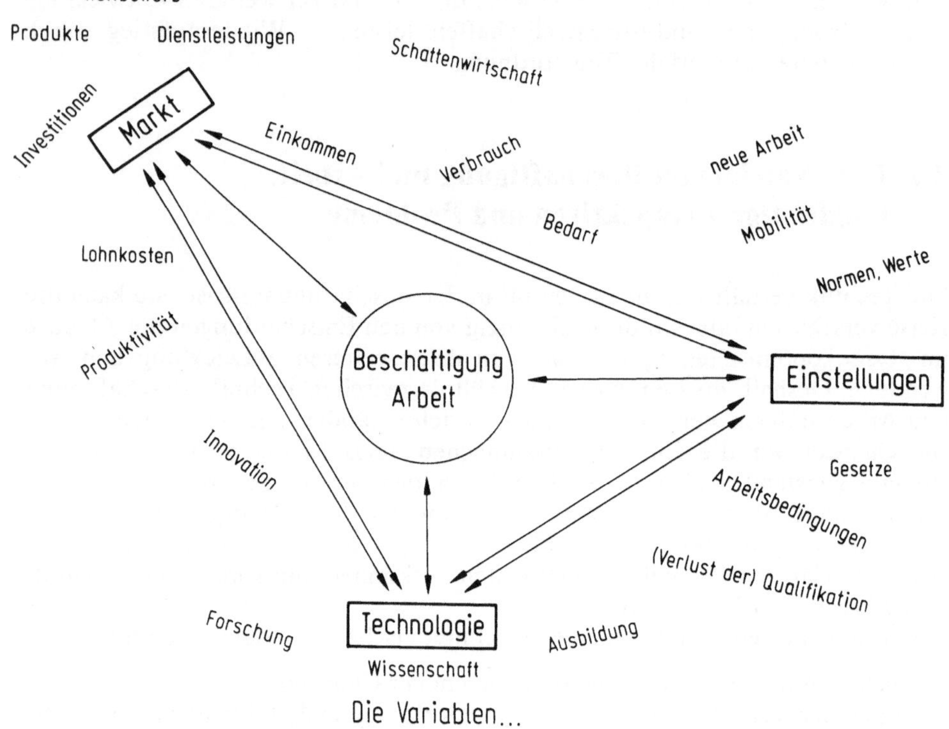

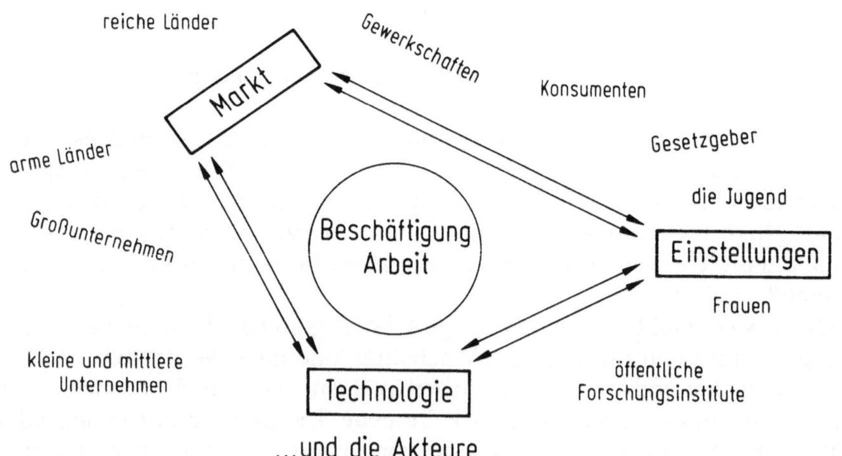

Abb. 3.3. Der Wandel von Arbeit und Beschäftigung

Das Fehlen eindeutiger statistischer Daten mahnt zur Vorsicht, umso mehr, als verschiedene Prognosen weit in die Zukunft vorgreifen. Einigen Untersuchungen zu folge ist die Entwicklung das Resultat des chaotischen Wachstums der 70er Jahre. Die verzögerte Anpassung der Entscheidungen über Rekrutierung und Entlassung wird dabei als Ursache für die Inflexibilität des Arbeitsmarkts angesehen. Das Ergebnis ist eine Verlängerung und Verstärkung der Krisenzyklen.

Für andere gibt es aufgrund einer Verschiebung in der Relation der Kosten für Arbeit und Kapital einen fundamentalen Strukturwandel.

— Arbeit ist zu teuer geworden (besonders in Europa). Die internationale Arbeitsteilung zwingt dabei zur Entwicklung „technologieintensiver" statt „arbeitsintensiver" Produktion[6]. Wo immer es möglich ist, werden Menschen durch Maschinen ersetzt.
— Die Technik entwickelt sich. Die Mikroelektronik hat z. B. ständig die Kosten für Anlageinvestitionen reduziert, weil sie die Kopplung mit immer komplexeren Aufgaben ermöglicht (von Maschinensteuerung über flexible Fertigungssysteme zu Produktionsnetzwerken, sowie die Integration von Funktionen wie Personalmanagement, Einkauf und Lagerhaltung, Verkauf etc.). Auch veraltet sie nicht so schnell (man braucht für neue Aufgaben nur das Programm zu wechseln statt die ganze Maschine). Die Mikroelektronik kann die Produktqualität verbessern, die Produktion diversifizieren, und sie kann sich der Nachfrage besser anpassen, in quantitativer Hinsicht durch kleinere Läger und in qualitativer Hinsicht durch kleinere Serien und Vielfalt statt Massenproduktion.

Die Technik reduziert auf diese Weise sowohl die Arbeitskosten als auch die Betriebskosten. Sie kann das Wachstum wiederbeleben, aber ihre Wirkung auf die Beschäftigung wird weniger ausgeprägt sein als in der Vergangenheit.

3.2.1.1 Reduziertes Wachstum und fehlgeleitete Technikanwendung

Einige neuere Studien, die sich an Theorien der Produkt- und Innovationszyklen orientieren, stellen ein anderes wichtiges Faktum heraus: Der Kollaps im Verhältnis zwischen der Nachfrage nach Arbeit und dem Wachstum resultiert aus einer Verschiebung der Innovation.[7] Wenn Wissenschaft und Technik neue Produkte entwickeln, antworten sie auf Bedürfnisse. Dadurch entsteht Raum

---

[6] Diese Entwicklung zeichnet sich in den USA und mehr noch in Japan deutlicher ab als in Europa (vgl. The Competitiveness of European Industry, EEC doc, III/387/82, p. 19). Der Anteil der „high technology" am europäischen Export ist sehr gering.

[7] Vgl. die folgenden FAST-Berichte: Prakke, F.; Fahrenkrog, E. J.: Technology and economic development. FAST, FOP 42, 1982; BETA-GERSULP, „Les perspectives de la chimie en Europe", FAST, FOP 28, 1982; Baroin, D.; Fracheboud, P.: Recherches sur les déterminants de l'emploi: le rôle des PME. FAST, FOP 36, 1982; Conney, S.: Productivity, progress and innovation. FAST, FOP 37, 1982; Gershuny, J. I.; Miles, I.: The future of service employment in Europe. FAST, FOP 43, 1982; und die Arbeit von B. Réal, G. Mensch und C. Freeman.

für neue Beschäftigung und erhöhte Kaufkraft. Automobil und Fernsehen sind die klassischen Beispiele hierfür. Besonders in ihrer Nachfolge entstand Beschäftigung, im Handel, im Service und im Ausbau und der Anpassung der Infrastruktur. Mit zunehmender Annäherung der Märkte an die Sättigungsgrenze wechselten dann die Innovationsanstrengungen über zur Prozeßinnovation – Rationalisierung und Standardisierung. Innovation ist nicht länger mehr eine Frage der Schaffung neuer Märkte, aber sie ist eine Frage der Kostenreduzierung. Die technische Entwicklung veränderte ihre Richtung mit einem Wechsel in der Art der Investitionen.

Die gegenwärtige Sättigung der Nachfrage in einigen Schlüsselbereichen für Haushaltskonsumgüter scheint tatsächlich die Produzenten dazu bewegt zu haben, die Prozeßinnovation voranzutreiben, zum Nachteil der Produktinnovation und der Beschäftigung: Die Triebfeder des Wachstums ist zerstört. (Vgl. Abb. 3.4)

Andere Länder, wie Japan, sind dem Verfall des Wachstums durch Exportintensivierung begegnet. Die Steigerung ihres Exports durch „genuinen" Konkurrenzkampf ermöglicht ihnen ihre Beschäftigung zu erhalten, u. a. auf Kosten der Arbeitsbedingungen. Wir diskutieren hier nicht die Grenzen einer solchen Strategie, die nur erfolgreich sein kann, solange sie nur von wenigen praktiziert wird. Eine alternative Strategie basiert auf gleichzeitiger Entwicklung von „Prozeß"- und „Produktinnovation".

Unbestritten sind Produktinnovationen, die wirklich neue Perspektiven der Entwicklung bieten, kostspielig und mit einem hohen Fehlschlagrisiko behaftet. Aber die Techniken, die gegenwärtig entwickelt werden, bieten reale Aussichten für eine Erneuerung.

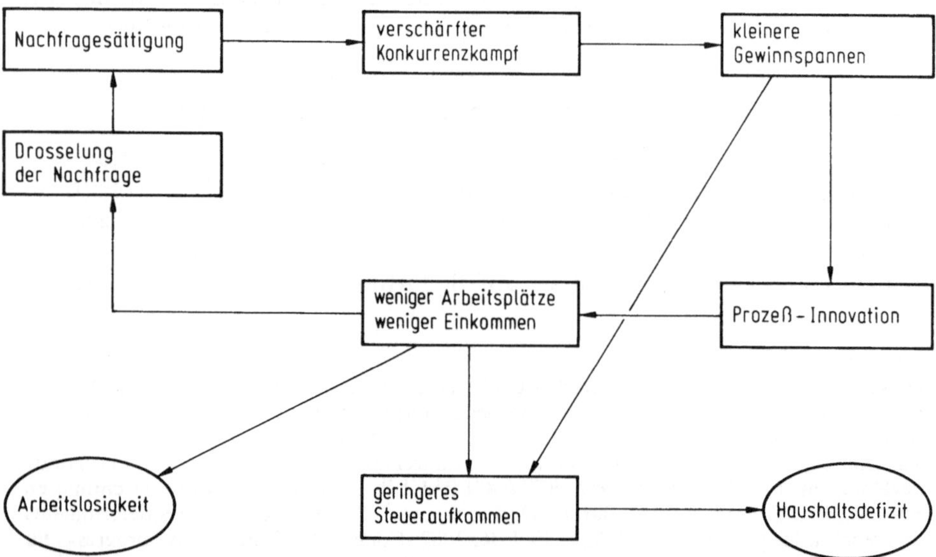

Abb. 3.4. Absinken des Wachstums. Quelle: Cooney, S.: Productivity and progress. Fast, FOP 37, 1982

Tabelle 3.3. Zahl der von den verschiedenen Innovationsarten betroffenen Bereiche. Quelle: TNO, FAST, FOP 42, 1982

Arten der Innovation	Mikroelektronik	Energietechnologie	Bio technologie	Instrumente
‚Prozeß' innovation	9	1	3	–
‚Produkt' innovation	–	6	1	5
‚Prozeß'- und ‚Produkt'- innovation	10	4	3	1

Auf Basis von vier überschlägigen Betrachtungen[8] macht eine TNO-Studie[9] in 23 Kernbereichen der Wirtschaft die Entwicklung prinzipieller Innovationen aus. Hiernach bestehen gute Aussichten sowohl für Prozeß- als auch für Produktinnovationen, die in den meisten Bereichen gleichzeitig vorangetrieben werden (vgl. Tabelle 3.3).

Es erscheint deshalb möglich, daß der Einsatz neuer Technik das Wachstum wiederbeleben kann, vorausgesetzt wir gewinnen die Balance zwischen Produkt- und Prozeßinnovation zurück und schenken der Nachfrage (von Unternehmen, sozialen Gruppen oder der Dritten Welt) mehr Beachtung. Wir müssen die Produkte, die gegenwärtig dem Bedarf der 90er Jahre nur schlecht angepaßt sind, angemessen erneuern – kurz, wir brauchen eine Technologiepolitik, die sich wieder an den Bedürfnissen orientiert.

3.2.1.2 Technologischer Wandel und Beschäftigung: Ein Basar der Theorien

Es ist schwer, die Auswirkungen der möglichen Richtungen des technologischen Wandels auf die Beschäftigung vorauszusehen. Viele Studien[10], Berichte und Seminare geben unterschiedliche Einschätzungen, was im Fall der Mikroelektronik am deutlichsten wird (vgl. Kasten S. 132 f). Was kann man abschließend festhalten? Die wissenschaftliche Basis zur Bewertung der kurz-, mittel- und langfristigen Auswirkungen des technologischen Wandels ist noch immer sehr dünn.

Um das Phänomen des technologischen Wandels zu erklären, muß diese Basis verbreitert werden. Die verschiedenen Versuche hierzu haben gezeigt:

– Inhärente Probleme jeder Studie dieser Art – die Auswirkungen auf die Beschäftigung sind abhängig von den Annahmen über Zeithorizont und ökonomischem Rahmen (seit Arbeitsplatztransfer zwischen Branchen, Regionen und Unternehmen möglich ist).

---

[8] Der Ansatz nimmt den technologischen Wandel als Basis für eine ganze Anzahl von Erfindungen und Innovationen, die viele Bereiche der Wirtschaft erfolgreich durchdringen können.

[9] „Technology and economic development" (TNO Netherlands), FAST, FOP 42, 1982.

[10] Über das Thema „Mikroelektronik und Beschäftigung" existieren nach unserer Zählung über 100 Studien in den Ländern der Gemeinschaft, und das ist eher zuwenig.

*Die Implikationen der neuen Informationstechnologie für die Beschäftigung –
unterschiedliche Theorien*

Optimisten

– Die „klassischen" Optimisten: Wie jeder Fortschritt, wird die Mikroelektronik auf lange Sicht zu neuer Expansion und Beschäftigung führen.
– Die „neuen Optimisten": Die Mikroelektronik schafft einen beispiellosen
qualitativen „Sprung". Sie wird radikal die gesamte menschliche Arbeit
verändern und zu „neuer Vollbeschäftigung" führen, auf Basis neuer
Produkte, neuer Dienstleistungen und neuer Arbeitsbereiche.

Pessimisten

– Die „klassischen" Pessimisten: Mikroelektronik bedeutet Produktivitäts-
gewinn nicht nur in der Industrie, sondern auch im Dienstleistungsbereich (Bürosysteme). Zwar ist es schwer, ihre Auswirkungen über 20–30
Jahre vorherzusehen, aber es ist insgesamt in den nächsten Jahren mit einer Vernichtung von Arbeitsplätzen zu rechnen.
– Die „neuen Pessimisten": Das auffallendste Faktum ist die außerordentliche Kostenreduzierung, die die Mikroelektronik ermöglicht. Deshalb
werden mehr und mehr Aufgaben von Robotern ausgeführt werden.
Überdies und vorallem, Mikroelektronik ersetzt geistige Arbeit (künstliche Intelligenz).

Neutralisten

– Wissenschaftler: Viele Faktoren und Unwägbarkeiten beeinflussen Geschwindigkeit und Richtung der Entwicklung der Mikroelektronik in den
verschiedenen Wirtschaftszweigen und den verschiedenen Ländern. Fehlende Theorien und fehlende verläßliche Daten machen es unmöglich,
allgemeine Einschätzungen vorzunehmen.
– Politiker: Es ist nicht alles vorbestimmt. Die verschiedenen Akteure versuchen ihren Bewegungs- und Entscheidungsspielraum zu erhalten. Aufgrund der unterschiedlichen Strategien ist es unmöglich, „vorherzusa-
gen" wie das Resultat aussehen wird. Die eigentlichen Verhandlungen
haben noch nicht begonnen.

Fatalisten

Man kann den Fortschritt nicht aufhalten. Sicher ist, wenn wir langsamer
als andere die neue Informationstechnologie einführen, werden wir unsere
Wettbewerbsfähigkeit verlieren und infolge dessen einen großen Verlust an
Arbeitsplätzen erleiden.

„Das Problem liegt anderswo"

– Die „Relativisten": Das Problem ist nicht der Effekt auf die Arbeitsplätze, plus oder minus, sondern die enorme Zahl von Berufen, die zum Ver-
schwinden verurteilt sind und die enorme Zahl neuer Berufe, die entste-

> hen werden: wir müssen lernen, diesen Übergang zu meistern, der 50%
> der Beschäftigten erfassen wird.
> — Die „Visionäre": Das wirkliche Ergebnis wird ein neues Potential der Be-
> herrschung im Verhältnis von Mensch und Maschine auf gesamtgesell-
> schaftlicher Ebene sein. Ob man die Betriebe betrachtet oder die Büros,
> die Landwirtschaft, die Familie, die Städte, die internationale Arbeitstei-
> lung, die Beziehungen zwischen den sozialen Schichten, nichts wird mehr
> so sein wie vorher.
>
> Zyklentheoretiker
>
> Die Fehlinvestion des Kapitals in den niedergehenden Wirtschaftszweigen
> hat auf die Mikroelektronik übergegriffen, die zweifellos der Motor für die
> nächste lange Welle des Wachstums sein wird.

— Die Grenzen der verschiedenen Versuche (makro-versus mikroökonomische
  Studien etc., vgl. Kasten S. 135).
— Die Notwendigkeit, die Hauptakteure im technischen System zu betrachten
  — ob bei der Analyse eines spezifischen Ergebnisses oder eines Gesamtüber-
  blicks, das Studium und der Vergleich der Prognosen über das Verhalten der
  verschiedenen Akteure sollte die Basis für jede Bewertung (oder für jedes
  Szenario) sein.
— Als letzter und wichtigster Faktor tritt der technologische Wandel in Erschei-
  nung. Er verlagert Arbeitsplätze; er vernichtet an einigen Stellen Arbeitsplätze, um an anderen neue zu schaffen.

Ob man Häuser isoliert oder die Kernenergie ausbaut, beides schafft Arbeitsplätze; vorübergehend und auf Dauer. Aber es wird dann in Zukunft weniger
Beschäftigung im Bereich der Dienstleistung „Heizen" oder im Bergbau geben.

In ähnlicher Weise wird oft die Produktion von Robotern als Quelle zukünftiger Beschäftigung verteidigt. Die Entwicklung dieser Quelle bedeutet notwendig das Versiegen anderer Quellen (z. B. auch dort, wo die Roboter selbst produziert werden[11]), und das Resultat für die Zahl der Arbeitsplätze ist ungewiß.

Der Aufbau einer langfristigen Balance innerhalb dieser Arbeitsplatzverlage-
rung ist fundamental für die weitere Entwicklung. Besonders, wenn man sekun-
däre und tertiäre Effekte berücksichtigen will, wird es schwer, eindeutige Fest-
stellungen zu treffen (z. B. im Fall neuer Energiequellen, die Folgen des redu-
zierten Ölimports auf die Nachfrage der Förderländer, die langfristige Arbeits-
platzsicherheit, die diese Anpassung gewährleisten kann etc.).

---

[11] Vgl. den skizzenhaften Bericht der „Kommission für soziale Angelegenheiten und Beschäftigung" des europäischen Parlaments über „The impacts of energy problems and technological development on the level of employment in the EEC", EP 67.925, 6. Nov. 1980. Die Substitution von elektromechanischen Produkten durch elektronische „Informationsprodukte"
(z. B. Registrierkassen) führte in den untersuchten Betrieben zu einer Reduzierung der Arbeitsplätze um 10−50%. Wenn unsere Gesellschaften vor der Aufgabe stehen, den technologischen Wandel zu wählen, der für sie notwendig ist, und wenn sie dessen Richtung und dessen Geschwindigkeit kontrollieren wollen, dann muß man sich diesen Problemen stellen.

Deshalb bedarf es einer integrierten Betrachtung der Implikationen und Folgen des technologischen Wandels für die einzelnen Branchen, Produkte, Berufe und Regionen etc. Zur Information über das entscheidende Thema Technik, Wachstum und Beschäftigung muß sich die Gemeinschaft selbst mit Instrumenten zur Erfassung und Analyse der verschiedenen Forschungsergebnisse ausstatten.

Dieser Vorschlag regt die Untersuchung der langfristigen Bedürfnisse der europäischen Wirtschaften und Gesellschaften an, eine der wichtigsten Voraussetzungen für eine effektive und sinnvolle gemeinsame Politik der technologischen und sozialen Innovation. Ziel ist es, das Potential für 4–5 Mio neue Arbeitsplätze auszuloten, in Verbindung mit neuen Anwendungsbereichen für die Informationstechnologie.

Besonders wichtig ist hierbei die Förderung gemeinsamer Pilotprojekte in den Bereichen Bildung, Kultur und Gesundheitswesen. Hier haben die neuen Technologien die Möglichkeit, auf individuelle und kollektive Bedürfnisse zu treffen, die bisher nur wenig oder gar nicht befriedigt wurden, und sie können auf ganz neue Bedürfnisse treffen (wie z. B. die „Fernbetreuung" isoliert lebender älterer Menschen).

3.2.1.3 Technologischer Wandel und neue Beschäftigung

Neben den oben diskutierten Punkten ist der Wandel der europäischen Industriegesellschaften ein Prozeß intersektoraler Strukturierung: bestimmte Arbeiten werden zunehmend reduziert oder transformiert und neue Perspektiven für neue Arbeitsfelder und neue Arbeitsplätze werden sichtbar. Im Folgenden einige wichtige Beispiele:

Regenerierbare Energiequellen. Die Etablierung eines Systems regenerierbarer Energiequellen, das flexibler, unabhängiger und besser auf den Bedarf Europas zugeschnitten ist, ist schon initiiert worden. Der zweite St. Geours Bericht[12] zeigt, daß diese Bemühungen verstärkt werden müssen, denn „die Rationalisierung des Energieverbrauchs ist ein wichtiger positiver Faktor für das Wirtschaftswachstum". Ungeachtet ihrer Grenzen haben die FAST-Studien zu diesem Thema gezeigt, daß die Gewinnung von Energie aus landwirtschaftlichen oder forstwirtschaftlichen Abfällen in bestimmten Fällen rentabel sein kann. Deshalb ist es für einige Standorte völlig gerechtfertigt, hier die Entwicklung voranzutreiben, umsomehr, als die Wirkung auf die regionale Beschäftigung positiv ist.[13]

Umweltschutz. Die Berücksichtigung von Interessen des Umweltschutzes ist eine ähnliche Quelle für Wachstum und Beschäftigung. Die Reduzierung der Umweltzerstörung ist sowohl vom ökologischen als auch vom ökonomischen Standpunkt aus gerechtfertigt, denn die jährlichen Kosten für Umweltschutz

---

[12] „Investment and employment in an energy – saving society", 15/5/81 EEC doc XVII/052/81 final.
[13] Vgl. „Biomass et régions", FAST, FS 14, 1983.

> *Versuche zur „Vorhersage" der Auswirkungen des technischen Fortschritts auf die Beschäftigung – eine Zusammenfassung*
>
> *Makroökonomische Studien*
>
> Vorteile:
> - Verhältnisse zwischen ökonomischen Faktoren auf internationaler Ebene, die die Wirkungen des technologischen Wandels auf die Beschäftigung determinieren, können als integriertes Ganzes erfaßt werden.
>
> Grenzen und Unzulänglichkeiten:
> - Oft verläßt man sich auf die Extrapolation vergangener Entwicklunsrichtungen des technischen Fortschritts, ohne die Spezifika des gegenwärtigen technologischen Wandels zu prüfen.
> - Die Entwicklung neuer Produktionsmethoden wird als strikt ökonomisches Phänomen behandelt, ohne daß institutionelle und soziale Faktoren beachtet werden, außer etwa unter der Überschrift „Rigiditäten".
>
> *Fallstudien*
>
> Z. B. zur Beurteilung der Folgen des absehbaren technologischen Wandels auf die Beschäftigung in spezifischen Bereichen (Banken, Automobilindustrie, Druckgewerbe etc.) oder zur Bewertung der Folgen der Anwendung einer gegebenen Technologie (CAD, CNC, CAL etc.) auf die Beschäftigung oder zur Bewertung der Auswirkung einer gegebenen Technik auf die Beschäftigung in einem spezifischen Bereich oder einer spezifischen Region.
>
> Vorteile:
> - Neue und spezifische Erscheinungen jedes Innovationsprozesses in unterschiedlichen Branchen oder Organisationen können erfaßt werden, unter Beachtung der Handlungsstrategien und der sozialen und institutionellen Faktoren.
> - Wahrscheinliche Entwicklungen innerhalb eines kurzen oder mittleren Zeitraums (5–10 Jahre) können bewertet werden.
>
> Grenzen und Unzulänglichkeiten:
> - Hauptsächlich wird eine isolierte Beschäftigungswirkung (in einer Branche oder einer Technologie) betrachtet, ohne Einbettung in den makroökonomischen Kontext, von dem die Beschäftigungswirkung gleichermaßen abhängt.

sind geringer als jene, die durch die Umweltzerstörung verursacht werden. Die „Umweltindustrie" stellt schon heute 1,3 Mio Arbeitsplätze zur Verfügung. Hier sollte die Entwicklung weiter vorangetrieben werden[14], insbesondere in

---

[14] Vgl. „The environmental industry in the EEC: employment and research and development in the next decade", FAST, FS 18, 1983.

den Bereichen städtischer Umweltschutz (speziell in den Regionen Südeuropas), Müllsortierung, Automobil und Energie (besonders in Verbindung mit der Entwicklung zukünftiger Verwertungsmöglichkeiten der Kohle) und der Lärmeindämmung. Aber zur Nutzung dieses Potentials müssen Hindernisse überwunden werden (z. B. Betriebskosten, Ausbildung des Personals von Umweltschutzanlagen, Akkumulation gefährlicher toxischer Rückstände etc.).

Reparatur und Instandhaltung. In manchem Sinn ist die Reparatur und Instandhaltung industrieller und häuslicher Güter ökonomisch und sozial nützlich. Aber es ist ungewiß, ob die Beschäftigung in diesem Bereich steigen oder absinken wird. Einige Faktoren begünstigen Reparatur und Wiederverwertung (Reduzierung der Importe von Rohstoffen), während andere das „Wegwerfen" begünstigen (z. B. wegen technischer Veralterung). Wie auch immer, für das Szenario einer „Reparatur-Gesellschaft" besteht wenig Aussicht. Wo sich Second-Hand-Märkte entwickeln (wie z. B. beim Automobil) ist entweder die Produktivität zu niedrig, oder die Lohnkosten sind zu hoch.

Industriegüter. Hauptsächlich im Bereich der Industriegüterproduktion bestehen günstige Aussichten für die Beschäftigung in Reparatur und Wartung.[15] Dieses Feld wird von strategischer Bedeutung sein, besonders da der Trend in Richtung auf immer komplexere Produktionssysteme geht, die Probleme für die Zukunft aufwerfen. Denn es ist nicht klar, ob es z. B. anwendungsreife Systeme zur Fehlerdiagnose geben wird.

Dienstleistungen. Bisher war dieses ausgedehnte Feld mehr oder weniger in der Lage, den Verlust an Arbeitsplätzen in der Landwirtschaft und in der Industrie aufzufangen. Statistiken zeigen, daß von 1978, als der Dienstleistungsbereich die Hälfte aller Arbeitsplätze in der Gemeinschaft stellte, die Zahl bis 1980 auf 54% anstieg. Europa ist von der industriellen Entwicklungsphase übergegangen zur Phase der Dienstleistungsökonomie. Der Trend zur „Tertiärisierung" ist zweifellos noch umfassender, wenn man den Dienstleistungsbereich innerhalb der Industrie mit einbezieht (Verwaltung, Finanzwesen, Personalwesen, Marketing, Forschung und Entwicklung). Dieser Dienstleistungsbereich hat sich in den letzten 20 Jahren am expansivsten entwickelt. Wird er weiter expandieren?
– Steigt möglicherweise die geringe Produktivität der Dienstleistungen, durch die soviel Beschäftigung entstanden ist, mit der Einführung der Informationstechnologie plötzlich stark an, mit dem Resultat einer geringeren Wachstumsrate der Beschäftigung?
– Wird die Stagnation der Produktion (Automobilindustrie, Baugewerbe) nicht eine Stagnation der „produktionsunterstützenden" Dienstleistungen nach sich ziehen, bisher ein Bereich rapiden Wachstums?
– Wird nicht der technologische Wandel die Entwicklung zu Eigenarbeit und „nicht-marktmäßigen" Beschäftigungen (Hausarbeit, gegenseitige Hilfeleistungen etc.) verstärken? Wird z. B. der Home Computer sich nachteilig auf Groß- und Einzelhandel auswirken, indem er den Versandhandel erleichtert?

---

[15] Vgl. den Bericht „Repair and maintenance activity", FAST, FOP 32, 1982.

— Ist es möglich, daß ähnlich wie in der Industrieproduktion, eine internationale Arbeitsteilung, eine internationale Spezialisierung auf dem Gebiet der Dienstleistungen entsteht, wie es bei der Datenproduktion, -speicherung und -verarbeitung schon der Fall ist?[16]

Die Verwertung der „Biomasse" – F & E Bedarf

— Die spezifischen Anforderungen bestimmter Bereiche sind nur unzureichend erforscht: Verwertung von Algen und Holz, die Vergasung und Hochtemperatur — Verflüssigung sowie die Kompostierung für die spezifischen Bedürfnisse des Mittelmeerraums.
— Energiespeicherung und -nutzung (z. B. in Form von Kraftstoffen).
— Automatisierung der Anlagen und Optimierung der Prozesse.
— Begrenzung des Energieverbrauchs in der Landwirtschaft — Feldstudien auf mikro-regionalem Niveau.
— Versuche mit zentralen Anlagen (z. B. auf kommunaler Ebene zur Aufbereitung tierischer Abfälle).
— Einrichtung eines „Biomassen-Observatoriums", das auf Gemeinschaftsebene arbeitet.
Und vor allem
— die Entwicklung von Instrumenten zur Bewertung der Versuche und die Verbreitung ihrer technischen und ökonomischen Ergebnisse.

Die Verwertung der „Biomasse" ist vor allem von regionaler Bedeutung, denn die lokalen Bedingungen bestimmen ihre Wirtschaftlichkeit.

Die Umweltindustrie

— Verstärkung der europäischen Position auf dem Gebiet des Instrumentenbaus (Datenerfassung, Meß- und Regeltechnik).

Allgemeine Entwicklungsrichtungen (Beispiele):
— Reduzierung der Betriebs- und Instandhaltungskosten von Anlagen zum Umweltschutz.
— Ausbau der Forschungstätigkeit in den der Energieversorgung vor- und nachgelagerten Bereichen.
— Entwicklung von Techniken zur Trennung von Flüssigkeiten (Membran-Technik).

Spezifische Maßnahmen (Beispiele):
— Neue Techniken zur Verwertung der Kohle (Verbrennung, Vergasung).
— Techniken zur Beseitigung oder Neutralisierung hochgiftiger Abfälle.

---

[16] Fünf multinationale Nachrichtenagenturen kontrollieren Dreiviertel des Markts für Informationen, die an die Weltpresse gehen.

Die Reparatur- und Instandhaltungsindustrie − F & E Bedarf

− Grundlegende Erforschung des Verschleißes, der Ermüdung und der Korrosion von Materialien und das Verhalten von Verbundwerkstoffen.
− Entwicklung anwendungsreifer Sensortechniken (für Fehlfunktionen: Vibration, Überhitzung etc.).
− Erforschung und Erprobung computergestützter Diagnose- und Instandhaltungssysteme.
− Aufbau von Schulungszentren, die Techniken und Ausbildungen auf neuer Grundlage entwickeln.
− Definition der wissenschaftlichen Basis für gemeinsame Normen und Standards auf europäischer Ebene und Definition von Regeln zum Verbraucherschutz und von Verpflichtungen der Produzenten (z. B. Schulung des Instandhaltungspersonals).

Im Licht unserer Studien[17] und der Diskussion des Themas „soziale Innovation und neue Arbeitsplätze"[18] können wir Ansätze zu einer Antwort auf diese Fragen anbieten.

Kurzfristig (in diesem Jahrzehnt sind die Aussichten für die Beschäftigung im Dienstleistungsbereich (auf der Grundlage konventioneller Annahmen) nicht sehr ermutigend. Mit Ausnahme des Dienstleistungsbereichs in der Produktion und von kommunalen Dienstleistungen ist ein Wachstum ohne neue Arbeitsplätze die wahrscheinliche Entwicklung. Auf der anderen Seite ist Wachstum im „nicht-marktmäßigen" oder „informellen" Sektor zu erwarten (Hausarbeit, gegenseitige Hilfeleistungen etc.). Gleichzeitig gibt es einen Trend zu „Schwarzarbeit", mit der Folge, daß auf der einen Seite Kontrollmaßnahmen und Strafen verschärft werden und auf der anderen Seite Bestrebungen zur Legalisierung einiger Formen der „Schwarzarbeit" verstärkt werden.

Auf lange Sicht (bis in die 90er Jahre und darüber hinaus) werden Inhalt und Form der Erbringung und Verteilung von Dienstleistungen eine der grundsätzlichen Voraussetzungen für eine neue Periode stabilen Wachstums sein.

Das Automobil, das Fernsehen und die elektrischen Haushaltsgeräte waren der Beginn großer Umwälzungen in der Wirtschaft und im Lebensstil der Nachkriegs-Industriegesellschaften; diese Produkte und Dienstleistungen haben die substantielle Erneuerung und Expansion „alter" Industrien ermöglicht, haben völlig neue Industrien entstehen lassen und haben die Entwicklung der Infrastrukturen beschleunigt und intensiviert (Autobahnen, etc.).

In gleicher Weise können u. E. neue Dienstleistungen, besonders in den Bereichen Information, Kultur, Bildung und Gesundheit, auf Basis der neuen In-

---

[17] Vgl. „The future of service employment in Europe. Trends and prospects", Science Policy Research Unit, Interim Report, FAST, FS 4, May 1982, und den Abschlußbericht von J. Gershuny und I. Miles, „The New Service Economy" (Francis Pinter, London 1983).
[18] „Innovation et emplois nouveaux", FAST, FOP 32, 1982.

formationstechnologien und langfristig auf Basis der Biotechnologie der Beginn eines neuen, stabilen Wachstums in den entwickelten Industriegesellschaften sein. Auch die Erneuerung „alter" Industrien und das Entstehen und die Expansion neuer Arbeitsbereiche kommt diesem Ziel entgegen. Um die Infrastruktur für die nächsten 30 Jahre zu entwickeln, müssen wir heute in den 80er und 90er Jahren zu substantiellen Investitionen voranschreiten. Darüber hinaus müssen wir die sozialen Bedürfnisse erforschen, auf die die neue Generation von Dienstleistungen − und die dazugehörige Infrastruktur − eine Antwort geben können.[19]

Das sind die Voraussetzungen und der Maßstab für eine soziale und technologische Innovation, die der Dienstleistungsbereich anbieten kann.

Die Gemeinschaft kann dieses Potential der Dienstleistungen effektiver nutzen, insofern die Mitgliedsländer bei der Entwicklung und Implementierung einer gemeinsamen kohärenten Strategie folgen. Dies ist eine banale Tatsache, aber sie wird in der Gemeinschaft (aber auch in den nationalen Wachstumspolitiken) immer noch vernachlässigt. Der „Gemeinsame Markt" von 1995 wird wahrscheinlich ein Markt der Dienstleistungen sein und weniger von Agrarprodukten. Mehr noch, eine gemeinsame europäische Strategie wird nicht durch „Gemeinschafts-Mysterien" diktiert, sondern sie ist uns durch strikt ökonomische und politische Tatsachen auferlegt. Aufgrund ihrer Bedeutung für das Wachstum des internationalen Handels werden die Dienstleistungen mehr und mehr strategische Felder der Konfrontation und des Konflikts sein, besonders zwischen den entwickelten Ländern (mit den USA gibt es schon jetzt ähnliche Probleme). Es ist an den Mitgliedsländern der Gemeinschaft zu wählen: vereinzelt und unkoordiniert zu handeln oder abgestimmt mit gemeinsamen Zielen. Und es ist an der Kommission der Europäischen Gemeinschaft, sich mit dem notwendigen Wissen auszustatten und Instrumente zum Handeln zu entwickeln, die für eine gemeinsame Strategie gebraucht werden.

Ausgehend von dieser Analyse der Rolle der Dienstleistungen in der Industriegesellschaft, gehen einige Studien sehr viel weiter und beschwören die Möglichkeit einer „Dematerialisierung" der Produktion, den Übergang von „Produkt" zu „Funktion": Statt der Produktion von Kunstdünger z. B., ist dann die Frage, wie die Funktion „Düngung" in der Landwirtschaft zu erfüllen ist. Die Produktion von Dünger wäre nur ein Weg unter vielen.[20] Für die Chemie würde die Frage darin bestehen, wie sie für ihre Klienten (in der Landwirtschaft, Automobilindustrie, Raumfahrt, Elektronik, Textilindustrie etc.) die Leistungen bereitstellen kann, die von ihren Produkten erwartet wird. Eine solche Untersuchung kann sehr aufschlußreich in ihren Folgerungen sein, denn sie zeigt einen zukunftsweisenden Übergang von einer Ökonomie, die auf dem Management von Produkten und Märkten basiert, zu einer Ökonomie, die auf dem Management von Dienstleistungen und Systemen basiert.

Diese Perspektive liegt noch im Nebel, aber bestimmte Elemente können in einigen Untersuchungen des FAST-Programms ausgemacht werden. Diese Un-

---

[19] Guerron, J.; Quentin, J. P.: Mouvements économiques de long terme et politique de l'innovation. FAST, FOP 60, 1982.
[20] BETA-GERSULP, a.a.O. Anmerkung 7.

tersuchungen führen uns zur Betrachtung der Akteure in der Ökonomie. Die Verbindung von „Produkten und Märkten" begünstigt besonders die Großproduktion und große Unternehmen. Die Verbindung von „Funktion und System" erfordert eine detaillierte Betrachtung von Bedürfnissen und Handlungsspielräumen auf individueller Ebene (das Dorf oder das Haus für die Funktion „Energieversorgung"). Ist dies nicht ein fruchtbarer Boden für kleine Unternehmen? Sind sie nicht besonders gut angepaßt, um hieraus Vorteile zu ziehen?

3.2.1.4 Kleine Unternehmen: Eine Schlüsselrolle

Gegenwärtig arbeitet annähernd jeder dritte europäische Arbeiter in einem kleinen oder mittleren Unternehmen, mit zehn bis einhundert Beschäftigten. Und es sieht so aus, als seien die Aussichten auf mehr Beschäftigung hier eher günstig. Aus offenkundigen budgetären Gründen ist die öffentliche Verwaltung nicht in der Lage, eine größere Zahl neuer Arbeitsplätze anzubieten, und verschiedene Quellen [21] weisen daraufhin, daß die großen Unternehmen größtenteils aufgehört haben, Arbeitsplätze zu schaffen. Das Bild der 60er Jahre mit großen Unternehmen, die effektiv, innovativ, dynamisch und gut gemanagt sichere und gut bezahlte Arbeitsplätze anboten, ist Opfer der Krise geworden.

Es ist die Aufgabe der kleinen und mittleren Unternehmen, hier wieder anzusetzen, was die Ergebnisse einer ganzen Reihe von Kongressen bestätigen. Ist dies nur die Konstruktion eines neuen Mythos (von kleinen und mittleren Unternehmen, die tief in der regionalen Kultur verwurzelt sind, die ganzheitliche und befriedigende Formen der Arbeit und Innovation anbieten etc.)? Gibt es auf diesem Gebiet wirklich ernsthafte Möglichkeiten? Und welche Rolle können oder sollen sie im Prozeß des technologischen Wandels spielen?

Alle Untersuchungen bestätigen die mögliche fundamentale Rolle der kleinen und mittleren Betriebe. Nahe am Markt und an den Bedürfnissen ihrer Klienten sind sie fähig, sich schnell anzupassen, zu Innovation und zur Schaffung neuer Arbeitsplätze. Sie bilden eine Triebfeder bei der strukturellen Anpassung einer Branche oder einer Region. Diese Rolle spielen die kleinen und mittleren Unternehmen in den Vereinigten Staaten offensichtlich effektiver. Die Situation in Europa ist problematischer aus einer Reihe von Gründen. Sie hängen zusammen mit kulturellen Einstellungen, Überanpassung an problematische Finanzierungsmuster, einem oft sträflichen Steuerregime und mit zu gut etablierten Beziehungen zu großen Unternehmen. Es besteht die Gefahr, daß die notwendige Anpassung an die Umwelt, in der die kleinen Unternehmen gedeihen, zu langsam vonstatten geht, wenn nicht der Staat eine unterstützende Rolle spielt, vor allem auf regionaler und nationaler Ebene aber auch auf Ebene der Gemeinschaft. Sichergestellt werden muß aber, daß Maßnahmen, die von einem Land auf nationaler Ebene getroffen werden, nicht z. B. kleine und mittlere Unternehmen in Schottland benachteiligen, oder sagen wir, zum Un-

---

[21] Vgl. die drei Szenarien bei Barion und Fracheboud (a.a.O. Anmerkung 7), in denen deutlich wird, daß die Hauptakteure die staatliche Administration und die großen Unternehmen sind.

tergang ähnlicher Unternehmen in der Wallonie oder in der Lombardei führen. Die notwendigen Informationen zum Agieren am gemeinsamen Markt müssen jedem zugänglich sein, und es muß gewährleistet sein, daß die kleinen und mittleren Unternehmen an den Debatten, an der Arbeit und an den Programmen der Gemeinschaft partizipieren können (vgl. Kasten S. 141).

Die verschiedenen Studien zusammenfassend, läßt sich feststellen, daß die technologische Evolution, die gegenwärtig stattfindet, ein beispielloses Potential für einen sozioökonomischen Wandel mit sich bringt. Nachdem wir in den vorangegangenen Kapiteln die wahrscheinlichen Veränderungen durch Informationstechnologie und Biotechnologie dargestellt haben, ist es u. E. nicht möglich, zum Vorbild des Wachstums der 60er Jahre zurückzukehren, mit einfach verfeinerten, produktiveren und konkurrenzfähigeren Techniken. Wir sind allerdings nicht in der Lage, die Art des Wachstums zu beschreiben, das vor unseren Augen stattfindet.

Die Unbestimmtheit (oder eher die Vielfalt der verschiedenen Tatsachen), die diesen Wandel umgeben, ist selbst das Haupthindernis bei der Definition und der Implementation der Aufgaben, die die sozialen Akteure auf der europäischen Bühne übernehmen müßten. Umsomehr, als niemand allein die Kontrolle und die Anpassungsfähigkeit besitzt, die für eine gültige Antwort auf diese Herausforderung nötig ist. Erste Priorität haben Ermittlung und Vergleich der unterschiedlichen Entwicklungstrends, also die Forschung (in technologischer, ökonomischer und sozialer Perspektive), die ja selbst in diesen Prozeß involviert ist.

Soweit die Beschäftigung betroffen ist, haben wir zeigen können, daß es jenseits aller Ungewißheit neue Bereiche gibt, die erschlossen werden können, und wir haben gezeigt, wie ihre Nutzung unterstützt werden kann. U. E. besteht die Gefahr, daß dieses Potential nur teilweise oder inadäquat genutzt wird, wenn es durch unfruchtbare Konflikte zwischen den sozialen Akteuren oder zwischen Ländern abgelenkt wird. Dies sind die Risiken, die wir jetzt genauer betrachten wollen.

Maßnahmen für kleine und mittlere Unternehmen in Europa

— Bessere Repräsentation der kleinen und mittleren Unternehmen in den parlamentarischen Gremien der Gemeinschaft.
— Ausarbeitung einer europäischen Charta für Unteraufträge
— Förderung des Technologietransfers zu kleinen und mittleren Unternehmen (angefangen von den großen staatlichen Unternehmen oder öffentlichen Forschungsinstitutionen bis hin zur Organisation von Informationsinitiativen für kleine und mittlere Unternehmen).
— Ausbau der regionalen Verteilungsstrukturen (Managementhilfe, technische Beratung, Ausbildung).

3.2.2 Technologiewahl, regionale Dimension und Arbeitsplätze

Die europäische Beschäftigungslage ist in hohem Maße von den spezifischen Vorzügen abhängig, die Europa heute und in Zukunft besitzt. Diese Vorzüge werden insbesondere durch den technologischen Wandel ständig in Frage gestellt. Technologische Veränderungen und Technologieentscheidungen, die sich hier und in der ganzen Welt auswirken, haben neben anderen Effekten entweder positive oder negative Folgen auf Arbeitsplätze in Europa und der Welt.

Ein derartiges Phänomen ist nicht neu, aber seine Größenordnung ist gewaltig angewachsen, (a) weil sich die Volkswirtschaften zunehmend gegenüber externen Märkten (s. Kasten S. 143) öffnen und deshalb in steigendem Maße sensibel und anfällig gegenüber Veränderungen im Weltmaßstab sind; und (b) weil der gegenwärtig absehbare technologische Wandel in einer sehr kurzen Zeitspanne das bestehende Muster relativen Vorteils fundamental modifizieren könnte, und zwar:

1. *durch Reduzierung der Höhe bestimmter Aktivposten,* wie Arbeitskosten, Zugriff auf Erdöl oder Rohstoffe. Die Produktion von Spielwaren, Textilien oder von Fernsehern könnte in der Nähe der großen, reichen Märkte der entwickelten Länder wieder profitabler werden als dort, wo es billige Arbeitskräfte gibt. Infolgedessen könnten die Billiglohnländer der Dritten Welt Teile ihres Beschäftigungssektors durch Automatisierung bedroht sehen, und Produktionen, die beinahe aus Europa verschwunden wären, könnten nach Europa zurückkehren. Diese Repatriierung würde bedeutende Investitionen (bei unsicheren Gewinnen) und große organisatorische Änderungen erfordern, wobei allenfalls eine relativ spärliche Zahl von Arbeitsplätzen gesichert werden könnte, während die Konsequenzen solcher Veränderungen für die derzeit produzierenden Länder ausgesprochen ernst wären. Somit erscheint diese Möglichkeit, zumindest kurz- und mittelfristig ziemlich unsicher.[22]
2. *durch Bedeutungsgewinn anderer Aktivposten* wie Einrichtungen für Telekommunikation, technische Ausbildung, einen zusammenhängenden ökonomischen und sozialen Kontext, billiges Kapital, verschiedene finanzielle Regelungen, Know-how-Zentren, Innovationszentren, Netzwerke kleiner Unternehmen usw.

A priori ist keine Branche oder Region unwiderruflich durch die festgefügte internationale Arbeitsteilung verurteilt. Durch soziale und technologische Innovation ist es möglich, diese Schwachstelle zu überwinden und Verbesserungen zu erreichen. Die Studien in unserem Programm haben häufig gezeigt[23], wie entscheidend die Aneignung neuer Aktivposten für Europa ist. Aber gleichzeitig demonstrieren sie, daß das Setzen auf technologischen Wandel im Namen der Wettbewerbsfähigkeit keine hinreichende Bedingung für die Rückkehr zu beschäftigungssicherndem Wachstum ist.

---

[22] Vgl. Dieter Ernst, „Restructuring world industry in a period of crisis" (Wien, UNIDO, 1981).

[23] Besonders die Schlußfolgerungen der Arbeiten des CEPII, FS 1, 1980; und von NEI, FAST, FOP 47, 1982.

> Die externe Offenheit der europäischen Ökonomien (Anteil der Exporte am Bruttosozialprodukt)
>
> Globaler Zuwachs ... der sehr unterschiedliche Niveaus erreicht
>
> | 1972 | | Größte Offenheit | |
> |---|---|---|---|
> | Europa-10 | = 8,7%[a] | Belgien | = 50% |
> | USA | = 4,3% | Irland | = 48% |
> | Japan | = 9,3% | Niederlande | = 42% |
> | | | | |
> | 1980 | | Geringste Offenheit | |
> | Europa-10 | = 11,4%[a] | Frankreich | = 17% |
> | USA | = 7,6% | Griechenland | = 11% |
> | Japan | = 10,3% | | |

[a] Beinhaltet nur den Handel außerhalb der EWG (Quelle: EUROSTAT, Allgemeine Statistik).

Die Beherrschung von Technologie (Mikroprozessoren, Telekommunikation, Komposit-Werkstoffe, Gentechnologie) ist notwendig, weil sie ihrem Besitzer die Möglichkeit bietet, seinem Bedarf entsprechende Waren und Dienstleistungen zu produzieren. Die Beherrschung von Informationstechnologie ist z. B. lebenswichtig, weil sie das „Nervensystem" unserer Gesellschaft darstellt. Aus diesem Grund ist es gefährlich, anderen ihre Planung und Ausgestaltung zu überlassen. Aber eine solche Beherrschung wird in einer offenen Ökonomie nicht *automatisch* zur Schaffung von Arbeitsplätzen führen, die auf die Nutzung der Technologien bezogen sind. Die Entwicklung von Schweiß-, Montage-, Zuschneide- oder Zeichenrobotern in einigen Regionen Europas garantiert nicht, daß dort auch roboterisierte Automobilfertigung stattfinden wird.[24] Sie wird wie jede andere „Welt"-Technologie dort eingesetzt, wo zukünftige relative Vorteile ihre Ansiedlung diktieren: in Irland, Belgien oder außerhalb Europas. Aufgrund dieser Logik des Weltmarkts wird Europa Arbeitsplätze nur dann sichern können, wenn es sich mit einer ausreichenden Zahl von Aktivposten ausrüstet, von denen „Technologie" nur einer sein kann.

Die Implementierung technologischen Wandels bietet unbezweifelbar Potentiale für eine Erneuerung der Ökonomie eines Landes und seiner Stellung in der internationalen Arbeitsteilung. Aber die oft geäußerte Unterstellung, daß dieses Potential sich positiv auf die Beschäftigungslage in Europa auswirken wird, ist solange eine unsichere Hypothese, wie nicht gleichzeitig andere, begleitende Veränderungen (in den Kommunikations-Infrastrukturen, den sozialen Beziehungen, in der Bildung) vorgenommen werden; insbesondere, solange es die europäischen Regierungen versäumen, eine Politik der Stimulierung, Begleitung und Schaffung eines Rahmens für soziale und technologische Innovationen zu machen.

---

[24] Vgl. „Technological change, location patterns and regional development", FAST, FOP 16, 1982.

3.2.2.1 Welt-Technologien, lokale Technologien

Insbesondere Grenzenlosigkeit ist eine essentielle Kategorie von Technologien, auf der die Entwicklungsrichtung fortgeschrittener Gesellschaften beruht, zur Befriedigung menschlicher Bedürfnisse beizutragen. In vielen Bereichen (z. B. im Bauwesen, in der Landwirtschaft, in bestimmten Bereichen des Energie- und Gesundheitswesens) spielen „lokale" Technologien eine überragende Rolle. Auf anscheinend identische Probleme geben sie national, regional und lokal unterschiedliche Antworten.

Während Welt-Technologien (wie z. B. Mikroprozessoren) das notwendige Rückgrat standardisierter Waren und Dienstleistungen bilden und auf Produktion, Distribution und Konsumption in großem Maßstab basieren bzw. universal angewandt werden können (z. B. Röntgenstrahlen), werden lokale Technologien (Bauwesen, Energie aus Biomasse etc.) speziell in einem lokalen System entwickelt und eingesetzt sowie vorwiegend auf den lokalen Kontext und seine spezifischen Bedürfnisse hin geplant und zugeschnitten.

Parallel zur Umstrukturierung unserer Wirtschaftssysteme zur Bewältigung der Anforderungen externer Wettbewerbsmärkte muß eine „interne Umstrukturierung" erfolgen, die sich mehr auf die Ausnutzung lokaler Ressourcen und Potentiale stützt, und die spezielle lokale Nachfrage berücksichtigt. Unsere Untersuchungen zeigen, daß eine derartige Umstrukturierung möglich ist und nutzbringende Entwicklungen (da sie auf präzisen Bedarf reagiert) und stabile Arbeitsplätze (weil sie weniger von den Launen der internationalen Arbeitsteilung abhängen) hervorbringen würde. Solche Möglichkeiten werden z. B. durch die Biologie und Mikroorganismen auf den Gebieten der Tierzucht (beispielsweise „aqua-farming"), der Forst- und Landwirtschaft und zur Umwandlung landwirtschaftlicher und urbaner Abfälle angeboten.

Weitere Möglichkeiten liegen u. a. im Bereich der Organisation von Dienstleistungen (kleine Druckereien, lokale Datenbasen), in der Nahrungsmittelindustrie (in England profitieren z. B. annähernd hundert kleine Brauereien von der wachsenden Nachfrage nach „real Ale", die auf der Grundlage einfacher Verfahren in den letzten fünf Jahren entstanden sind)[25], in der Aufbereitung von Hausmüll, der Biomasse und der Solarenergie; dies sind nur einige der Branchen, in denen jetzt spezielle, wirklich durchsetzungsfähige Technologien entwickelt werden.

In der Region Prato hat die Leinenindustrie die Textilkrise schmerzlos überstanden. Die Region befindet sich in voller Entwicklung.

- In Prato gibt es 10000 kleine Werkstätten, die jeweils vier bis fünf Personen beschäftigen.
- Die Technologie beruht auf moderner, kundennaher Einzelstück- und Kleinserienfertigung (ca. 1200 Ausrüstungsexperten und Instandhalter arbeiten in dieser Gegend).

---

[25] Vgl. „Appropriate technology for employment generation", Beitrag von M. Bollard auf dem Seminar „New patterns in employment", CETS-CES, Rom, 10. – 12. Dezember 1982.

– Parallel dazu wurde ein effektives System finanzieller Unterstützung und ein leistungsfähiges Verkaufs- und Distributionssystem aufgebaut.

Auf der Ebene der Gemeinschaft, und das ist der wichtigste Punkt, geht die Signifikanz der „internen Umstrukturierung" weit über die bloße Förderung lokaler Super-Handwerker hinaus. Der für Europa strategische Wert der über den Rahmen konventioneller agrarischer Praktiken hinausgehenden Bodennutzung wurde bereits in Kap. 1 behandelt. Im folgenden weitere Beispiele:

Das Energie-System der Gemeinschaft. Es ist bekannt, daß die Techniken zur Offshore-Öl- und Gasförderung in der Nordsee nicht mit denen in Louisiana oder im Maracaibosee vergleichbar sind. Ebensowenig scheint die Technologie der Kohleverflüssigung oder -vergasung, wie sie in Südafrika betrieben wird, für einzelne Regionen Europas geeignet, weil einerseits die technischen, ökonomischen und ökologischen Bedingungen nicht die gleichen sind und außerdem sowohl die Zukunft als auch die Vergangenheit der Energieversorgung dort völlig anders ausfallen.

Chemie. Die chemische Industrie in Europa befindet sich in einer unangenehmen Lage zwischen schwierigem und unsicherem Zugang zu Rohstoffen einerseits und Märkten in der Rezession andererseits. Es besteht die Gefahr, daß diese traditionell „führende" Branche in die Rezession gerät (und damit etwa zum „neuen Stahlproblem" wird?). Eine chemische Industrie in der Gemeinschaft, die ihre Abhängigkeit von und ihre Sensibilität für externe Einwirkungen dadurch reduziert, daß sie ihre Versorgung zunehmend aus Ressourcen der Gemeinschaft bezieht (Kohle, Öl, Gas, Strom und Wärme aus Kernkraftwerken) und sowohl ihre traditionellen (Bauwirtschaft, Automobil-, Textilindustrie, Landwirtschaft und Gesundheitswesen) als auch neuen Abnehmer (Weltraum-, Werkstoff-, Elektronikindustrie) beliefert, würde somit im Einklag mit dem sozio-ökonomischen Kontext existieren können und weiterhin ihre Rolle als Zentrum des Wachstums einnehmen. Eine solche chemische Industrie ist noch lange nicht in Sicht. Um diesen Zustand zu erreichen, wären beträchtliche Änderungen in den Strategien bedeutender europäischer Chemieunternehmen und große Anstrengungen in Forschung und Entwicklung nötig (s. Kasten S. 146).

Das Automobil scheint *a priori* ein bevorzugtes Anwendungsfeld für Welt-Technologien zu sein. Es bietet tatsächlich reichhaltige Möglichkeiten im europäischen Rahmen, vorausgesetzt, wir meinen nicht einfach das Produkt „Auto". In der Tat haben die Zunahme der Zahl der Autos, die Entwicklung der diesen Mengen gerecht werdenden Infrastrukturen und einer entsprechenden Städtebaupolitik sehr viel größere und deutlichere Effekte auf die Wirtschaft gehabt als etwa die Ausbreitung von Konsumgütern, wie der elektrischen Haushaltsgeräte. Diese Entwicklungen haben auf der Ebene des Gesamtsystems ein Niveau von Nachfragesättigung erreicht. Ein „Automobilsystem", das umweltverträglich ist, der Energiesituation in Europa von morgen und übermorgen, den Produktionsmethoden, den Reisebedürfnissen, dem Umgang mit Arbeit und Freizeit sowie unseren Kommunikationsmitteln besser angepaßt ist, könnte die

Die europäische Chemieindustrie: drei Achsen für langfristige F & E

Die Chemie kleiner Moleküle

Der Übergang zu neuen Rohstoffen, wie etwa Kohle, erfordert die Beherrschung der Produktion und Umwandlung kleiner Moleküle (CO, H_2, CO_2). Daher bedarf es F & E auf einigen Stufen:

(*upstream*): es bedarf eines „Kohle-Programms" in der integrierten Grundlagenforschung (man weiß zu wenig über Kohle), der Entwicklung von Techniken zur Vergasung und Verflüssigung und des damit zusammenhängenden Anlagenbaus, Demonstrationsprogramme, und der auf Umweltprobleme bezogenen Forschung;
(*downstream*): z. B. das „Methanol-Programm" und Forschungen über homogene und selektive Katalyse.

Die Chemie regenerierbarer Ausgangsstoffe (Zucker)

Mit dem Ziel der Diversifizierung der Ausgangsstoffe für hochwertige Substanzen, könnten Chemiker die durch nachwachsende und in reichlichem Maß vorhandene Materialien (z. B. Holz) eröffneten Möglichkeiten entwickeln. Die F & E Erfordernisse liegen auf diesen Stufen:
– Prozesse der Degradation von Zellulose und Halbzellulose (auf chemischen oder biologischen Weg), Enzymologie (besonders Forschungen über Hemmungswirkungen [inhibition]);
– Technologien zur Separation, Konzentration und Extraktion von Zucker (Membranen);
– Eigenschaften und Anwendungen von Produkten des downstream-Verfahrens (Furfural, Antibiotika, Makromoleküle, Bio-Pestizide, etc.).

Werkstoffchemie

Der mögliche Anwendungsbereich von *Komposit-Werkstoffen* und die Entwicklung technischer Kunststoffe sind ebenfalls Beispiele für Trends, die die Chemie weiterbringen und ihr neue Absatzmärkte eröffnen. F & E Erfordernisse bestehen auf unterschiedlichen Ebenen:
– spezifische Produkte (Grundlagenforschung);
– Rechenmethoden (geeignete mathematische Modelle);
– Fabrikation und Nutzung (Kompatibilität und Alterung);
– Erarbeitung von Standards. Die Öffnung des europäischen Markts für Komposit-Werkstoffe bedarf der Erarbeitung geeigneter *europäischer Codes und Standards.*

Der notwendige Wissensfortschritt und die vielfältig erforderliche Expertise würden die Gründung eines spezialisierten Forschungsinstituts auf nationaler oder internationaler Ebene rechtfertigen (z. B. ein Europäisches Institut für Komposit-Werkstoffe).

(Gemäß den „Perspectives de la chimie en Europe", FAST, FOP 28, 1982).

Grundlage für eine beträchtliche Anzahl von Arbeitsplätzen in Europa sein, die aber völlig unabhängig von der fast unkalkulierbaren Zahl von Arbeitsplätzen in der Automobilproduktion selbst sind. Zu diesem Zweck sind wiederum vorausschauende F & E-Anstrengungen erforderlich, die die Beteiligung aller Akteure einschließen müssen[26] (Konstrukteure, Regierungen, Gewerkschaften, Universitäten, Verbraucher, betroffene Berufsgruppen etc.), um die Anpassung des Systems an den sozialen und wirtschaftlichen Bedarf der nächsten 15—20 Jahre zu gewährleisten.

Bauwesen. Anders als beim Auto ist dies ein naturgemäß lokaler Bereich (Häuser kann man schließlich nicht exportieren). Aber einzelne Elemente (wie Isolierplatten, Heizungssysteme, Fertigelemente usw.) sind Produkte, die auf dem internationalen Markt gehandelt werden können. Sind nicht die in diesem Zusammenhang bemerkenswerten F & E-Anstrengungen japanischer Unternehmen ein deutliches Zeichen für die Zukunft? Auch das Baugewerbe ist ein Bereich für Innovation[27] von Produkt (neue Materialien), Prozeß (besonders das Niveau der „Software" in diesem Bereich macht Fortschritte möglich) und auch Funktion (Klimaanlagen, Kontrollsysteme, Sicherheit etc.). In der Nutzung dieses Potentials liegt vielleicht der einzige Weg für die Europäer, den Beschäftigungsproblemen dieser Branche dauerhaft zu entgehen.

Somit wäre klar, daß die Europäer, neben dem notwendigen Bemühen, die Führung bei den Welt-Technologien zurückzugewinnen, gleichzeitig andere Entwicklungslinien zu verfolgen haben, um die Basis für langfristige Beschäftigung zu legen — und zwar die *„interne Umstrukturierung" auf der Grundlage der Entwicklung von lokalen Technologien.* Dies setzt die Bereitschaft einer F & E-Politik in spezifischer Richtung mit spezifischen Methoden voraus. Der erste Schritt in diese Richtung muß sicherlich ein Aufzeigen der vielen Möglichkeiten im Bereich der lokalen Technologien sein. Wir haben dies anhand einiger Fälle versucht. Einige Modellversuche und Analysen machen hier und da in Europa Fortschritte. Diese Bemühungen weiterzuverfolgen und die nötigen Schlußfolgerungen aus ihnen zu ziehen, bleibt, zusammen mit der Befriedigung von F & E-Bedarf in bestimmten Fällen, eine wichtige Aufgabe, die eine Koordination auf europäischer Ebene erfordert.

Dies ist ein wichtiges Ergebnis. Lokale „Umwelten" (Infrastruktur; technische, kommerzielle und finanzielle Expertise) tragen stark zur Akzentuierung der räumlichen Ausbreitung technologischen Wandels bei. Diese profitieren somit von der Entwicklung einiger Regionen und nicht von der anderer. Wenn in dieser Hinsicht nichts getan wird, besteht die große Gefahr, daß mehr als 50 Regionen (ausgegangen von den 120 Regionen der 12er Gemeinschaft) strukturell durch die Unwahrscheinlichkeit von Innovation und die Unmöglichkeit, neue Chancen zu ergreifen, gekennzeichnet bleiben; so daß sie Orte passiven Konsums von Waren und Dienstleistungen bleiben; daß sie bestenfalls finan-

---

[26] Petrella, R.; Ruyssen, O.: L'industrie automobile en mutation. FAST, FOP 4, 1981.
[27] Vgl. ISCOL und SEMA, „The potential of information technologies for job creation, report on the first phase", FAST, FOP 5, 1981.

ziell abhängig bleiben (weil die Reduzierung der Transferzahlungen von reichen an ärmere Regionen aus naheliegenden Gründen der staatlichen Haushalte unvermeidlich scheint). Die Förderung lokaler Technologien ist deshalb ein starkes Mittel, um Regionen wieder zu aktiven Zentren neuen ökonomischen Wachstums und neuer Entwicklung werden zu lassen.

Wie sollte aber die Balance bei der Förderung von F & E in Richtung auf Welt-Technologien und lokale Technologien aussehen? Was sollte in jeder Gruppe Priorität haben? Und mit welchen Konsequenzen für Beschäftigung und die europäischen Gesellschaften? Welche Optionen stehen Europa offen?

3.2.2.2 Welche Szenarien für Europa?

Um kohärente alternative Vorschläge für die F & E in der Gemeinschaft auszuarbeiten, ist es notwendig, von unterschiedlichen makroökonomischen Zukunftsentwürfen auszugehen. Da Zukunftsentwürfe für die Gemeinschaft nirgendwo schriftlich fixiert sind, war es notwendig, sie zu „erfinden". Das PRESTO-Projekt[28] gab den Rahmen für diese vorausschauenden Überlegungen ab.

Die Basishypothese ist einfach: das Produktionssystem in Europa ist nicht länger den Umständen angemessen und sollte neu strukturiert werden.[29] Um diese Restrukturierung vorzunehmen, kann eine Reihe verschiedener Industriepolitiken ins Auge gefaßt werden. Insoweit eine Fusion koalierender Akteure, organisiert um ein kohärentes mittel- oder langfristiges Projekt bereit ist, einige besondere Strategien zu fördern (ausgedrückt in Begriffen sozioökonomischer Ziele, industrieller Politiken, Investitionen, F & E-Politik, sozialer Regulatoren usw.), wurde ein solches Szenario geschaffen, insbesondere was die Zukunft der ökonomischen Kernsektoren, den unterschiedlichen Gebrauch von Technologien, den Anspruch und die Art der Arbeitsplätze sowie die Organisation bzw. infrastrukturelle Entwicklung der Region betrifft. Auf diese Weise wurden eine Reihe von *normativen* Szenarien ausgearbeitet, die jeweils eine gesellschaftliche Entscheidung implizieren. Die folgenden Szenarien wurden ausgearbeitet[30]:

– *Das „protektive" Szenario* – weist der kurz- und mittelfristigen Beschäftigungssicherung hohe Priorität zu. Es impliziert weitreichende Protektionsmaßnahmen für bedrohte Branchen zum Schutz vor internationaler Konkurrenz. Mittelfristig wird eine Entwicklung zu möglichst weitgehender Autonomie angestrebt. Dieses Autonomiestreben wird durch Nutzenmaximierung auf europäischer Ebene verfolgt (und nicht nur innerhalb jedes einzelnen Landes). Dieses Szenario führt zu einer allgemeinen Senkung des Lebensstandards.

---

[28] Prospects for regional employment and scanning of technological options, und die daraus entstandenen Forschungsberichte (FAST, FOP 16, 30, 31, 42, 47, 48, 56, 57).

[29] Gegenwärtig könnten wir uns in der Abschwungphase eines „Kondratiev-Zyklus" befinden. Die Autoren der Szenarien unterstellen diese Interpretation der Krise.

[30] Vgl. den ADA-Bericht „Technologie, emploi et régions: trois scénarios finalisés pour l'Europe", FAST, FOP 56, 1982.

— *Das „offene" Szenario* — legt die Priorität auf die Verfolgung internationaler Wettbewerbsfähigkeit. Staatliche Politiken (Industrie, Energie, steuerliche Behandlung von F&E usw.) werden als Erleichterung der Aufgabe für Exportunternehmen und Favorisierung des Wachstums in Branchen, in denen die Weltnachfrage expandiert, begriffen. Dieses Szenario führt zur Entwicklung einer Drei-Sektoren-Ökonomie (dem offenen Sektor: der „Speerspitze" des Wachstums; dem geschützten Sektor niedriger Produktivität; und parallel dazu dem informellen Sektor, der Schattenwirtschaft). Langfristig sind damit Verschlechterung der Beschäftigungslage, ein hohes Risiko sozialen Zusammenbruchs und große Unterschiede zwischen den europäischen Ländern verbunden.

— *Das „Förderungs"-Szenario* — gibt der Wiederbelebung der lokalen und globalen Nachfrage Vorrang. Ein Schlüsselelement dieses Szenarios sind Verhandlungen über einen „Marshall-Plan" für die Dritte Welt, der von den reichen Ländern lanciert werden müßte. Dieses Szenario führt zu einer allmählichen, aber grundlegenden Überwindung der Krise.

Ebenfalls in Betracht gezogen wurde:

— *Das „Trend"-Szenario,* das als das Wahrscheinlichste erscheint, weil es auf den gegenwärtigen Strategien der beteiligten Akteure beruht, das uns aber trotzdem wenig wünschenswert erscheint. Es ist ein Szenario unausgewogener Anpassung: jeder Staat, jede Branche und jede soziale Gruppe verfolgt ihre eigenen Ziele unter dem Gesichtspunkt von Kostenminimierung und Nutzenmaximierung. Ein europäischer Zusammenhang und ein verbindendes Gemeinschaftsprojekt kommen darin nicht vor. Dieses *laissez-faire* Szenario wurde nicht weiterentwickelt.

Zusätzlich zu diesen Überlegungen wurde der Versuch einer Quantifizierung in bezug auf das Wachstum des Bruttosozialprodukts der Länder und Regionen, der Wachstumsrate der ökonomischen Kernsektoren und der nationalen und regionalen Beschäftigungslage gemacht. Wir haben daraus eine Reihe von Basislektionen abgeleitet.

Kein Szenario ist in jeder Hinsicht unproblematisch, sondern jedes führt zu schweren Konflikten zwischen beteiligten sozialen Akteuren. Nur insoweit Aushandlungsprozesse auf allen Ebenen entwickelt werden (international, intersektoral, regional, zwischen sozialen Gruppen usw.), kann man auf ein überlebensfähiges, langfristiges Szenario hoffen.

Die Wiederherstellung einer dynamischen Entwicklung erfordert Aushandlungsprozesse auf globaler, lokaler und sektoraler Ebene. Die Europäische Gemeinschaft als Akteur mit übergeordnetem Standpunkt sollte auf diese internen wie externen Aushandlungen vorbereitet sein.

Und hier besteht der Engpaß: unabhängig von der Entscheidung für ein Szenario sind die Europäer *nicht in der Lage,* in diese Aushandlungsprozesse einzutreten.

Keines der drei Szenarien visiert einen deutlichen Rückgang der Arbeitslosigkeit vor dem Ende der 80er Jahre an. Deshalb:

– *Landwirtschaftliche Beschäftigung* ist weiterhin stark im Schwinden begriffen. Sie wird sich im besten Fall stabilisieren. Dieser Rückgang ist für die Mittelmeerländer noch ausgeprägter. Weiterer starker Beschäftigungsabbau im ländlichen Bereich wirft natürlich ein schwieriges Problem für die Aufnahme der freigesetzten Arbeitskräfte auf. Worauf steuert die Bevölkerung zu, und auf welche Arbeitsplätze? Die Industrie ist wohl nicht aufnahmefähig genug und Arbeitsplätze im Dienstleistungsbereich können Hunderte von Kilometern entfernt sein.

Die Erweiterung der Gemeinschaft verlangt deshalb, daß die speziell durch landwirtschaftliche Systeme aufgeworfenen Probleme in einer langfristigen Perspektive geprüft werden, d. h. in Zeiträumen, die größer sind als die der landwirtschaftlichen Überproduktion bei einigen Produkten. Es mag Chancen geben, besonders im Rückgriff auf F & E, die landwirtschaftliche Beschäftigungslage durch Erhöhung der Produktivität, effektivere Ausbeutung der Bodenressourcen und Diversifizierung des jeweiligen Anbaus zu stabilisieren.[31] Derartige Studien zeigen auch, daß sich die gegenwärtige Forschung hauptsächlich mit den Problemen nördlicher Regionen beschäftigt, und für die Regionen des Südens die Lücke zwischen dem, was heute technologisch möglich und morgen technologisch nötig ist, viel größer ist als im Norden.

Forschung, die die Ausnutzung des Potentials der europäischen Landwirtschaft begünstigt, sollte auf der Ebene der Gemeinschaft substantiell verstärkt werden. Besondere Aufmerksamkeit sollte dem Element „Mediterraner Landwirtschaft" und dem Beschäftigungsaspekt geschenkt werden.

– *Industrielle Beschäftigung* wird, entsprechend den Szenarien, sehr unterschiedliche Muster aufweisen. Im Bereich industrieller Produktion ist die Unbestimmtheit am größten, und die „Beschäftigungsschlacht" wird vor dem Ende der 80er Jahre gewonnen oder verloren sein.

Diese Unsicherheit hängt besonders mit der Investitionspolitik europäischer und außereuropäischer Unternehmen zusammen: werden sie in Europa oder anderswo investieren? Die Szenarien demonstrieren die fundamentale Rolle, die die Gemeinschaft in dieser Hinsicht, durch Entscheidung über die Unterstützung eines kohärenten Plans für die zukünftige Konsolidierung der industriellen Basis Europas spielen kann, der zu Reindustrialisierung um die Pole Wachstum und Entwicklung von morgen führt.

– *Die Beschäftigung im Dienstleistungsbereich* (der, wie schon bemerkt, gegenwärtig den größeren Beschäftigungsanteil in Europa darstellt) scheint sich *in jedem Falle* wenn auch mit mäßigerem Tempo, weiterzuentwickeln.

---

[31] Vgl. die Berichte des FAST Subprojekts A 3, „Biomass and regions" (FAST, FS 14, 1983; FAST, FOP 10–14, 1981; und FAST, FOP 19–24); sowie Farget, M. A.: Valorisation énergétique de la biomasse d'origine agricole. FAST, FS 15, 1983.

Dieser umfassende Bereich erlebt bedeutende Transformationen unter den gemeinsamen oder verschiedenen Einflüssen von Informationstechnologien und neuen sozialen Anforderungen, die unterschiedlich zum Ausdruck kommen (durch die Marktwirtschaft, durch kollektive Dienstleistungen, durch informelle Ökonomie usw.).

In Abhängigkeit von der Art und Weise ihrer Realisierung haben diese beinahe unvermeidlichen Umwandlungen großen Einfluß auf die Beschäftigungslage in Europa. Die mittel- und langfristigen Chancen sind überhaupt nicht zu überblicken. Das Aufgreifen dieser Chancen erfordert den Ausbau von Infrastrukturen (besonders für Telematik) und gleichzeitig massive Bemühungen im Bereich von Bildung und Ausbildung von Arbeitskräften. Langfristig wird der Kampf um Beschäftigung zweifellos stattfinden.

Durch Ausbildung und die Entwicklung von Infrastrukturen der Zukunft werden die staatlichen Administrationen entscheidenden Einfluß auf die langfristigen Beschäftigungsmöglichkeiten nehmen können.

Für Europa ist der weitere Verlauf der Nord-Nord-Beziehungen von fundamentaler Bedeutung. Sie könnten über geordneten Rückzug (im Falle des „protektiven" Szenarios), ungestümes Vorpreschen (im Falle des „offenen" Szenarios), systematische Übereinstimmung („Förderungs"-Szenario) oder aber auf der Basis von eher bilateralen als gemeinschaftlichen Übereinkünften (wie im „Trend"-Szenario) beruhen. Die einander widersprechenden Konsequenzen der Szenarien demonstrieren die Bedeutung einer diesbezüglich langfristigen Strategie.

Das „Förderungs"-Szenario ist unter den gegenwärtigen Umständen politisch am schwierigsten zu implementieren, obschon es das *einzige* zu sein scheint, das angesichts der Wechselwirkungen zwischen den Schlüsselvariablen und der Möglichkeit zur Lösung der allen Szenarien inhärenten Konflikte und Widersprüche, mittel- bis langfristig Wege zur Krisenbewältigung verspricht. Das offene und das protektive Szenario hingegen würden gegen Ende der 80er Jahre zu sozialem Zusammenbruch führen.

In jedem Falle wird das Problem der Arbeitslosigkeit die europäischen Gesellschaften weiterhin schwer belasten. Eine sichere Kalkulation über potentiell zusätzliche Arbeitsplätze, die durch ein „Förderungs"-Szenario angeboten würden, das um die Zielvorstellung einer Erneuerung und Konsolidierung der industriellen Basis Europas kreist, war bisher nicht möglich. Gleichgültig, welche industrielle Strategie verfolgt wird, bedarf es einer Erforschung *ergänzender Wege*.

3.2.3 Die Umwandlung der Arbeit, technologische und soziale Innovation

3.2.3.1 Ist es möglich, die Zukunft der Arbeit vorherzusagen?

In einer Zivilisation wie der unseren, die aus der Arbeit die fundamentale gesellschaftliche Dimension gemacht hat, erfordert eine Analyse des momentanen und zu erwartenden Wandels der Industriegesellschaft Überlegungen zur Zukunft der Arbeit. Diese Frage stellt sich auch zwingend in einer Gesellschaft, die die „kleinen grauen Zellen" (d. h. den Menschen) als das wahre „Kapital" der Zukunft hervorhebt.

Betrachtet man das tägliche Leben, die Berufe und Arbeitsbedingungen in ihrer unendlich großen lokalen Verschiedenheit und Komplexität, so entdeckt man eine Unzahl von Problemen und Chancen, Konflikten, Ängsten, sowie Unzufriedenheit und Entfremdung. All dies macht die langfristige Einschätzung der Zukunft der Arbeit zu einer mit Unsicherheit behafteten schwierigen Aufgabe.

Die erste Schwierigkeit hängt mit der Unmöglichkeit zusammen, mit umfassenden Begriffen zu argumentieren: die Zukunft der Arbeit für Bauern im westlichen Andalusien, auf Sardinien oder im makedonischen Teil Griechenlands wird völlig verschieden von dem sein, was die Arbeit von Sekretärinnen oder Stenotypistinnen in großen Verwaltungen charakterisiert; diese ist aber auch von der der Manager großer landwirtschaftlicher Betriebe in den Niederlanden oder der Normandie zu unterscheiden.

Ebenso muß man die Probleme, Möglichkeiten und Chancen von Teilzeitbeschäftigten (gegenwärtig ca. 9 Mio in der Gemeinschaft; 80% davon sind Frauen) in ihren jeweiligen Tätigkeitsbereichen, Berufen, unter den jeweiligen nationalen gesetzlichen Rahmenbedingungen, und den Einstellungen und Vorurteilen von Einzelnen und Institutionen differenzieren (insbesondere im Verhältnis von Männern zu Frauen).

Die zweite Schwierigkeit liegt in der Komplexität der Beziehungen zwischen Wirtschaftswachstum, technologischem Wandel, der Arbeitsteilung und Beschäftigung zwischen Branchen, der Qualifikationsstruktur und den Arbeitsplätzen.

Diese Beziehungen verändern die Organisation der Arbeit in Unternehmen und Branchen in Abhängigkeit von den Strategien der Akteure. Da die Regulationsmechanismen der Entwicklung dieser Beziehungen kaum zu erkennen und wenig verstanden sind, muß man mit jeder „Voraussage" möglicher Entwicklungen für die 90er Jahre vorsichtig sein.

Die dritte Schwierigkeit schließlich betrifft das Verständnis des Einstellungswandels in bezug auf Arbeit und das damit korrespondierende Verhalten besonders im Hinblick auf einzelne Gruppen, den kollektiven Umgang mit Zeit und ihre Aufteilung auf Arbeit und Freizeit. Diese Einstellungen variieren im zeitlichen Ablauf, in verschiedenen Ländern, zwischen sozialen Gruppen und Generationen, ohne einem linearen Muster zu folgen.

Müssen wir deshalb den Versuch einer langfristigen Abschätzung der „Zukunft der Arbeit" aufgeben? Wir müssen uns zumindest der Grenzen bewußt sein.

3.2.3.2 Sozialgeschichte und technologischer Wandel

Um gegenwärtig erst in Umrissen erkennbare Transformationen zu verstehen, ist es notwendig, wichtige und langfristige historische Entwicklungen innerhalb einer Kultur und innerhalb der Gesellschaft zu untersuchen und zu beurteilen. Diese können besonders in Hinblick auf Einstellungen und Werte von großer Bedeutung sein, bei denen wir im Zeitraum einer Generation aber trotzdem keine grundlegenden Wandlungen, in bezug auf die nachfolgend beschriebenen Konstellationen erwarten sollten:

Unterschiede zwischen Männer- und Frauenarbeit: Gründe, Natur und Modalitäten. Bekanntlich konstituieren Familie und Hausarbeit den wesentlichen Unterschied zwischen Männern und Frauen sowohl in zeitlicher als auch räumlicher Hinsicht: Frauenarbeitsplätze stellen oft eine Verlängerung ihrer häuslichen Rolle dar – in Dienstleistungen, Nahrungsmittelindustrie, Bekleidungsindustrie, Bildung. Die Aufgaben von erwerbstätigen Frauen ähneln ihren häuslichen Aufgaben sehr: die Stenotypistin bereitet wie in der Küche Berichte und Dokumente vor, die Sekretärin überwacht den „Haushalt" der Tätigkeiten ihres Chefs, während sie in den Kindergärten und Schulen die Kinder aufziehen usw. Je mehr bezahlte Arbeit der Hausarbeit gleicht, desto geringer wird sie bewertet und bezahlt (z. B. Haushaltshilfen). So lange sich die Aufgabenverteilung sowohl in der Familie wie auch auf sozioökonomischer Ebene nicht ändert, wird es keinen wirklichen strukturellen Wandel in bezug auf Frauen und Männerarbeit geben.[32]

Die Rückkehr der Arbeit ins eigene Haus (von der soviel zu hören ist), die durch die neuen Informationstechnologien in naher Zukunft möglich ist, wirft natürlich viele Fragen und Verdachtsmomente auf, die besonders die Frauen betreffen. Diese Rückkehr erscheint unwahrscheinlich, da die Frauen vermutlich das „Zurück an den Herd" nicht zu Bedingungen akzeptieren werden, die, obwohl sie neu erscheinen, nicht vorteilhafter sein werden, als sie es zu der Zeit waren, als sie den Herd verließen.

Allgemein können folgende Effekte der neuen Technologien – entsprechend den Ergebnissen einiger Berichte – für Frauenarbeit und Beschäftigung ausgemacht werden:

– Die Nachfrage nach Frauenarbeit wird potentiell sinken (damit würden die Frauen zu einer gefährdeteren Gruppe als die Männer);
– die Bedingungen der Beschäftigung von Frauen werden unsicherer (und damit werden sie auf die gleiche Basis gestellt wie ältere oder unqualifizierte Personen);
– die Nachteile, unter denen Frauen auf dem Arbeitsmarkt immer schon zu leiden hatten, werden stärker (im Vergleich zu den Männern);
– auf der Ebene von Qualifikation, Tätigkeit und Art der Arbeit wird die Polarisierung weitergetrieben.

Darin scheint sich eine bemerkenswerte Kontinuität zur Vergangenheit zu zeigen. In den USA ist jüngst eine Verfassungsänderung mit dem Ziel, Frauen für

---

[32] Viele empirische Studien haben versucht, die Änderungen, die die neuen Technologien für die Frauenarbeit haben, abzuschätzen. Eine Übersicht, die für FAST von C. Shannon und F. Henwood erstellt wurde, dokumentiert dies (vgl. „New information technology and women's employment", FAST, FOP 54, 1982). Keine Studie kann eine substantielle Modifizierung im Verhältnis von Frauen- und Männerarbeit aufzeigen. Einige interessante Punkte zur Analyse und Reflektion des Verhältnisses von Arbeit und Geschlecht sind zu finden in: „Information Technology – Impact on ways of life", Bericht der FAST-Konferenz in Dublin 1982, Teile II und III; und im Beitrag von R. Nielsen, einem Teilnehmer des Seminars „Attitudes towards work", Marsseilles (vgl. FAST, FOP 53, 1982).

gleiche Arbeit den gleichen Lohn zuzuerkennen, abgelehnt worden. In den Ländern der Gemeinschaft ist es wahrscheinlicher, daß in den nächsten Jahren zahlreiche gesetzliche und praktische Maßnahmen ergriffen werden, um diese Quelle der Diskriminierung von Frauenarbeit zum Versiegen zu bringen.[33]

Aber die eigentlichen Wandlungen in den Differenzen zwischen Männer- und Frauenarbeit, sind zweifelsohne Veränderungen *auf der Ebene des Haushalts* und bezüglich der Art und Weise, wie (Ehe-)Paare eine neue Aufgabenverteilung zwischen den Geschlechtern in der Familie vornehmen (z. B. bei der Beaufsichtigung und Erziehung der Kinder, besonders in den frühen Lebensabschnitten), aber auch im sozioökonomischen Bereich (ob Arbeit bezahlt wird oder nicht, Zeiteinteilung zwischen Arbeits- und Nicht-Arbeitstätigkeiten etc.).[34]

Die Abhängigkeit des Menschen von Maschinen. Im Zusammenhang mit den neuen Automations-, Informations- und Kommunikationstechnologien hat es eine große Auseinandersetzung um die Frage der Befreiung des Menschen durch Maschinen gegeben. Sicherlich können viele repetitive, physisch oder psychisch belastende Aufgaben mit geringerer Beteiligung des Menschen erledigt werden. Es kann sein, daß z. B. bis 1995 in den Ländern der Gemeinschaft einige Zehntausend Roboter die Autos produzieren, die heute von 2 Mio Menschen gefertigt werden. Während wir auf dieser These nicht bestehen würden, ist aber zumindest sicher, daß 1995 nur ein Teil der heute benötigten Arbeitskräfte Autos produzieren wird. Um wieviel wird ihre Zahl abnehmen? Die Schätzungen dazu variieren zwischen 10 und 50%. Aber während die Anzahl der Arbeitskräfte, die mit manuellen Arbeitsaufgaben beschäftigt sind, in Grenzen reduzierbar ist, sollte man nicht vergessen, daß

– manuelle Arbeit auf Jahrzehnte für die Mehrheit der Europäer (Männer und Frauen) bestimmend bleiben wird;
– es immer manuelle Arbeitsaufgaben geben wird, zu deren Ausführung Maschinen nicht fähig sein werden, und die der Mensch ihnen auch nicht übertragen will.

Jenseits dieses quantitativen Aspekts haben viele Autoren die möglichen Begrenzungen einer „Befreiung" beschworen, die im Rahmen der Entwicklung hochautomatisierter Systeme auftreten würden. Ohne von einem „elektronischen Gulag" sprechen zu wollen, findet sich die Arbeitskraft, die Symbole (anstatt physischer Teile) in Übereinstimmung mit vorgefertigten Prozeduren manipulierend, selbst isoliert, zwar „befreit" von den physischen Zwängen des Arbeitsumfelds, aber immer noch total an ihre Arbeit gebunden (insofern ihr die

---

[33] In dieser Hinsicht ist das „New programme of action of the Community on the promotion of equality of opportunities for women 1982–1985" ein Beispiel für die Fähigkeit der europäischen Institutionen, soziale Innovation zu fördern.

[34] Es gibt in Europa sehr viel Literatur zum Thema Familie und ihre Zukunft. Trotzdem existiert ein Mangel an (komparativen) Studien über die Rolle der (Ehe-)Paare für die Zukunft der Arbeit und die sozioökonomische Beziehung zwischen den Geschlechtern im Haushalt.

Bedeutung und der Zweck ihre Arbeit gänzlich unverständlich und unbekannt bleiben). Der Arbeiter wird einer Kontrolle unterworfen, die fortan dafür sorgt, daß die traditionellen Organisationsmuster (das Team, die Werkstatt, etc.) nicht länger existieren, und somit die Reste von Autonomie, die er früher in einer weniger „perfekten" Arbeitsumgebung genießen konnte, entfallen.[35]

In der Ersetzung der einen Form der Abhängigkeit durch eine andere liegt somit eine große Gefahr. Trotzdem ist die Abhängigkeit des Menschen von der Maschine *nicht unabwendbar*. Durch verschiedene Studien über die Beziehung zwischen Mensch, Maschine und Organisation werden wir im Besitz wissenschaftlicher Grundlagen darüber sein, *in welcher Form* wir die neuen Informations-, Automations- und Kommunikationstechnologien anwenden sollten.

3.2.3.3 Das Auftauchen alternativer Modelle

„Neue Selbständige", Selbsthilfe, Eigenarbeit, Schwarzarbeit — sind das die ersten Anzeichen einer Umbildung unseres Wirtschaftssystems? Es scheinen eher Versuche zu sein, ein System, das als zu monolithisch und rigide beurteilt wird, zu umgehen, und die hier und da ein wenig Raum für individuelles Verhalten lassen.

Während wir nicht unbedingt mit denjenigen übereinstimmen, die behaupten, daß die neuen Selbständigen einfach schlaue Manager sind, die wissen, wie sie an Erleichterungen und Zugeständnisse kommen oder vielleicht sogar findige Köpfe, die am Rande der Legalität operieren, möchten wir betonen, daß es in der einen oder anderen Form immer abweichende Varianten vom zentralen Modell gegeben hat. Die Geschichte der Genossenschaftsbewegung z. B. hat nicht erst gestern begonnen. Ist sie nicht „wiedergeboren" worden? Was sich ändert, ist eher die Aufmerksamkeit, die diesem Phänomen gewidmet wird und der jeweils größere oder kleinere symbolische Wert, der ihnen beigemessen wird. Der Gewinn an Autonomie, Freiheit und Interesse an der Arbeit wird oft mit (Selbst-)Ausbeutung bezahlt. In Italien sind die Beschäftigten mit zwei oder drei Jobs so effizient wie Roboter: sie streiken nicht, arbeiten wesentlich mehr als acht Stunden am Tag und versuchen, nicht krank zu werden ...

Obwohl natürlich diese alternativen „Modelle" extrem marginal und zwiespältig bleiben, läßt sich ein reeller sozialer Bedarf nicht abstreiten, und zwar den Arbeitsmarkt leichter betreten und verlassen zu können und in ihm in Dauer und Struktur variierende „Laufbahnen" einschlagen zu können; kurz gesagt, den „Status" von Arbeit breiter auswählen zu können.

In dieser Hinsicht stellt Europa durch die unterschiedlichen sozialen Praktiken, die es beinhaltet, ein *außergewöhnliches Laboratorium* dar. Wir konnten beobachten, wie in Seminaren versammelte Forscher mit Interesse für sie neue Welten entdecken, wie die Pensionsfonds in Italien finanziert werden oder das dänische System der Sozialbeiträge funktioniert. Ein Schritt, der schnell getan werden kann, ist die verstärkte Nutzbarmachung der Beispiele, die dieses Laboratorium bietet.

---

[35] Vgl. verschiedene Diskussionen auf dem Marsseiller Seminar über „Attitudes towards work" und den entsprechenden Forschungsbericht von B. Morel, „L'evolution des attitudes envers en travail", FAST, FOP 53, 1982.

3.2.3.4 Die zentrale Rolle der Arbeit in unserer Gesellschaft

1980 widmete unsere Gesellschaft als Ganze nur 9% ihrer gesamten Zeit der Arbeit[36], und die durchschnittliche jährliche Dauer der Vollzeitarbeit hat sich praktisch in den letzten 150 Jahren halbiert (von 3800 Stunden 1830 auf 1825 Stunden im Jahre 1980); aber die Aussichten, in den nächsten 15–20 Jahren durch technologische oder soziale Innovation zu einer signifikanten Herabsetzung der *zentralen Rolle der Arbeit* zu gelangen, scheinen aus mindestens vier Gründen gering.

1. Das Bildungssystem, das Familienleben, einzelne Dienstleistungen, das Transportwesen, unsere Ernährungs-, Umgangs-, Einkaufsgewohnheiten und unsere Freizeitgestaltung – alles, oder fast alles, ist um das zentrale Basisfaktum organisiert: 8 Stunden Arbeit, 5 Tage in der Woche, 11 Monate im Jahr und das ca. 60 Jahre unseres Lebens. Während es weitere Veränderungen der bezahlten Arbeit geben wird (Arbeitslosigkeit, Ausdehnung der Ausbildungsdauer, Frühverrentung, Arbeit im informellen Sektor usw.) *wird es Generationen dauern, um eine Gesellschaft zu modifizieren, die* – zumindest seit 200 Jahren – *fundamental um Arbeit strukturiert ist.* (Wobei zudem vorausgesetzt ist, daß die Gesellschaft selbst Wandel wünscht: es wird ebenfalls Generationen dauern, bis wir in der Lage sind, uns Möglichkeiten eines Lebens ohne Arbeit vorzustellen, vorausgesetzt, wir werden fähig, uns auch ohne Arbeit sinnvoll ausgefüllt zu fühlen.)

2. *Arbeit wird unser großer Zeitorganisator bleiben.* Wie wir im folgenden Abschnitt sehen werden, kann es sein, daß die Arbeitszeit unabhängig von dem rigiden Zwang sein wird, den eine externe Logik wie die der Firma oder die des Büros auferlegt. Die Abkopplung von Tageszeiten oder Wochentagen von der Arbeitszeit wird sicherlich möglich sein. Aber soziale Innovationen müssen in viel größerem Maße unternommen werden, um die Teilung der Lebenszeit in die drei Hauptphasen der „Existenz" zu modifizieren: die Phase der Basisausbildung für den „aktiven Lebensabschnitt" (0–16 oder 0–22); die Periode berufsmäßigen Lebens und Arbeitens (16–65 oder 22–65); und die „Rückzugs"-Phase aus dem aktiven Leben.

3. *Arbeit wird ein bevorzugter Ort und ein Mittel zur Herstellung von sozialen Beziehungen und der Beschaffung einer bestimmten sozialen Legitimation bleiben.* Wie sonst sollte man die verzweifelte Hartnäckigkeit erklären, mit der Arbeiter, einschließlich ihrer Vorgesetzten, ihre Arbeitsplätze verteidigen, wenn sie durch neue Automations- und Informationstechnologien in Mitleidenschaft gezogen werden, oder warum Lehrer mit derartigem Argwohn und Mißtrauen gegenüber Informatik in der Schule reagieren. Man muß sich vergegenwärtigen, daß ihr „soziales Sein" auf dem Spiele steht, ihr Erbe menschlicher und sozialer Beziehungen, ihre soziale „Nützlichkeit" als Teil der Menschheit.

Diese Frage kann also nicht auf finanzielle oder technische Probleme reduziert werden: die Geschichte zeigt, daß der Übergang von einer Arbeits-

---

[36] Quelle: Leisure and work, the choices for 1991 and 2001. Leisure Consultants, 1982.

form in eine andere ohne das Gespenst der Arbeitslosigkeit möglich ist. Aus diesen tieferen Gründen besteht die Gruppe der Betroffenen auf Zusammenarbeit bei den Entscheidungen, die den technologischen Wandel betreffen.

4. Von den verschiedenen Formen der Arbeit in den heutigen europäischen Staaten, ist die *abhängige Beschäftigung* als das zentrale Element anzusehen. Die Erwerbsorientierung bleibt das vorherrschende Verhältnis. Durch bezahlte Arbeit besorgt man sich die nötigen Einkünfte, die einem entweder direkt (durch Kauf oder Tausch) oder indirekt (via Steuern und öffentliche Ausgaben) Waren und Dienstleistungen verschaffen. Die Verbindung von *Arbeit und Einkünften* (man arbeitet vor allem, um seinen Lebensunterhalt zu verdienen) und *Arbeit und Konsum* (je größer das Einkommen, desto mehr verschafft die Arbeit Zugriffsmöglichkeiten auf Konsum) erfordert eine weitere Klärung. Durch Konsum etabliert man sich in der sozialen Hierarchie und unterscheidet sich von anderen (ungeachtet der zunehmenden Gleichheit der konsumierten Waren und Dienstleistungen). Während es Hinweise auf mögliche Wandlungen zu geben scheint (s. unten), sind für die nächsten 15—20 Jahre soziale Innovationen, die so grundlegend sind, daß sie die *zentrale Rolle* bezahlter Arbeit reduzieren, kaum abzusehen.[37]

Solche Kontinuität und Trägheit sollte nicht zu dem voreiligen Schluß verleiten, daß die Arbeit für Europäer und Nicht-Europäer 1990 noch praktisch die gleiche sein wird wie sie es 1960 war. Aber die natürlichen Anpassungsfähigkeiten unserer Gesellschaften sind begrenzt, und damit ist genau dies die Situation, mit potentiell enormem technischen Fortschritt konfrontiert zu sein, den es zu nutzen gilt, die das Problem verursacht: werden die europäischen Gesellschaften in der Lage sein, sich mit Mitteln zur Verbesserung ihrer Anpassungsfähigkeit und Flexibilität auszurüsten? Die Wandlungen sind jedenfalls sicher im Anzug.

3.2.3.5 In Richtung neuer Arbeitsformen

Die Beziehungen zwischen Mensch und Arbeit verändern sich, weil sich die Rolle des Menschen in Produktions-, Distributions- und Kommunikationsaktivitäten deutlich verändert. Dies geschieht unter dem kombinierten Zusammenwirken von:

— Änderungen in sozialen Bestrebungen;
— grundlegenden wirtschaftlichen Veränderungen (relative Kosten der Produktionsfaktoren);
— Automatisierung und Informatisierung (Technologie ersetzt den Menschen in Betriebs- und Managementfunktionen, sogar im Bereich der Kontrolle).

Dies kann als doppelte Transformation charakterisiert werden — von Arbeit mit Einzelelementen zu Arbeit in Systemen und von Arbeit in einer linearen Kette zu Arbeit im Kontext eines Netzwerks.

---

[37] Wie Friedhart Hegner bemerkt: „Wir leben in einer Einbahnstraßen-Gesellschaft, und bezahlte Arbeit ist der Richtungsanzeiger". Vgl. seinen Beitrag zum Marsseiller Kolloquium, a.a.O., Anmerkung 35.

Von der Arbeit mit „Elementen" zur Arbeit in „Systemen". Als Ausgangspunkt für weitere Verallgemeinerungen wählen wir das Beispiel der evolutionären Entwicklung der Arbeit in der Stapelverarbeitung von Einzelteilen. Ausgehend vom Gebrauch einfacher Werkzeuge kam der Übergang zu Werkzeugmaschinen und danach zu numerisch gesteuerten Werkzeugmaschinen und schließlich zu „flexiblen Fertigungszellen" (FFZ) und zu „flexiblen Fertigungssystemen" (FFS), die eine Reihe von CNC-Maschinen integrieren. Der qualifizierte Handwerker erhielt Überwachungsfunktion über das System. Das Problem ist nun nicht so sehr, ob die Arbeitsaufgaben selbst angereichert oder verkümmert sind, sondern eher, ob vor allem die Rolle des Menschen verändert wurde, ob er *aktiver Teilnehmer im Produktionsprozeß* bleibt.

Bemerkenswert ist, daß es hierauf keine einheitliche Antwort gibt: entscheidend ist das Ausmaß, in dem der überwachende Bediener frühzeitig an der Konzeption und Entwicklung des Systems beteiligt war, das er überwacht. Eine Reihe von diesbezüglich untersuchten Fällen (einige hundert in den USA, die gleiche Zahl in Japan, einige Dutzend in der BRD etc.)[38] hat ergeben, daß nur in 14% der Fälle der Bediener eine aktive Rolle bei der neuen Gestaltung der Arbeitsorganisation gespielt hat, mit der ein FFS unvermeidlich verbunden ist. Die Rolle des Bedieners besteht nicht länger darin, in den Herstellungsprozeß einzugreifen, sondern diese ist eher auf Organisation und Management des Prozesses gerichtet. In anderen Fällen haben hauptsächlich die Arbeitsvorbereiter die Planung und Implementierung des FFS übernommen, was zur Reduzierung der Bedienerrolle auf die klassische Beaufsichtigung geführt hat. Wichtig an diesem Beispiel ist, daß in der Technologie selbst zwischen neuer Arbeitsorganisation und technischem Wandel im Produktionssystem kein zwingender Determinismus liegt. Technischer Wandel ist mit unterschiedlichen Mustern der Arbeitsorganisation verknüpft.

Es gibt deshalb einige Möglichkeiten, wie die absehbaren Übergänge von Arbeit mit „Einzelelementen" zur Arbeit mit „Symbolen" und dann zur Arbeit in „Systemen" stattfinden können. Darüberhinaus erlauben die neuen Automations- und Informationstechnologien dem Management nicht nur, seine Kontinuität zu wahren, solange es sich an die veränderten Bedingungen im umgebenden Kontext anpaßt (durch die Kontrolle von Kosten und Leistung, der Erhaltung von Beziehungen auf Firmen- und Branchenebene und zur sonstigen Umwelt), sondern sie erlauben ihm auch die Innovation der Arbeitsorganisation.

Welches ist nun das geeignetste Implementierungsmuster? Wie sollte es erforscht, wie ausgewählt werden? Ist z. B. die Programmierung der Maschinen besser in der Werkstatt aufgehoben oder in einer spezialisierten Abteilung, die durch lange Kommunikationswege mit der Werkstatt verbunden ist[39]. Auch hier sind Experimente von großer Bedeutung, weil es kostspielig, schwierig oder sogar unmöglich sein wird, einmal implementierte Fehler zu korrigieren.

---

[38] Vgl. Rempp, H.: Introduction of CNC machine tools and flexible manufacturing systems: economic and social impact. Beitrag zum Seminar „New Patterns in Employment", Rom, 10.–12. Februar 1982, (European Committee on Work and Society) und CEC, S. 8.

[39] Siehe die Berichte: Information Society for Richter and Poorer. North-Holland Publishing Company, 1982.

> *Elemente einer Kritik der Arbeit*
>
> 1. Die Krise des tayloristischen Organisationsmodells (oder: wie Arbeit sich
>   ändern könnte).
>   – Infragestellung durch Arbeiter und Angestellte: Ablehnung von Zer-
>   gliederung, Repetitivität, fehlender Flexibilität und Mitbestimmung.
>   – Infragestellung durch Teile des Managements: die Produktivität kann
>   nicht länger mit den traditionellen Methoden der „wissenschaftlichen
>   Betriebsführung" gesteigert werden, und die hohen Kosten für die
>   Schaffung tayloristischer Strukturen sowie deren geringschätzige Be-
>   wertung sind Faktoren wachsender Ineffizienz.
>
> 2. Die Infragestellung starrer Arbeitsstrukturen (oder: auf der Suche nach
>   flexibleren Arbeitsmustern).
>   Das traditionelle Modell sieht Arbeit nur als etwas dauerhaftes, stabiles,
>   bezahltes, den ganzen Tag in einer Fabrik oder einem Büro organisiertes
>   an, das außerdem sehr scharf von der Freizeit getrennt ist. Nur solche
>   Arbeit berechtigt, Leistungen sozialer Sicherheit und andere Versorgung
>   durch den Wohlfahrtsstaat zu erhalten. Demgegenüber taucht ein alter-
>   natives, „offenes" Modell auf, in dem auch unbezahlter Arbeit Wert bei-
>   gemessen wird, in dem Arbeitszeit wie Arbeitsplätze flexibel und unter-
>   schiedlich sind und in dem der Kontrast zwischen Arbeit und Nicht-Ar-
>   beit weniger trennscharf wird.
>
> 3. Verkürzung der Arbeitszeit als ein Mittel zur Steigerung der Lebensqua-
>   lität (oder kurz: weniger arbeiten).
>
> 4. Entmystifizierung der Arbeit als ein Wert an sich (oder: ‚nicht nur für
>   Geld arbeiten').
>   Arbeit wird auf ein einfaches Mittel zur Sicherung des Lebensunterhalts
>   reduziert (Arbeit ist einfach Gehalt, eine Einkommensquelle): nicht nur,
>   um seine Subsistenz zu sichern (oder das Überleben), sondern auch, um
>   ein bestimmtes Niveau an Komfort und Bequemlichkeit zu garantieren
>   (Konsum). Somit scheint Arbeit nur noch zur Erfüllung von Konsum-
>   wünschen nötig zu sein. Sie ist, was englische Soziologen als „Arbeit im
>   Zeitalter des Überflusses" bezeichnet haben.

Von der Arbeit am Fließband zur Arbeit in Netzwerken. Der Übergang von der
Mechanik zur Elektronik hat die Arbeit „am Band" nicht vollständig eliminiert,
aber diese ist auf dem Weg des Übergangs, der Unterteilung und Diversifizierung. Andere nähere und entferntere Einheiten, die mit dem Produktionsprozeß verschiedenartiger und komplexer verbunden sind, nehmen an den unter-
schiedlichsten Phasen des Arbeitsprozesses teil.
Diese Transformation zeigt und beinhaltet einen doppelten Prozeß. Auf der
einen Seite gibt es physische, zeitliche und räumliche Trennungen der Produktionsphasen und -weisen – ein Flugzeug ist letztendlich das Produkt einer Un-

zahl von Firmen in verschiedenen Ländern (wie beispielsweise der Airbus zeigt). Auf der anderen Seite nehmen in allen Produktionsphasen Zulieferungstätigkeiten im Vergleich zu Fertigungstätigkeiten zu. Auf jeder Stufe vom Rohstoff bis zum Endprodukt, wächst die Zahl der Tätigkeiten, die organisieren, lagern, überwachen, instandsetzen, koordinieren, d. h. allgemein von Informationstätigkeiten (also mehr und mehr nicht-materiale Tätigkeiten, die die wachsende Bedeutung von Menschenführung im Vergleich zur Maschinen- und Sachbeherrschung unterstreicht). Dies geschieht in einem solchen Ausmaß, daß diese Tätigkeiten inzwischen den Hauptteil des Preises des fertigen Produkts darstellen.

Wir haben schon darauf hingewiesen, daß diese Transformation zu einem bedeutenden Teil die Orientierung von F&E- und Innovationspolitik bestimmt. Wie O. Giarini und H. Loubergé bemerken[40], werden Innovationen zur Verbesserung des Produktionsprozesses in vielen Fällen auf Prozesse angewendet, die selber von abnehmender Bedeutung sind. Obwohl auf technischer Ebene vielleicht effektiv, kann ihr ökonomischer Ertrag am Ende ziemlich gering sein. Gewinne von 20% auf der Stufe der Vormontage, die lediglich 20% der Endkosten ausmachen, können verloren gehen, wenn sie an anderer Stelle (bei den Personalkosten, im Management, Lager, Überwachung, der Beschaffung oder der Auslieferung) mit Kostensteigerungen von vielleicht 5% einhergehen.

Somit erfordert diese Entwicklung den Übergang von *produkt*bezogener zu *system*bezogener F&E, um die Kontrolle und den Überblick über den Gesamtprozeß zu behalten. Dieser Blickwechsel sollte aber nicht nur auf Tätigkeiten in der Produktion beschränkt bleiben; der *Kontext* des fertigen Produkts ist ebenfalls zu erfassen – Überwachung und Instandsetzung, dienstleistungsbezogene Infrastrukturen, Verschrottung und Ausrangierung usw. Kurz gesagt: die *Tertiärisierung* einer Reihe industrieller und landwirtschaftlicher Tätigkeiten ist seit langem das sichtbare Anzeichen für den Übergang von der Arbeit am Fließband zur Arbeit „in Netzwerken", und die Expansion dieses Sektors produktionsbegleitender Dienstleistungen und Berufstätigkeiten ist die logische Folge dieses Prozesses. Wichtig, und in Zukunft noch wichtiger, ist die *wachsende Überlappung* (die wir oben beschrieben haben) zwischen den traditionellen Sektoren, also dem sekundären, tertiären und quartären. Wir sind schlecht darauf vorbereitet[41] diese Transformation zu verstehen und zu beherrschen, die anscheinend – besonders in bezug auf F&E – einen anderen, neuen Ansatz, andere Methoden und geeignete Instrumente erfordert, vielleicht sogar eine andere Form *gesellschaftlicher Organisation*. Wie und warum wir mit dieser Transformation zu leben und zu arbeiten haben, ist Gegenstand der folgenden Überlegungen.

---

[40] Vgl. „Mouvements économiques de long terme et politique de l'innovation", FAST, FOP 60, 1982.

[41] Das erste Hinternis ist statistischer Natur. Es ist zwar leicht, Informationen über ein Produkt oder eine Branche zu erhalten, aber für die Dienstleistungen ist die Informationslage sehr unklar.

3.2.3.6 Auf der Suche nach neuen Wegen

Wir kommen nun zu einer anderen, in Umrissen erkennbaren Transformation, nämlich der von „rigide definierter" zu „offener" Arbeit. Dabei beziehen wir uns auf eine Reihe von arbeitsorganisatorischen Aspekten und in einem weiteren Sinne auf die Rolle der Arbeit im Wertesystem der Individuen und der Gesellschaft, sowie auf damit zusammenhängende sozioökonomische Verfahrensweisen.

Das rigide Modell. Wie oben bereits gesagt wurde, ist Arbeit das Schlüsselelement der Strukturierung von Wirtschaft und sozialem Leben, der prinzipielle Faktor, der die Stellung und die Integration des Individuums in der Gesellschaft festlegt. In einer urbanen und industriellen Gesellschaft ist in der Regel das private oder öffentliche Unternehmen der Ort, an dem die koordinierte Organisation von Arbeit stattfindet, an dem die Arbeit definiert wird: deshalb kann sie nur als *bezahlte Arbeit* im Rahmen bestimmter Normen und Bedingungen stattfinden (folglich: *arbeits-bezogene Gesetzgebung und Arbeitsgesetze*).[42]

Arbeit ist in den industrialisierten Ländern durch die als „tayloristisch" bezeichneten Organisationsprinzipien gekennzeichnet, d. h. beruht auf der *maximalen Nutzung* und, soweit möglich, *kontinuierlichen Auslastung* des Faktors Arbeit am durchstrukturierten Arbeitsplatz. Also können Idee und Praxis bezahlter, dauerhafter und stabiler Beschäftigung dem Prinzip nach nur *Vollzeitbeschäftigung* sein (landwirtschaftliche Arbeit war schon immer Vollzeitbeschäftigung, aber aus anderen Gründen als in den Fabriken und Büros). Und solange dies Prinzip weiter gilt, hat nur ein Vollzeitbeschäftigter legitimen, rechtmäßigen Zugang zu den wichtigsten Rechten und Dienstleistungen des Wohlfahrtstaats (z. B. soziale Sicherheit). Daraus folgt, daß die bezahlte Vollzeitarbeit die Grenzen der Freizeit bestimmt und festlegt[43], der Zeit also, die nötig ist:

- für die Wiederherstellung der Arbeitskraft;
- für die Komsumption des Einkommens.

Die bisher verwendete Formel (vgl. Abb. 3.5) zur Umschreibung der wesentlichen Merkmale des Modells (rigide, linear) ist natürlich sehr stark vereinfacht. Sie soll daher weiter erläutert werden. Sie bringt zum Ausdruck, daß es eine Reihe von obligatorischen *Punkten des Eintretens und des Ausscheidens* gibt. Man tritt in den Konsumkreislauf ein (d. h. man wird ein *Konsument*), sofern man durch Arbeit über ein Einkommen verfügt: das ist der normale Weg. Der anormale ist, wenn man zu den *Unterstützten* gehört (wie etwa 10–15% der Gesamtbevölkerung), d. h. *ausgeschlossen* zu sein (wie es für die sog. ‚Vierte Welt' der Fall ist, oder auch für eine auf 10 Mio geschätzte Zahl von Personen in allen europäischen Ländern).[44] Auf die gleiche Weise wird der Zugang zum

---

[42] Aus diesem Grunde ist die Frau zu Hause statistisch und gesetzlich „ohne Beruf".

[43] Wir erinnern daran, daß dies nicht immer so war: in der Antike war bezahlte Arbeit als Nicht-Freizeit definiert.

[44] Gemäß der ATD-Quart Moude (Frankreich).

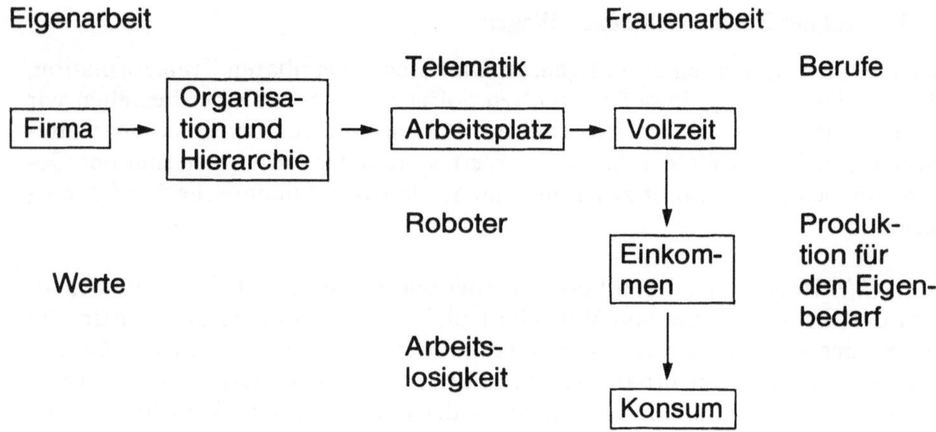

Abb. 3.5. Das rigide, lineare Modell von Arbeit . . . und die Hebel für seine „Öffnung"

Sozialversicherungssystem, der Gewerkschaft zu einen Kredit festgelegt, oder das Ausscheiden aus dem Arbeitsleben, wenn man ein bestimmtes Alter erreicht hat usw.

Wir beschreiben Arbeit als rigide, weil sie in einigen Punkten durch Unbeweglichkeit charakterisiert ist – Jahr für Jahr erledigt man die gleichen Arbeitsaufgaben, tut die gleichen Dinge. Man behält seinen „Blaumann" oder seinen „weißen Kittel" sein ganzes Arbeitsleben lang an; es ist schwierig und wird mit Argwohn betrachtet, seinen Arbeitsplatz häufig zu wechseln, sich für ein oder zwei Jahre von der Arbeit zurückzuziehen oder einfach seine Arbeit zu Hause zu erledigen.

Die Entstehung eines „offenen" Modells. Das rigide Modell wird zunehmend in Frage gestellt und es entwickelt sich eine „Dissidenten"-Bewegung[45] (die in verschiedenen Ländern, Branchen und sozialen Gruppen unterschiedliche Gestalt annimmt, wodurch umfassende Analysen schwierig, wenn nicht gar unmöglich werden). Obwohl das Phänomen nicht völlig neu ist, sollten wir beachten, daß seine Bedingungen im Kontext der 80er Jahre entstanden sind.

— Das Wirtschaftswachstum ist nicht länger in der Lage, all denen, die danach suchen, entlohnte Arbeit zu verschaffen. (Die Rückkehr zur Vollbeschäftigung wird unter den gegebenen Umständen weder morgen stattfinden, noch wird es in den Mustern der Vergangenheit bleiben).

— Die weiterhin hohe Zahl von Arbeitslosen wird wahrscheinlich die Einstellungen zur Arbeit bzw. Nicht-Arbeit beeinflussen. Das gleiche gilt, wenn auch diffuser, für die Arbeitszeitverkürzung.

— Der Wohlfahrtsstaat ist bankrott. Seine Rolle wird neu zu bestimmen sein (vielleicht durch „dezentralisierte Selbstbedienungsdienste"?).

---

[45] Um sich diesen von B. Morel geprägten Begriff auszuleihen. FAST, FOP 53, 1982.

— Der Wohlstand hat es in gewisser Weise möglich gemacht, den Wert der Arbeit in Frage zu stellen (die Leute lehnen das rigide, lineare Modell ab). Die Beschäftigungskrise verlangsamt sich und transformiert diese Bewegung, indem die Leute wenigstens den partiellen Schutz des rigiden Modells zurückzubehalten suchen, und gleichzeitig noch Wege sehen, seine Schwächen zu überwinden und Wege finden, ihr Autonomiebedürfnis zu befriedigen.

Wir können deshalb erwarten:

1. *Eine Aufwertung unbezahlter Arbeit* (Hausarbeit, gegenseitige Hilfe, do-it-yourself) im Rahmen eines allgemeinen Trends zur Expansion von Tätigkeiten zum Gebrauch und Austausch von Waren und Dienstleistungen außerhalb der Geldwirtschaft;
2. *Eine Suche nach größerer Diversität und Flexibilität von Arbeitsordnungen.* Es ist ein Trend zur Vervielfachung von Ordnungen (Vollzeit-, Teilzeitbeschäftigte, Arbeitskräfte mit Zeit- oder festen Verträgen, Arbeit auf Abruf oder bei Bedarf, Schwarzarbeit etc.) und zu einer wachsenden Zahl von Übergängen von einer Ordnung zur anderen, oder sogar der Arbeit unter verschiedenen Ordnungen, feststellbar. Diese ist die „individualistische" Variante der dualen Gesellschaft, in der die große Mehrheit ein Minimum an sozialer Sicherheit und finanziellem Auskommen hat, z. B. durch eine Nutzung des rigiden, linearen Modells, obwohl es einerseits Arbeitskräfte in „ungeschützten" Bereichen und andererseits Arbeitskräfte in „geschützten" Bereichen gibt, sowie einige, die gar keine Arbeit haben. Diese Mehrheit verbessert ihren realen Lebensstandard zum einen durch hochproduktive Tätigkeiten oder durch den Zugang zu Waren und Dienstleistungen der natürlichen Umwelt. Vor allem hier liegt der Trend.
3. *Eine neue Sozioökonomie der Arbeitszeit,* im doppelten Sinne einer Reduktion ihrer Dauer und einer Modifizierung der Beziehungen zwischen Arbeits- und Nicht-Arbeitszeit.[46] Hier begegnen wir dem Problem der *Aufteilung der Arbeitszeit* und der für alle betroffenen Akteure sehr interessanten und wichtigen Frage, ob Arbeitszeitverkürzung Arbeitsplätze schafft und deshalb zur Verbesserung der Arbeitsmarktsituation beitragen kann.

Erinnern wir uns zunächst der geringen empirischen Evidenz der Theorie, nach der die Einführung einer kürzeren Wochenarbeitszeit (selbst wo die Verkürzung unverzüglich, bedeutend und umfassend war) tatsächlich nicht in nachhaltiger Weise die Schaffung von Arbeitsplätzen und einen hinreichenden Abbau der Arbeitslosigkeit unterstützen würde. Es wäre ja in der Tat ein Wunder, wenn für jede derart weggefallene Arbeitsstunde in der Nähe des Unternehmens jemand zu finden sein würde, der die nötige Qualifikation und den Wunsch hat, gerade diese Arbeit aufzunehmen. Hingegen scheint die These[47]

---

[46] Vgl. das Kapitel „Développement emploi-travail/non travail" in dem Bericht „Innovation et emplois nouveaux", FAST, FOP 34, 1982.
[47] Zusammenfassung von J. F. Colin, Abschlußberichterstatter in der Commission de l'Emploi et des relations du travail du VIII Plan, Frankreich. Vgl. „Temps de travail et emploi", Futuribles Nr. 48, Oktober 1981.

unterstützenswert, daß die Verkürzung der Arbeitszeit positive Effekte auf die Beschäftigung insofern hat, als sie ein Mittel zur Schaffung von Arbeitsplätzen in sich entwickelnden Branchen und Unternehmen darstellt, und als Mittel zur Begrenzung des Arbeitsplatzabbaus in den Branchen und Unternehmen, die ihre Belegschaft verringern müssen, unter der Voraussetzung, daß

— man die Lohnfrage (gleiche Bezahlung für gleiche Produktivität) und die des Auslastungsgrads der Anlagen [48] unter Kontrolle bringt;
— die Verkürzung in vielfältiger und zunehmender Weise eingeführt wird;
— die neuen Arbeits- und Organisationsformen, die dazu notwendig sind, ausgehandelt werden.

Schließlich erscheint klar, daß einer der vielversprechendsten Wege zur Verwirklichung einer neuen Balance zwischen Arbeit und Beschäftigung im Rahmen der Arbeitsverteilung in den europäischen Ländern in der Steuerung ihrer Dauer liegt – was zwei Elemente einschließt: das erste ist, den Individuen nach ihren Ansprüchen und Bedürfnissen die vollständige Wahl zwischen den möglichen Optionen in einem flexiblen und pluralistischen System der Allokation von Arbeitszeit zu überlassen. Akzeptieren muß man, daß nicht für alle Länder der Gemeinschaft umfassende und zuverlässige Lösungen existieren. Sie werden eher gemäß nationaler und lokaler Kontexte, gegenwärtiger und zukünftiger Bedingungen, den Wünschen des Einzelnen und seines Umfelds differenziert sein (vgl. das Schaubild mit den gegenwärtig bekannten und erprobten Optionen) – der Mensch ist nicht einfach eine anzugleichende Variable im System, ein Wesen, das einfach in eine Schublade gesteckt werden kann. Das zweite Element ist eine Politik der Regierungen auf Gemeinschaftsebene mit dem Ziel:

— das Risiko der Fragmentierung der „sozialen Dimensionen Europas" zu vermeiden, während gleichzeitig sichergestellt wird, daß die weitere Entwicklung des rigiden, linearen Modells in allen Ländern Europas in ähnlicher Weise verläuft;
— zu garantieren, daß keine neuen Formen der Segregation zwischen verschiedenen Arten von Beschäftigung und Arbeit auftreten (besonders zwischen von Wettbewerb geprägten Arbeitsplätzen und denen, die als geschützte bezeichnet werden) und sich nicht unkontrolliert und unter sozial verheerenden Bedingungen ein „informeller" Sektor entwickelt;
— neben der bezahlten Beschäftigung und Arbeit die Entstehung neuer ökonomischer und sozialer Initiativen zu fördern, und den daran Beteiligten einen sozialen Status zu verleihen, der dem bezahlter Arbeit zumindest vergleichbar ist;
— die in der Firma oder dem Büro verbrachte Zeit den neuen techno-produktiven, die „Produktionszeit" verkürzenden Bedingungen anzupassen, und mehr Zeit für Weiterbildung, Kommunikation und Koordination zur Verfü-

---

[48] Z. B. hat die Flämische Bank, die erfolgreich einen zusätzlichen Öffnungstag in der Woche praktiziert, die Zahl der Arbeitsstunden bei steigendem Einkommen ihrer Belegschaft durch geschickte Ausnutzung der Zeit reduziert.

gung zu stellen, wie es bei den leitenden Angestellten schon immer üblich
war;
— häufige Übergänge der Menschen zwischen formeller, häuslicher und informeller Ökonomie zu erleichtern.

Arbeits-Verteilung (vorwiegend durch Veränderung der Arbeitsperioden):
Erprobte Optionen

— Verkürzung des Arbeitstags (in Schweden z. B. arbeiten die Eltern kleiner
  Kinder nur 6 Stunden pro Tag);
— Zusätzliche Urlaubstage (Beispiel: einige Branchen in Italien);
— Modelle mit variablem Beginn und Ende für wöchentliche Vollzeitarbeit
  (vier mögliche Modelle: 40, 38, 36 oder 32 Wochenstunden);
— Job-Sharing (die Arbeit wird zwischen einem Paar oder einem unabhän-
  gigen Team geteilt);
— Flexibles Jahr mit Optionen für jährliche, monatliche oder wöchentliche
  Stunden in einem festgelegten Rahmen (100%, 90%, ... 40%) (Beispiel
  BRD);
— Modelle mit 2, 4, 6 oder 10 Arbeitsstunden, die die Etablierung neuer
  wöchentlicher, monatlicher, selbst jährlicher Zeitpläne erlauben;
— Sabbaticals;
— Programme, die Eintritt oder Ausscheiden aus bezahlter Arbeit mit der
  Möglichkeit reduzierter Arbeitszeit (täglich, wöchentlich, monatlich, ...)
  in dieser Phase verbinden;
— Wahl zwischen Bezahlung in Geld oder freier Zeit;
— Unterschiedliche Arbeitsschichten; z. B. 2×12 anstatt 3×8 Stunden oder
  andere Arrangements;
— Selbständigkeit;
— Neue Kombinationen von Selbständigkeit und formaler Beschäftigung.

Quelle: B. Teriet, Beitrag zum FAST-FUTURIBLES Seminar über „Innovations sociales et
emplois nouveaux" (FAST, FOP 38, 1982).

Ein Entwurf, in dem die Firma nicht länger nur zur Produktion, die Schule zum
Lernen und das Krankenhaus zur Gesundung da ist, bedeutet ein sehr langfristiges Projekt. Aber ist das nicht die Richtung, in die man gehen muß, wenn
man zu neuen Lösungen der Beschäftigungskrise und zu neuen Beziehungen
zwischen Mensch und Arbeit beitragen will?

3.2.3.7 Aushandlungsprozesse über den Wandel: das entscheidende Merkmal der 80er Jahre

Es liegt auf der Hand, daß wir Fortschritte in den Ländern der Gemeinschaft
nicht dadurch erzielen, daß wir nun alle Aspekte der Arbeit grundsätzlich in
Frage stellen, und auch nicht dadurch, daß wir plötzlich einen gewaltigen
Schub neuer Modelle erwarten. Gefragt ist vielmehr, einen langsamen, schritt-

weisen und wohlüberlegten Übergang zu einem Modell von Arbeit zu bewerkstelligen, das es noch zu entdecken gilt: komplexer und offener als das bisherige und mit den Schlüsselbegriffen Information, Kommunikation und Flexibilität verknüpft. Unter dem Druck steigender Arbeitslosigkeit, unterschiedlicher ökonomischer Bedingungen und technologischen Wandels wird der Übergang sehr schwierig, aber auch dringlich werden. Darum glauben wir, daß die Transformation der Industriegesellschaft in den 80er Jahren durch eine kritische Phase der Aushandlung zwischen den sozialen Akteuren charakterisiert sein wird. Die Aushandlungen werden insbesondere auf die Beziehung zwischen Mensch und Maschine, Organisation und Dauer der Arbeit, die Veränderung der Arbeitsordnungen und auf die Form und den Rhythmus des technologischen Wandels bezogen sein.

Die Notwendigkeit von Aushandlungen, wie unsere Studien verdeutlichen, bezieht sich in besonderem Maße auf die Durchsetzung der besten Verbindung zwischen Wertschöpfung durch technische Innovationen (z. B. hohe Produktivität durch Einführung von computergestützter Fertigungstechnik) und Wertschöpfung aus sozialer Innovation (z. B. durch neue Arbeitsorganisation jenseits tayloristischer Organisationsprinzipien). Unzweifelhaft wird der Erfolg oder Mißerfolg dieser Aushandlungen die langfristige internationale Wettbewerbsposition der europäischen Länder in starkem Maße bestimmen.

Die Aushandlungen müssen natürlich alle Akteure des sozialen Systems umfassen, und die öffentlichen Institutionen werden als Schlichter und Regulatoren von Unstimmigkeiten involviert sein. Auch die Gemeinschaft wird eine Rolle spielen. Neben ihren bisherigen beiden Rollen, mitunter als Chirurg bezeichnet – retten, was zu retten ist – und als Organisator und Liquidator der Operation, also soziale und finanzielle Kosten auf die Mitgliedsländer aufzuteilen, muß sie zusätzlich aus den folgenden Gründen beteiligt sein:

– Die europäische Dimension ist in manchen Bereichen zu einem Referenzpunkt, zur Bedingung kohärenter Antworten geworden. Das Beispiel der Arbeitsverteilung ist in dieser Hinsicht erhellend. Nationale oder sektorale Aushandlungsprozesse kommen *auch* deshalb so schwerfällig voran, weil die Folgen, die bestimmte Innovationen, die in einem Mitgliedsland eingeführt werden, bisher nicht weiter in ihrer Wirkung für andere Länder, die europäische Ebene, oder (weitergehend) im Hinblick auf geeignete Koordinationsmaßnahmen untersucht wurden.
– Gemeinsame, geeignete Maßnahmen auf europäischer Ebene können die Entwicklung neuer Tätigkeitsfelder fördern und damit Beschäftigung erleichtern. Das wäre z. B. der Fall, wenn europäische Standards für neue Brennstoffe geschaffen, oder bestimmte finanzielle bzw. fiskalische Maßnahmen zur Stimulierung von Innovationen in Klein- und Mittelbetrieben ergriffen würden. Das gleiche gilt für Sicherheitsstandards für bio-digester, zur Ausnutzung des Energiegehalts von land- und forstwirtschaftlichen Abfällen.
– Sie kann Promotor für *gemeinsame Modellversuche* über soziale und ökonomische Folgen technischen Wandels werden, wie Telearbeit und die Integration von Bildung und Arbeit.
– Die Gemeinschaft kann z. B. in bezug auf die Infrastrukturförderung für

Dienstleistungen der nächsten 30 Jahre präzise Vorschläge machen, die es erlauben, im Hinblick auf Zukunftsinteressen der europäischen Gesellschaften, die Pläne der Mitgliedsländer, um einige zentrale Gemeinschaftsziele herum zu organisieren.

Hier und auf anderen Gebieten (Biotechnologie, Informationstechnologie, Chemie, Automobilbau etc.) kann die Gemeinschaft durch eigenes Handeln demonstrieren, daß sie nicht die Organisation der schwachen Allianzen oder sogar eine Allianz der Schwäche ist.

3.3 Vorschläge für F & E

Die Implementierung von F & E-Programmen in diesem Bereich ist ausgesprochen wichtig, weil deutliche Auswirkungen auf Beschäftigung und Arbeit erst mittel- und langfristig sichtbar werden können. Das bedeutet für die F & E der Gemeinschaft eine zweifache Mission:

— zur Reorganisation der Produktionsmittel in Europa beizutragen, um so Beschäftigung in den 90er Jahren sicherzustellen und den Weg dorthin zu bereiten;
— die Antizipation und Begleitung notwendiger Veränderungen in der Natur der Arbeit auf Unternehmensebene, sowie im individuellen und kollektiven Leben, um die Grundlagen für ein neues Mensch-Maschine-Verhältnis zu legen.

3.3.1 Konsolidierung und Erneuerung der industriellen Basis Europas

Die primäre Aufgabe von F & E auf Gemeinschaftsebene bildet ein integrales Element der Konsolidierung und Erneuerung der industriellen Basis Europas, und zwar durch

— die Aktivierung unserer Ökonomie nach außen (Öffnung zum Weltmarkt hin, u. a. durch Entwicklung der Beherrschung von Schlüsseltechnologien) und nach innen (Nutzung lokaler Ressourcen und Besonderheiten);
— die Entwicklung einer neuen Generation von Dienstleistungen, die zweifellos eine grundlegende Quelle für stabiles neues Wachstum in den nächsten 30 Jahren sein werden und aus der Konvergenz von Bedürfnissen (von Unternehmen, Gruppen und Individuen) mit sozialen und technologischen Innovationen resultieren.

3.3.1.1 F & E für technologische Erneuerung

FAST schlägt die Implementierung von fünf F & E-Vorhaben vor, die in laufende oder in Vorbereitung befindliche F & E-Programme der Gemeinschaft integriert werden, und die so gestaltet sein sollten, daß sie zur technologischen Erneuerung in bestimmten Branchen, die derzeit technologischem Wandel unterliegen, beitragen und die potentielle Quelle direkter oder indirekter Beschäftigung sind (so z. B. Chemie, Bauwesen, Landwirtschaft und Umwelt).

Zuckerstoffchemie. Im Schnittpunkt zwischen Landwirtschaft, Chemie und Energie sind Zuckerstoffe Substanzen, die wir in großen Mengen produzieren und zu ökonomisch günstigen Bedingungen verarbeiten lernen sollten.

Neue Werkstoffe. Raumfahrt, Automobilindustrie und Bauunternehmen benötigen, insofern sie umstrukturiert werden, Werkstoffe mit besonderen Eigenschaften. Technische Kunststoffe, Komposit- und hitzebeständige Werkstoffe sowie dünnbeschichtete Materialien sind potentielle interessante Anwendungsbereiche für verschiedene Industrien und könnten ihnen neue Absatzmärkte erschließen.

Beseitigung toxischer Rückstände. Die konzentrierte Anhäufung giftiger und gefährlicher Rückstände ist ein Problem, das die Entwicklung zahlreicher Aktivitäten zu ersticken droht.

Die Trennungstechnik in Flüssigkeiten gehört zur Kategorie der „Infratechnologien", mit vielfältigen Anwendungsgebieten (z. B. Chemieunternehmen, Nahrungsmittelindustrie, Biotechnologie, Schadstoffbekämpfung). Ihre Beherrschung würde Produktivitäts- und Effizienzsteigerung in vielen Bereichen ermöglichen.

Bio- und thermochemische Umwandlung von Holz. Europa besitzt genau wie seine Hauptkonkurrenten Holz im Überfluß, das als Industrierohstoff eingesetzt werden kann. Den Umgang mit ihm zu lernen[49], würde von großem Vorteil, sowohl auf internationaler wie auf regionaler Ebene sein.

3.3.1.2 Modellprojekte und -versuche

In bestimmten Feldern geht es insbesondere darum, Modellprojekte und -versuche zu entwickeln. Zu diesem Zweck schlägt FAST vier Programme vor.

Entwicklung neuer Automotoren (Stirling-Maschinen und Gasturbinen). Diese stellen zwar wichtige Alternativen zum Verbrennungsmotor dar, ihre Verbesserung oder Beherrschung ist jedoch noch problematisch. Schritte der Gemeinschaft in dieser Richtung würden große Fortschritte ermöglichen.

Synthesegas-Verflüssigung. Verschiedene Verfahren werden es in Zukunft in Europa ermöglichen, gasförmige Gemische kleiner reaktiver Moleküle (wie H_2, CO, CH_4) zu verwenden. Die Verflüssigung solcher Gase könnte verschiedene Funktionen übernehmen, die bisher vom Öl erfüllt wurden. Es fehlt aber auf diesem bedeutendem Gebiet noch an Erfahrung.

Elektronische Straßen. Es besteht Bedarf, die Anwendung neuer Informationstechnologien im Auto zu entwickeln und zu testen (z. B. Anti-Kollisions-Geräte, Verkehrshilfe oder Informationssysteme).

Das informatisierte Haus. Die neuen Informationstechnologien ermöglichen eine Neukonzeption der Wohnung, indem sie ihr eine neue soziale Dimension geben, die weit über die relativ bedeutungslosen, isolierten elektronischen Geräte hinausgeht (beispielsweise Hilfe für alte Menschen oder Energieverwaltung).

---

[49] Die Vereinbarkeit mit anderen Verwendungsmöglichkeiten von Holz dabei erhaltend (Bau, Möbel, Pappe und Papier, Spanplatten).

3.3.1.3 Kontextuelle und institutionelle Maßnahmen

Mit Blick darauf, die Bedeutung dieser technologischen Entscheidungen in Augenschein zu nehmen und ihren Maßstab zu vergrößern, schlägt FAST vier begleitende und institutionelle Maßnahmen vor.

1. Die Einrichtung von fünf „Observatorien" für technischen Wandel auf der Ebene der Gemeinschaft (in Zusammenarbeit mit den zuständigen Personen), die sich mit
   - dem Automobil,
   - Energie,
   - Bauwesen,
   - Landwirtschaft,
   - und Dienstleistungen
   zu beschäftigen hätten.
   Es gibt zwar keinen Mangel an Studien zu diesen Themen, aber sie sind in der Regel zu detailliert, zu ausschnitthaft, selten aktuell, und nur schwierig zu einheitlicher, relevanter Weise auf gegenwärtige Trends und deren Auswirkungen für die Gemeinschaft zu beziehen. Wenn solche Studien angefordert werden, macht jede den Eindruck, als wolle sie ganz von vorn anfangen – das erklärt den Bedarf nach Observatorien dieser Art (billig und schnell nutzbar) in strategisch wichtigen Sektoren.
2. Die Einrichtung eines europäischen Zentrums für Infratechnologie, das vorrangig in vier Bereichen arbeitet und experimentiert:
   - *Komposit-Werkstoffe:* Auf diesem ziemlich spezialisierten Gebiet ist Fortschritt nötig, besonders in Richtung einer Öffnung des europäischen Markts durch die Entwicklung geeigneter technischer Normen und Standards innerhalb Europas;
   - *Präzisionsinstrumente:* ein Schlüsselgebiet, auf dem Europa fast vollständig abhängig ist.
   - *Materialermüdung, Reibung, Korrosion*
   - *Verbindungstechnologie:* komplexes Schweißen, Industrieklebstoffe usw.
3. Die Stärkung regionaler Strukturen für öffentliche und private F & E, zu denen das folgende erwähnt werden sollte:
   - Datenbasen auf regionaler Ebene, verbunden mit nationalen, Gemeinschafts- und internationalen Netzwerken;
   - Agenturen, die Innovationen in Richtung der Bedürfnisse von kleinen und mittleren Unternehmen, die Nutzung lokaler Ressourcen und wirklichkeitsnahe Versuche fördern;
   - Zentren zur Weitergabe von Sachverstand und technischer Information, die die Dienste von Entwicklungsagenten mit multidisziplinären Fähigkeiten anbieten (technische, wirtschaftliche und managerielle);
   - Foren für technischen Wandel, in denen die verschiedenen Agenten regelmäßig Bedarfe und Hindernisse reflektieren können.
4. Vorbereitung einer europäischen Landkarte über (Unterauftragnehmer) Vertragsbeziehungen, die in codierter Form die Beziehungen zwischen großen Firmen und Unternehmen kleiner und mittlerer Größe darstellt, und zwar besonders unter dem Gesichtspunkt von Technologietransfer.

3.3.2 Die Umwandlung der Arbeit bewältigen

Die zweite große Aufgabe für die F & E der Gemeinschaft liegt im Kontext der Bewältigung der Umwandlung der Arbeit, die sich im Laufe der 80er Jahre in einer durchgreifenden Reorganisation der Stellung und Rolle der Arbeit in industriellen Gesellschaften ausdrücken wird. Diese bezieht sich insbesondere auf:

– die Dauer und Bedingungen von Beschäftigung;
– die wöchentlichen Arbeitstage und -zeit;
– das Mensch-Maschine-Verhältnis (das den Prozeß des technischen Wandels in beträchtlichem Umfang beherrscht);
– die Arbeitsorganisation;
– das Verhältnis von Arbeit und Entlohnung;
– die Arbeitsstätte;
– Die Aufteilung von professionellen, häuslichen und familiären Tätigkeiten im Haushalt;
– den Inhalt und die Natur der Arbeit sowie
– Erziehung, berufliche Ausbildung und Qualifikation.

Eine Reihe von Analysen und Überlegungen finden zu diesen Punkten in den Ländern der Gemeinschaft schon statt. Deswegen schlägt FAST die folgenden Maßnahmen, als Mittel zur Förderung eines europäischen Ansatzes vor.

1. Fünf Gutachten sollten auf Gemeinschaftsebene erstellt werden; und zwar im Einzelnen über:
   – *Die neuen Formen der Arbeit* – Exploration verschiedener möglicher Szenarien und ihrer Auswirkungen auf die europäische Gesellschaft; insbesondere die Analyse existierender und wünschenswerter Optionen, soweit sie den Status von Arbeit betreffen.
   – *Aussichten für die Dienstleistungsindustrie* – unsere Analyse der Bedürfnisse, die mit Hilfe neuer Informationstechnologien (Kommunikation, Bildung, Gesundheit, Freizeit, Dienste für Unternehmen etc.) im Kontext des Wandels der Arbeit befriedigt werden können, hebt die Stärken und Schwächen der Europäer im Vergleich zu ihren Hauptkonkurrenten hervor.
   – *Die flexible, integrierte Werkstatt* – Entwurf, Implementierung, unterschiedliche Formen der Arbeitsorganisation, Probleme und Perspektiven.
   – *Informatorisches Analphabetentum* – wie werden die Länder der Gemeinschaft auf dem Weg in die Informationsgesellschaft auf die riesigen Bildungserfordernisse reagieren? Wie wollen sie sicherstellen, daß bestimmte Gruppen oder Regionen nicht ausgeschlossen werden (vgl. SCANFIT-Projekt)?
   – *Alternative Entwicklungsmodelle* – in verschiedenen Ländern der Gemeinschaft gibt es sozioökonomische Überlegungen in Richtung einer Analyse der Beziehungen zwischen „formeller" und „informeller" Ökonomie, der verschiedenen Möglichkeiten einer Verteilung des Reichtums, der unterschiedlichen Sichtweisen der Beziehung zwischen Arbeit und Kapital.

Auf europäischer Ebene sollte eine Zusammenstellung dieser Überlegungen vorgenommen werden.

2. *Die Einrichtung eines europäischen Observatoriums für beruflichen Wandel.*

3. *Die Schaffung von Verbindungen und die Förderung der Zusammenarbeit mit den neuen staatlichen STS-Programmen von Mitgliedsländern (Science/Technology/Society) auf Gemeinschaftsebene;* soweit möglich in Verbindung mit der European Science Foundation.

4. *Durchführung und Förderung gemeinsamer Modellversuche auf europäischer Ebene* durch die beiden kompetenten europäischen Institutionen, nämlich die Europäische Stiftung für die Verbesserung der Arbeits- und Lebensbedingungen in Dublin und das CEDEFOP (Europäisches Zentrum für die Förderung der beruflichen Bildung) in Berlin.

4 Vorschläge für Forschung und Entwicklung in der Gemeinschaft

Die verschiedenen Probleme und Aspekte, die in den ersten drei Kapiteln diskutiert wurden, verlangen nach einer Reihe spezieller F & E-Maßnahmen. Diese Maßnahmen sollen nun betrachtet werden. Außerdem ist es Aufgabe der politischen Institutionen, diese Maßnahmen in einen globalen Rahmen zu stellen und zu langfristigen Orientierungen zu gelangen, um einerseits deren Ergänzungsbedürftigkeit hervorzuheben und andererseits die Effizienz staatlicher Maßnahmen zu verstärken. Um solche Aktionen effektiver umzusetzen, erscheint es sinnvoll, sie durch weitere Maßnahmen zu ergänzen:

- Maßnahmen, die die Organisation von F & E in Institutionen der Gemeinschaft betreffen;
- Maßnahmen, die darauf zielen, sowohl das wissenschaftliche Umfeld sowie den sozio-ökonomischen Kontext zu beeinflussen.

Abbildung 4.1 gibt einen Überblick über Vorschläge von FAST, die als Beitrag für weitere F & E-Politik in der Gemeinschaft zu verstehen sind.

4.1 Fünf Hauptstrategien für die 80er Jahre

Um sicherzustellen, daß die F & E-Politik in der Gemeinschaft gegenüber den Herausforderungen an die europäischen Staaten in den 80er Jahren sachdienlich ist, besser an die wissenschaftliche und technologische Entwicklung angepaßt und besser mit der Dynamik langfristigen Strukturwandels in Beziehung gebracht werden kann, schlägt FAST für die kommenden Jahre fünf bedeutende Entwicklungsrichtungen für F & E in der EG vor.

1. Die Konsolidierung beziehungsweise die Anregung einer Erneuerung der industriellen Basis Europas auf zwei Achsen — *der Achse Landwirtschaft – Chemie – Energie und der Achse Weltraum – Elektronik.*
2. Mitwirkung an der Konzeption und Entwicklung einer Infrastruktur für neue Dienstleistungen für die nächsten 30 Jahre.
3. Die Begleitung von Veränderungen in der Arbeitswelt und die Förderung eines neuen Verhältnisses zwischen Mensch und Maschine.
4. Inspiration und Stimulation von Wissenschaft und Technologie zur Lösung bedeutender Probleme der Länder der Dritten Welt, sowie die Entwicklung ihrer wissenschaftlichen und technologischen Potentiale.
5. Ausstattung der Institutionen der Gemeinschaft mit dem notwendigen und grundlegenden Wissen zur Erleichterung der gemeinsamen Bewältigung des technologischen Wandels.

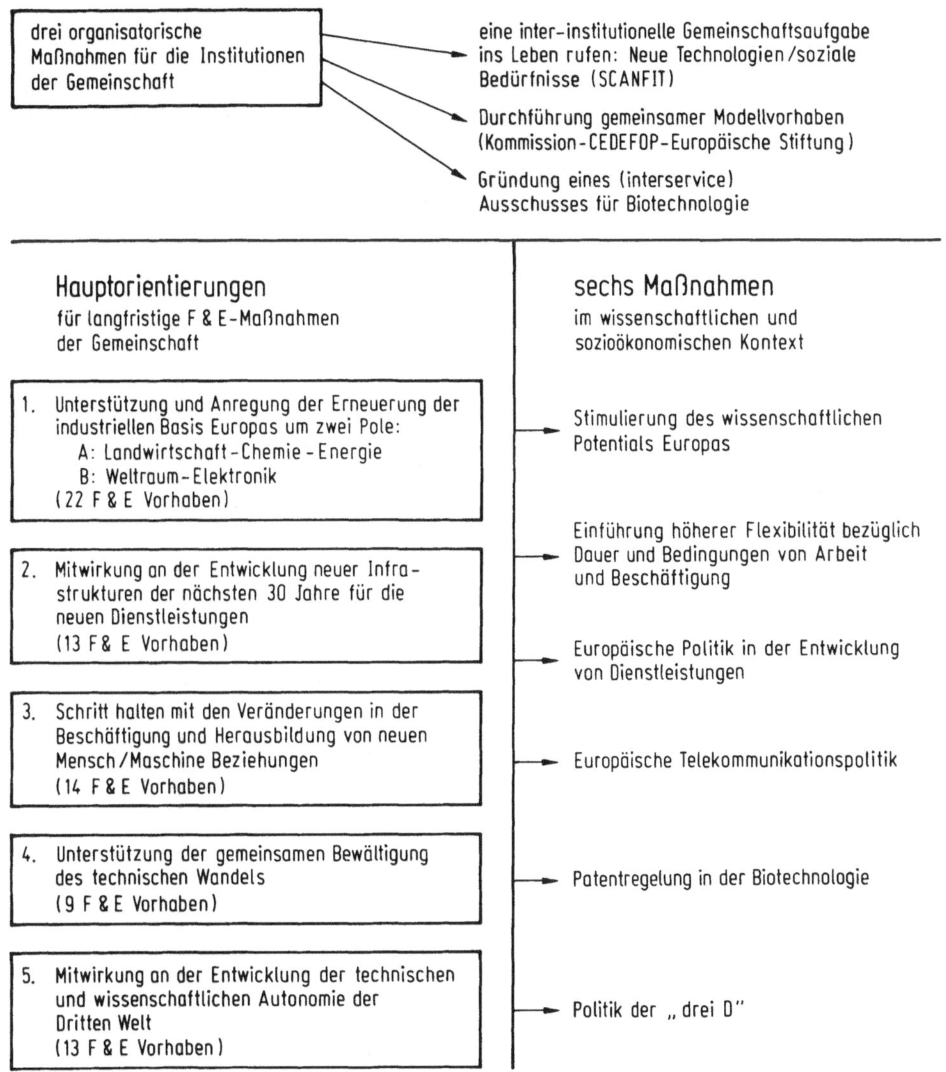

Abb. 4.1. Ein Überblick über die Vorschläge von FAST

Die Vorschläge für F & E-Aktivitäten sind in vier Kategorien eingeteilt:

– Wissensaneignung (Grundlagenwissen, Technologie);
– Förderung von Modellversuchen auf europäischer Ebene;
– Entwicklung des notwendigen Instrumentariums und
– Verstärkung gegenwärtiger F & E.

Die vier Kategorien werden nach ihrer jeweiligen Bedeutung für jede der fünf
Hauptpfade behandelt.

4.1.1 Pfad Nr. 1

Die Prioritäten von Maßnahmen in diesem Bereich sind im Kasten auf S. 175
aufgezeigt. Gegenwärtige Aufgabe von F & E in der Gemeinschaft ist es, die
Konsolodierung beziehungsweise Erneuerung der industriellen Basis Europas
auf zwei zentralen Achsen zu unterstützen und anzuregen: der Achse Landwirtschaft – Chemie – Energie und der Achse Weltraum – Elektronik.

4.1.1.1 Landwirtschaft – Chemie – Energie

Gegenstand sind der Umgang und die integrierte Nutzung von Land und er-
neuerbaren Ressourcen und die daraus folgende Gestaltung und Erweiterung
von F & E in der Gemeinschaft, um diese in den nächsten Jahren in die Lage zu
versetzen, das wissenschaftliche und technologische Potential Europas so auszubauen, daß Umgang mit und Nutzung von Land und Ressourcen verbessert
werden. Ziel ist die Maximierung des Nutzens zunehmender technologischer
Konvergenz und ökonomischer Interaktionen zwischen Landwirtschaft, Chemie
und Energie und ferner die Vorbereitung und Förderung einer langfristigen
EG-Politik für einen integrierten Gebrauch der Ressourcen.

Die zugrundeliegende Idee ist nicht, das gegenwärtige Energiesystem durch
ein radikal neues, auf Landwirtschaft basierendes System, zu ersetzen – Europas Energieversorgung kann auf diese Weise nicht gesichert werden. Die Gewinnung von Energie durch Biomasse zur Bedarfsdeckung eines Bauernhofs ist
trotzdem sowohl möglich als auch wünschenswert. Ebenso bedeutend ist die
Nutzung gegenwärtiger Gemeinschafts-Agrarpolitik zur Ausdehnung gemeinsamer EG-Politik auf benachbarte Bereiche, etwa um landwirtschaftliche Rohstoffe für die chemische und pharmazeutische Industrie zu Weltmarktpreisen
verfügbar zu machen.

In langfristiger Perspektive sind wir bestrebt, zukünftige Chancen und Probleme vorauszusehen.

Jedenfalls besteht nachdrücklich der Bedarf eines integrierten Ansatzes in
den Mitgliedsländern auf der Ebene von Landwirtschafts- und Ressourcenpoli-
tik, der besonders von lokalen Systemen ausgeht. Dies ist bisher in den wichtigsten F & E-Programmen, einschließlich der industriellen, nicht deutlich geworden.

Zusätzlich zur Anregung von Felduntersuchungen[1] sollte die Förderung von
grundlegendem und technischem Wissen in vier Kernsektoren Vorrang erhalten, in denen entscheidende Fortschritte zu erzielen sind:

– Pflanzen: Genetik, Zell- und Gewebekulturen,
– Ökologie landwirtschaftlicher Kreisläufe,

---

[1] Zum Beispiel wäre es sehr wünschenswert, die neuen Orientierungen und die damit zusammenhängenden Programme zu prüfen, die im Bereich älterer Industrieregionen entwickelt
wurden, so in Wallonien, Schottland, Lothringen und an der Ruhr, in denen die Regeneration von Boden und Ressourcen ein akutes Problem darstellt, und diese Resultate mit momentan laufenden oder geplanten Versuchen in der Emilia Romana, der Provence/Cote
d'Azur oder Randstad in Holland zu vergleichen.

Pfad 1

Die Unterstützung und Stimulierung der Konsolidierung und Erneuerung der industriellen Basis Europas kreist um zwei zentrale Achsen:

1. Agrar−Chemie−Energie
   − Zu entwickelndes Basis- und technisches Wissen:
       1. Pflanzen: Genetik, Zellgewebe, Züchtungen, Nahrungsaufnahme;
       2. die Ökologie landwirtschaftlicher Kreisläufe;
       3. Chemie kleiner Moleküle (Kohle);
       4. spezialisierte Infrastrukturen: Teilung, Zerstörung;
       5. Mikroben-Physiologie;
       6. Chemie regenerierbarer Ausgangsstoffe.
       1.−4. = vordringliche Maßnahmen
       5.−6. = zusätzliche Maßnahmen
   − zu fördernde europäische Untersuchungen:
       7. Handhabung und integrierter Gebrauch von Boden und regenerierbaren Ressourcen.
   − Verstärkte Bemühungen um Fortschritt:
       8. Komposit- und hitzebeständige Werkstoffe;
       9. Energieeinsparung (Priorität);
       10. Forstwirtschaftsprogramm.
   − Instrumentarium:
       11. europäische „biotic"-Datenbank;
       12. Observatorium für integrierte Bodennutzung;
       13. Observatorium für Veränderungen in der chemischen Industrie.

2. Weltraum-Elektronik-Technologie
   Siehe Text.

− Kohle (obwohl schon jahrhundertelang gebraucht, hat Europa noch gravierende Lücken im Basiswissen über Kohle.),
− spezialisierte Infra-Technologien mit Bedeutung für unterschiedliche Bereiche, besonders für Landwirtschaft, Abfall-Recycling, Produktion und Speicherung von Energie, chemische Produktion, Umweltschutz, Wasseraufbereitung.

In diesem Zusammenhang bestehen unter anderem die folgenden Anforderungen:

− Eine weitere Auswertung von bereits angelaufenen Forschungstätigkeiten im Bereich landwirtschaftlicher Forschung (zum Beispiel Forstwirtschaft), Energieforschung (einschließlich verschiedener Modellprojekte) mit Schwerpunkt auf Energieeinsparung einerseits, Komposit- und hitzebeständiger Materialien andererseits; (wie z.B. die gegenwärtige Arbeit im EG-Forschungszentrum)

– Die Entwicklung verschiedener kostengünstiger, für die Wertschöpfung entscheidener Instrumente, wie z. B. Datenbasen und Datenbanken und Banken mit „biotic"-Materialien[2].

4.1.1.2 Weltraum- und Elektroniktechnologie

Die Autonomie der europäischen Wirtschaft (und die Vielfältigkeit an soziokulturellen Identitäten in Europa) wird zu einem großen Teil von der Fähigkeit der Europäer zu wissenschaftlicher und technologischer Innovation im Bereich der Weltraum- und Elektroniktechnologie abhängen. Angesichts des Ausmaßes technologischen Wandels, der für die nächsten 20 Jahre erwartet werden kann und des Umfangs der F & E-Investitionen, die benötigt werden, um „im Rennen zu bleiben" (Summen, die häufig die Möglichkeiten einzelner Länder übersteigen), sind von der Gemeinschaft beträchtliche, konkurrenzfähige und glaubwürdige Bemühungen gefordert. Der Ministerrat billigte vor einiger Zeit eine von der Kommission vorgelegte langfristige europäische F & E-Politik auf dem Gebiet der Informationstechnologie (das ESPRIT-Programm). Dies ist das Resultat einer über 18 Monate dauernden Vorbereitungsuntersuchung (langfristige F & E in der Informationstechnologie), die von FAST konzipiert wurde. Das ESPRIT-Programm ist eine wichtige Antwort auf den Bedarf an vorwiegend industrieller F & E.[3]. Die Bewilligung dieses Programms stellt natürlich einen enormen Fortschritt dar.

Weitere technologische und industrielle F & E-Programme, wenn auch bescheidenere als ESPRIT, sollten gefördert werden, insbesondere auf dem Gebiet von Robotern der 3. Generation (mit Bildanalysefähigkeiten). Um die dazu notwendigen Instrumentarien bereitzustellen, sollten die Möglichkeiten überprüft werden, ein modernes europäisches (oder von der Gemeinschaft getragenes) Zentrum für hochentwickelte Mikroelektronik zu schaffen. Die vorrangigen sozioökonomischen Ziele und Bedürfnisse, mit denen die F & E-Ergebnisse eng verknüpft sein sollten, bleiben zu definieren. Weiterhin sollten F & E-Programme für Bedarfsforschung gefördert werden, besonders insoweit es um neue Sprachen für spezifische Zwecke geht, die bisher von ihren Benutzern in oft ungeregelter Weise, zum Beispiel für Ausbildungszwecke entwickelt wurden. Dies ist im übrigen die Funktion der in Kapitel 2 beschriebenen Modellprojekte, die zentraler Bestandteil des unten beschriebenen Pfades 2 sind.

Sofern es schließlich um die Verknüpfung von Weltraum, Mikroelektronik und Telekommunikation geht, erscheint uns die Arbeit der Europäischen Raumfahrtbehörde (ESA) und im geringeren Maße der Europäischen Wissenschaftsstiftung eine Grundlage zu bilden, von der aus Initiativen der Gemeinschaft durch eine engere Beziehung zur F & E der Gemeinschaft, speziell im Bereich von Informationstechnologien, intensiviert werden können.

---

[2] Zum Beispiel die Empfehlungen der Sondereinrichtung für biotechnologische Information, gegründet von DG XIII – es ist dringend notwendig, daß staatliche Institutionen die Errichtung europäischer Datenbasen und -banken für „biotic"-Material forcieren, da der Markt zunehmend von US-Datenbanken erobert zu werden droht. Außerdem geht es um die ständige Beobachtung der integrierten Bodennutzung, die aus den Arbeiten von DG XII und DG VI abgeleitet werden.

[3] Vgl. Kap. 2 zur Erläuterung.

Pfad 2

Beitrag zum Entwurf und der Entwicklung von neuen Infrastrukturen für die neuen Dienstleistungen der nächsten 20 Jahre.

- Zu fördernde europäische Modellvorhaben:
    1. Zwei-Weg-Kommunikation: Interaktive Systeme (auf lokaler Ebene);
    2. das „verkabelte" Haus: für die neuen kollektiven Dienste;
    3. neue audio-visuelle Produktions- und Verteilungskanäle;
    4. die elektronische Straße Europas.
- Verstärkte Anstrengungen für den Fortschritt:
    5. Verfolgung der Vorschläge der Kommission in „Empfehlungen zur Telekommunikation";
    6. Entwicklung von INSIS und EURONET.
- Das Instrumentarium:
    7. Arbeitsgruppe für internationale Datenfernübertragung;
    8. Szenarien bezüglich der Telekommunikation in der Gemeinschaft für die nächsten 30 Jahre.
- Zu bildendes Grundlagen- und technisches Wissen:
    9. neue hardware/software Kombinationen (Spezifikation von Sprachen, Terminal − Netzwerk-Beziehung);
    10. Telekommunikation und Transport;
    11. die sozioökonomischen Determinanten der Entwicklung der Telekommunikation in Europa;
    12. europäische Datenbanken für „biotics";
    13. zukünftige Dienstleistungen.

4.1.2 Pfad Nr. 2

Die Prioritäten für Maßnahmen in diesem Bereich der Entwicklung von Infrastrukturen für zukünftige Dienstleistungen sind im Überblick dargestellt. Die gegenwärtige Rolle von F & E in der Gemeinschaft ist es, zum Entwurf und der Entwicklung von Infrastrukturen für neue Dienstleistungen der nächsten 30 Jahre beizutragen.

Im Gegensatz zu Pfad 1 und unter Berücksichtigung der Bedeutung langfristigen Bedarfs, den die Infrastrukturen für das 21. Jahrhundert darstellen, muß hier die Priorität auf experimentelle F & E-Projekte gelegt werden, um folgendes zu ermöglichen:

- die Erzielung eines besseren Verständnisses der Bedürfnisse von Benutzern neuer, durch neue Informations- und Kommunikationstechnologien ermöglichter Dienstleistungen und
- die Identifizierung möglicher Hindernisse, die auf der Ebene der Angebot − Nachfrage-Schnittstelle (z. B. Spezifikationssprachen) sowie im Bereich technischer Systeme (Terminal − Netzwerk-Beziehung) zu überwinden sind.

Es ist unerläßlich, die Zukunft des Dienstleistungssektors zu erforschen. Viele Indikatoren weisen darauf hin, daß ein erneutes Wachstum in den kommenden Jahren nur unter der Bedingung der Durchsetzung von Innovationen in den Dienstleistungsindustrien erzielt werden wird. Dies kann erreicht werden durch:

— die Schaffung einer neuen Generation von Kommunikations- und Infrastrukturen, (die effektive und kohärente Forschung, besonders auf europäischer Ebene, verlangen) und
— die Definition der Haupttrends der Entwicklung, die in Europa sowohl möglich als auch wünschenswert sind. (Dies beinhaltet zudem eine langfristige Forschungsperspektive in diesem Bereich.)

Für innovative F & E in der Gemeinschaft eröffnet sich ein enormes Aktionsfeld, dank der Erkenntnisse, die durch die Pilotprojekte gewonnen wurden, (deren europäischer Charakter sicherstellt, daß ihre Resultate einen höheren heuristischen und operationellen Wert haben). Es ist nun möglich, F & E-Bedarf in einer besseren Weise dadurch zu planen, daß er in einen Kontext mit industriellen sozialen und ökonomischen Strategien gestellt wird.

Es ist bekannt, daß die Schwierigkeiten, die die weitere Ausbreitung von audio-visuellen Kanälen verhindern, im Prinzip nicht technischer Natur sind. Dennoch könnte Technologie bestimmte Operationen und Funktionen erleichtern. Technik und technisches Wissen sind andererseits von unmittelbarer Bedeutung, insofern es um die „elektronische Straße" geht, d. h. um Bordinformationen über Straßenverhältnisse, verfügbare Dienstleistungen, Orte, die man passieren wird, etc. Aber allererste Priorität bei experimentellen Projekten besitzen das „verkabelte Haus" und die Zwei-Wege-Kommunikation besonders auf lokaler Ebene. Die Zukunft der in den nächsten 15 − 20 Jahren verfügbaren Dienstleistungen, ihre Art und Funktion, wird sicherlich teilweise davon abhängen, in welcher Weise unsere Handlungen zuhause und unsere Kommunikationen innerhalb der Stadt „verkabelt" sein werden.

Zwei „Instrumentarien" werden für dieses Forschungsfeld vorgeschlagen:

1. Die Bildung einer Arbeitsgruppe der Gemeinschaft für internationale Datenfernübertragung (DFÜ), deren ökonomische, politische und strategische Bezugspunkte in Kapitel 2 geschildert wurden. Die Aufgabe dieser Gruppe wäre die Klarstellung der Probleme und Optionen in diesem Bereich und die Anleitung von notwendiger technologischer Forschungen auf Gemeinschaftsebene.

2. Der Entwurf von Szenarien über Telekommunikation in der Gemeinschaft in den nächsten 30 Jahren, der in den Kontext anderer vorgeschlagener Forschungen zu stellen wäre − Telekommunikation und Transport, sowie die sozialen Determinanten der Entwicklung von Telekommunikation in Europa. Die Hersteller und Benutzer von Netzwerken und Dienstleistungen (besonders die Kernsektoren der Industrie und die öffentlichen Körperschaften der Telekommunikation), müssen aktiv in die Entwicklung der Szenarien eingebunden werden. Die Szenarien selbst sind deshalb außerordentlich hilfreich, weil sie es *inter alia* ermöglichen, die Wahl zwischen alternativen Entwicklungen, aus der Geheimhaltung technischer Ausschüsse heraus an die Öffentlichkeit zu bringen.

Pfad 3

Mit den Veränderungen in der Arbeitswelt Schritt halten und die Etablierung einer neuen Mensch−Maschine-Beziehung fördern.

− Das aufzubauende Grundlagen- und technische Wissen:
  1. flexible Fertigung, integrierte Produktionssysteme und Arbeitsorganisation;
  2. Steuerung, Wartung und Reparatur komplexer Systeme;
  3. F & E über Arbeitsplatzgestaltung;
  4. neue Sprachen in der Mensch−Maschine-Kommunikation;
  5. Forschung über „Multisektorale Systeme";
  6. Beschäftigung und Arbeit von Frauen in Europa und darauf bezogene Auswirkungen technologischen Wandels;
  7. die Zukunft der traditionellen Sektoren: Aussichten für ihre Erneuerung.
− Zu fördernde europäische Versuchsvorhaben:
  8. Mikroelektronik und ihre regionalen Implikationen („lokale" Nutzung, die Erfahrungen der Regionen Südeuropas);
  9. Alternativen zur Bildschirmarbeit;
  10. medizinische Selbstdiagnose.
− Die Instrumentarien:
  11. Euro-Forum: „Die Umwälzungen im Betrieb";
  12. Szenarien auf der Grundlage alternativer Modelle ökonomischer Entwicklung.
− Verstärkung gegenwärtiger Initiativen
  13. Entwicklung technologischer Instrumentarien (Datengewinnung, Sensortechnik, etc.);
  14. neue Technologien und Ausbildung.
  1.−4. = das gemeinsame, zentrale Problem dieser Punkte: Qualifikation

4.1.3 Pfad Nr. 3

Die Prioritäten für F & E-Maßnahmen in der Gemeinschaft sind darauf zu richten, mit der Veränderung in der Arbeitswelt Schritt zu halten und die Etablierung eines neuen Verhältnisses zwischen Mensch und Maschine zu erleichtern. Diese sind in dem begleitenden Überblick dargestellt.

Zu den Prioritäten gehört dabei die Ansammlung von Grundlagenwissen und entsprechender Technologie. Obwohl wir mit Aussagen und Hypothesen über die Mensch−Maschine-Beziehung überflutet werden und obwohl große globale Visionen hinsichtlich deren Veränderung und Zukunft existieren, bleibt das aktuell verfügbare Wissen über das Wesen der neuen Maschinen, der neuen Systeme und der neuen Netzwerke tatsächlich fragmentarisch und auf einige privilegierte Kreise beschränkt. Folglich haben wir nur wenige Vorstellungen über die Art der notwendigen F & E-Maßnahmen und darüber, in welchem Maße die

Produktforschung, auf die wir die Wissenschaft und die Industrie des letzten Jahrhunderts und der Nachkriegszeit zugeschnitten hatten, an die neuen wissenschaftlichen und technischen Daten, ebenso wie an neue ökonomische und soziokulturelle Bedingungen angepaßt ist. So wird zum Beispiel zunehmend deutlich, daß es zur Instandhaltung und Reparatur komplexer Systeme nicht ausreicht, die Organisation der Technik und das Funktionieren von Steuerungsmechanismen zu optimieren, um Pannen und Betriebsstörungen zu vermeiden.

Das gleiche gilt für automatisierte, integrierte Produktionssysteme und die Arbeitsorganisation; traditionelle F & E in der Ergonomie reicht nicht aus, die neuen Dimensionen des Verhältnisses zwischen Mensch, Maschine und Organisation zu begreifen. Das weite Feld der Forschung, das mit dem Begriff der „industriellen Beziehungen" beschrieben wird, benötigt in gleicher Weise eine profunde Erneuerung. Die Bemühungen einer solchen Forschung sollten den Betrieb als solchen, seine Natur, seine Dynamik, seine Funktionen und seine Ziele in den Vordergrund stellen.

Was auch nahegelegt werden soll, ist die Forschungsnotwendigkeit hinsichtlich neuer Sprachen in der Mensch–Maschine-Kommunikation einerseits und eines „Multisektoralen Systems" innerhalb eines sozioökonomischen Kontexts andererseits, dessen eigene Komplexität, Interaktionen mit und Abhängigkeit von Technik und von den momentan laufenden Arbeiten über Handhabungstechnologien anwachsen. In diesem Zusammenhang ist es wichtig, die mögliche Erneuerung der „alten" Sektoren zu berücksichtigen.

In bezug auf Untersuchungen messen wir außerdem der Evaluation von Veränderungen große Bedeutung bei, die in den Regionen Südeuropas durch eine Entwicklungspolitik für die Mikroelektronik-Industrie und durch „lokale" Nachfrage nach entsprechenden Gütern und Einkommen bewirkt werden könnte; gleiches gilt für den Vergleich zwischen Ländern der Gemeinschaft, die große Erfahrung auf dem Gebiet der Bildschirmarbeit oder der Heimarbeit für Männer und Frauen haben. Auch hier gibt es bedeutende F & E-Potentiale hinsichtlich benötigter „software" und „hardware", um im größeren Umfang wünschenswerte und mögliche sozioökonomische Zukunftsoptionen zu unterstützen.

4.1.4 Pfad Nr. 4

Die Prioritäten für Maßnahmen zur Anregung von Wissenschaft und Technologie als Hilfe für die Dritte Welt sind in dem entsprechenden Überblick abgebildet. Die gegenwärtige Aufgabe von F & E in der Gemeinschaft besteht darin, diejenige Wissenschaft und Technologie zu inspirieren und anzuregen, die notwendig ist, bestimmte zentrale Probleme der Länder der Dritten Welt zu lösen und zur Entwicklung ihrer lokalen und regionalen wissenschaftlichen und technischen Möglichkeiten beizutragen.

Von den fünf Pfaden ist dies derjenige, bei dem der Entwicklung von Instrumentarien absolute Priorität beigemessen werden muß. Es ist wenig wertvoll, fundiertes Wissen über alternative Methoden der Düngung, das in bestimmten

Pfad 4

Inspiration und Anregung der notwendigen Wissenschaft und Technologie zur Lösung zentraler Probleme der Entwicklungsländer und der Entwicklung ihrer endogenen wissenschaftlichen und technischen Möglichkeiten.

– Das Instrumentarium:
1. Hilfestellung bei der Entwicklung lokaler und regionaler Systeme und Forschungsnetzwerke;
2. Unterstützung der MINISIS von IDRC-Ottawa (Informationsbanken über F&E im Entwicklungsbereich) für UNESCO-MIRCEN Programme (Verbreitung von „biotic"-Materialien und Informationen) der CGIAR-Gruppe (Landwirtschaftsforschung) und der Projekte der UN-Universität;
3. Nutzung des „Gemeinsamen Forschungszentrums" der Europäischen Gemeinschaft für ad-hoc-Projekte;
4. Bildung einer ad-hoc-Struktur innerhalb der Dienste der Kommission zur Reflexion und Initiierung von Folgemaßnahmen in bezug auf Wissenschafts- und Technologiepolitik im „Rahmen von Lomé".
– Aufzubauendes Grundlagen- und technologisches Wissen Spezielle F&E-Programme für:
5. Landwirtschaft: Pflanzengenetik, Aquakultur, alternative Methoden der Düngung, Schutz von Getreide, Schutz anderer Produkte;
6. Kampf gegen die Ausbreitung von Wüsten: Wassernutzung, Wiederaufforstung von Dürrezonen;
7. lokale integrierte Energiesysteme;
8. Lebensraum und Urbanisierung.
– Vorausschauende Studien zu:
9. Automatisierung und neue internationale Arbeitsteilung;
10. Dienstleistungen des 21. Jahrhunderts und Entwicklungsländer;
11. Telekommunikation, DFÜ und die Rolle der Entwicklungsländer;
12. konventionelle und neue Biotechnologie und die Entwicklungsländer.
– Zu fördernde Modellvorhaben:
13. Das Erlernen von „Überlebenswissenschaften".

Ländern der Dritten Welt zweckdienlich wäre, in der nördlichen Hemissphäre anzusammeln, wenn andererseits an den Orten, an denen dies Wissen effektiver im Sinne der Interessen der lokalen Bevölkerung eingesetzt werden könnte, die notwendigen Voraussetzungen (institutioneller und organisatorischer Art, Know-how) fehlen.

Es gab bereits unzählige Initiativen, Maßnahmen und Programme in dieser Richtung, die von verschiedenen nationalen Regierungs- und privaten Organisationen getragen wurden. Wir erachten hier zum Beispiel die Arbeiten der

CGIAR (Consultative Group for International Agricultural Research) als besonders geeignet und einer vorrangigen Unterstützung wert.[4]

Aus dem selben Grunde messen wir den Methoden, die dem Erlernen einer „Überlebenswissenschaft" durch die Bevölkerung der Dritten Welt[5] sowie dem Erstellen langfristiger Studien dienen, größte Bedeutung bei. Global 2000[6] und die Reaktionen auf diesen bedeutenden Bericht haben deutlich demonstriert, daß in den Ländern der nördlichen Hemisphäre eine Tendenz besteht, globale Probleme, besonders aber diejenigen der Dritten Welt, zu unterschätzen. Es ist speziell Aufgabe der Europäischen Gemeinschaft, im Geiste der Lomé-Konventionen und der neuen Richtlinien, die bezüglich dieser Konventionen von der Kommission vorgeschlagen wurden, zu einer „ständigen Wachsamkeit" beizutragen und neue Maßnahmen zur Stimulierung von Innovation anzuregen.

Es gibt viele Gebiete, auf denen die Gemeinschaft die Ausarbeitung neuer Entwicklungsstrategien fördern könnte, angeregt durch eine langfristige Sichtweise der Chancen und Probleme der Entwicklungsländer. Es ist kein Zufall, daß sich unsere Vorschläge für eine vorausschauende Forschung wesentlich an Implikationen und Konsequenzen von Entwicklungen und langfristigen, wesentlichen Transformationen halten, die Gegenstand des Interesses der europäischen Länder im Rahmen der schon angeführten Orientierungen sein müssen. Die Antwort auf globale Probleme sollte im wesentlichen die grundlegende Option für langfristige Wissenschafts- und Technologiepolitik in Europa sein.

Deshalb betreffen zwei der vorgeschlagenen Instrumentarien die interne Organisation der Tätigkeiten der Kommission. Die Nutzung der Arbeiten des „Gemeinsamen Forschungszentrums" (Joint Research Centre) für *ad-hoc-Projekte* in enger Verbindung mit den Forschungszentren der Dritten Welt ist nicht nur wünschenswert, sondern möglich, da das „Gemeinsame Forschungszentrum" den notwendigen Sachverstand mitbringt. Eine weitere notwendige und wesentliche Bedingung für eine erfolgreiche Implementierung der ins Auge gefaßten Politik ist die Etablierung einer ad-hoc-Struktur innerhalb der DG VIII, die die Funktionen einer „reflektierenden" Einheit mit der Funktion einer „Management"-Einheit für Technologie- und Wissenschaftspolitik der Entwicklungsländer kombiniert.

4.1.5 Pfad Nr. 5

Die Prioritäten für Maßnahmen, die die Mitgliedsländer befähigen, den technologischen Wandel gemeinsam zu bewältigen, sind in dem zugehörigen Überblick dargestellt.

---

[4] Diese war 1971 von der Weltbank, der FAO und der UNDP gegründet worden und gab in den Ländern der Dritten Welt Anlaß zur Bildung von verschiedenen, internationalen Forschungszentren für die Entwicklung der wichtigsten Innovationen für Getreideanbau, Tierzucht, Tierhaltung, Pflanzengenetik und in der Bebauung dürrer oder halbdürrer Äcker.

[5] Ein Projekt dieser Art, gegenwärtig in Vorbereitung durch die UN-Universität, verdient die Unterstützung und das Interesse der Europäischen Gemeinschaft.

[6] Global 2000, Bericht an den Präsidenten der USA, 1980.

> *Pfad 5*
>
> Die Bereitstellung des notwendigen und unverzichtbaren Wissens für die Institutionen der Gemeinschaft zur Erleichterung einer gemeinsamen Steuerung des technologischen Wandels.
>
> — Durchzuführende europäische Untersuchungen:
>   Unter den laufenden Untersuchungen genießen Priorität:
>   1. der integrierte Umgang mit und die Nutzung von regenerierbaren Bodenressourcen;
>   2. das „verkabelte Haus": wie, für welche Leistungen (vor allem die neuen kollektiven Dienste), durch wen?
>   Ebenfalls erwähnenswert:
>   3. Entwurf und Entwicklung flexibler Werkstätten und integrierter Produktionssysteme;
>   4. kleine und mittlere Unternehmen und Informations- und Kommunikationstechnologien.
> — Das Instrumentarium:
>   5. Arbeitsgruppe ,GATCH' (General Agreements on Technological Change);
>   6. regelmäßige ad-hoc „hearings" des Europaparlaments;
>   7. Verstärkung der Kapazitäten von Verbrauchergemeinschaften zur Durchführung von F & E.
> — Notwendiges Grundlagen- und technologisches Wissen für Verhandlungen über technischen Wandel:
>   8. Nutzung der laufenden Arbeit von STS Programmen (Wissenschaft — Technologie — Gesellschaft) in den verschiedenen Mitgliedsländern;
>   9. Forschung bezüglich langfristiger Nachfrage nach:
>   — Information,
>   — Gesundheitsvorsorge,
>   — angepaßte Technologie,
>   — Haushalt,
>   — Bildung.

Die Mitgliedsstaaten der Gemeinschaft haben unterschiedliche Auffassungen über die Aufgaben der Gemeinschaftsinstitutionen und darüber, ob diese das Recht der Intervention haben oder nicht. Im allgemeinen werden Eingriffe in den Bereichen gewünscht, die in Krisen geraten sind oder vor Problemen stehen, die regulative Maßnahmen erfordern (Protektion gegenüber Dritt-Ländern, Organisation des europäischen Markts, etc.). Sie sind aber kaum erwünscht, wenn ein Land keiner Krise ausgesetzt ist und Maßnahmen als „Einmischung" verstanden werden könnten. Darüber hinaus wird im Zusammenhang mit den neuen Technologien eine Kooperation auf Gemeinschaftsebene oft als Vereinigung der Schwachen verstanden, demgegenüber eine Zusammenarbeit mit den USA oder Japan als Vereinigung mit den Starken angesehen wird.

Technologischer Wandel wird zunehmend zum Zentrum zahlreicher Konflikte, nicht nur unter Europäern, sondern auch zwischen Europäern, Amerikanern und Japanern. Wir treten deshalb in ein Zeitalter der Verhandlungen ein. Wir werden wahrscheinlich sehen, daß die Kooperation in der Gemeinschaft möglicherweise etwas anderes sein wird als eine Allianz der Schwachen, sofern die Institutionen der Gemeinschaft sich als fähig erweisen, durch einen vorausschauenden Ansatz gegenüber internationalen Problemen, die Mitgliedsstaaten auf gemeinsame Ziele verpflichten und demonstrieren zu können, daß die Verfolgung dieser Ziele konkrete Vorteile von großem Wert gegenüber vereinzelten Allianzen mit den starken Ländern mit sich bringen. Im einzelnen kann die Gemeinschaft eine aktive Rolle in diesem Prozeß spielen, aufgrund:

– ihrer Fähigkeit zur Analyse und zur Beurteilung von Problemen und Chancen und aufgrund
– ihrer Reputation und ihrer Vertrauenswürdigkeit, mit denen es möglich ist, nationale Administrationen und den privaten Sektor zu inspirieren.

Die zukünftige Bedeutung der Kommission wird in erster Linie von ihr selbst abhängen und von ihrer Fähigkeit, Vorschläge für innovative und zukunftsweisende Projekte voranzutreiben, beziehungsweise zu organisieren. Ein Beispiel ist die Entwicklung der Arbeitsgruppe GATCH (General Agreements on Technological Change), deren Aufgabe es sein könnte, die technologischen Konsequenzen für die internationale Arbeitsteilung[7] und die Veränderungen, die dadurch für die internationale Ökonomie und Handelsbeziehungen notwendig werden könnten, zu überdenken. Besonders die wissenschaftlichen und technologischen Aspekte von Gütern und Leistungen gewinnen zunehmend an Bedeutung, sowohl in ihrer spezifischen Rolle als Produkt als auch in ihrer strategischen Bedeutung. Die Verhandlungen über Warenhandel (besonders GATT), sowie wahrscheinlich zunehmend der Handel mit Technologien (deshalb unsere Vorschläge für GATCH) könnten so ebenfalls betroffen werden.

Da die Initiativen der Kommission glaubwürdig und durchschaubar sein sollen, sollten sie auch für die Beteiligten von direktem Wert sein (Wissenschaft, Industrielle und Gewerkschafter verschiedener Branchen, Konsumenten, staatliche Institutionen, etc.) Die Anwendung der Studien auf dem Gebiet von „STS" (Wissenschaft, Technologie, Gesellschaft) oder die Anregung von F & E durch Verbrauchervereinigungen entsprechen diesem letzten Punkt.

Von ganz anderer Art ist der Vorschlag, regelmäßige oder ad-hoc-Hearings zum Thema Wissenschaft und Technologie durch das Europaparlament organisieren zu lassen. Bezüglich dieses Vorschlags wäre es angemessen, auf Erfah-

---

[7] Die meisten Mitgliedsstaaten besitzen bereits – oder schaffen gerade – ein bedeutendes Instrumentarium für die Analyse technologischen Wandels, z. B. in Großbritannien das „Technical Change Centre", in Frankreich CESTA; außerdem SPRU (GB), WZB, ISI und ISO unter anderen in der Bundesrepublik, das Zentrum für Technologie und Politikstudien der TNO und STT in den Niederlanden, und das Institut für Sozialwissenschaft an der Technischen Universität Kopenhagen. Damit ist die Fortführung des europäischen Unternehmens einer rigorosen Grundlagenforschung und Identifizierung von Optionen möglich geworden.

rungen der fünf Hearings der Parlamentarischen Versammlung des Europarats sowie auf die Arbeit des House of Commons zurückzugreifen. In Frankreich finden neuerdings Fragen solcher Analyse- und Beurteilungsinstrumentarien mehr Berücksichtigung. In der Bundesrepublik sind sie wieder auf der Tagesordnung. Unser Vorschlag bezieht sich auf einen sehr viel kleineren Rahmen.

Schließlich sind die Modellprojekte eines der Schlüsselinstrumente, die Institutionen der Gemeinschaft in die Lage zu versetzen, über technologischen Wandel zu verhandeln. Durch diese Projekte kann die Gemeinschaft:

- ihr Verständnis für existierende Bedürfnisse ausbauen;
- neue Arten der Nachfrage erkennen und zum Ausdruck bringen;
- die notwendigen Kapazitäten für die Erforschung dieser neuen Nachfrage entwickeln und außerdem die Möglichkeiten der mittel- und langfristigen Bedarfsdeckung ermitteln und
- die Basis für Projekte sozialer und technologischer Innovation bereitstellen.

4.2 Die Organisation von F & E-Maßnahmen durch die Institutionen der Gemeinschaft

Drei Maßnahmen, die die Organisation von F & E-Tätigkeiten betreffen, werden vorgeschlagen. Aufgrund ihres Querschnittcharakters ergänzen sie die spezifischen Maßnahmen, die für die notwendigen Instrumentarien der fünf Hauptrichtungen vorgeschlagen wurden. Sie unterscheiden sich nicht nur durch die Bereiche, denen sie zugerechnet werden (Biotechnologie, Automations- und Informationstechnologie, die Beziehungen zwischen Wissenschaft − Technologie − Arbeit − Ausbildung), sondern auch durch institutionelle Ebenen. Die erste bezieht sich auf die Kommission; die zweite auf Operationen zwischen den Institutionen der Gemeinschaft; die dritte betrifft externe Institutionen, die aber von der Gemeinschaft gegründet wurden und von ihr finanziell abhängig sind.

1. Bildung eines Ausschusses für Biotechnologie (BIOCOM)
in der Kommission

Im Juni 1981, im Lichte des Fortschritts einiger FAST-Studien (Biogesellschaft, Studien über die Zukunft von Chemikalien in Europa, Studien über Biomasse, Beschäftigung und regionale Entwicklung) und der wachsenden Aufmerksamkeit für Biotechnologie in den Mitgliedsstaaten der Gemeinschaft, lenkten wir das Interesse auf die Notwendigkeit der Bildung einer Sondereinheit für wechselseitige Hilfe in Biotechnologie. Ein Ausschuß für Biotechnologie erscheint für die verschiedenen Dienste der Kommission, die von der Entwicklung der Biotechnologie direkt betroffen sind, zunehmend notwendig, um diese in den Stand zu versetzen:

— die Informationen und das Wissen auf diesem Gebiet zu koordinieren;
— neben der Identifikation von Problemen mit der Erörterung strategischer Fragen und Möglichkeiten für eine Gemeinschaftspolitik fortzufahren;
— notwendige Veränderungen gegenwärtiger Programme vorzuschlagen und
— Vorschläge im Rahmen einer Anzahl bestimmter strategischer Ziele für die Entwicklung der Biotechnologie in der Europäischen Gemeinschaft zu entwickeln, die für Verhandlungen zwischen den Mitgliedsstaaten und anderen Betroffenen in den Ländern der Gemeinschaft genutzt werden können.

2. Organisation eines inter-institutionellen Gemeinschaftsauftrags über die sozialen Konsequenzen und neue Bedürfnisse im Zusammenhang mit den neuen Automations- und Informationstechnologien (SCANFIT)

Je mehr die neuen Technologien sowohl innerhalb wie außerhalb der Arbeit das wirtschaftliche Leben durchdringen, desto bedeutender ist die Tatsache, daß unser Wissen über die sozialen Folgen und die durch diese Entwicklung neu entstandenen Bedürfnisse oft fragmentarisch und unangemessen bleibt. Man hat den Eindruck, daß die „wirklichen" Fragen nicht deutlich genug ausgesprochen werden. Einige der grundlegenden Fragen sind durch FAST-Projekte erörtert worden — über das Alltagsleben, die Möglichkeiten der Arbeitsplatzbeschaffung, den Transport, Interessenvertretung und Machtverteilung. Aber die eigentliche (und kontinuierliche) Beratung über soziale Konsequenzen und die neuen Bedürfnisse stehen noch aus.

Unter diesen Umständen erscheint uns eine umfassende Untersuchung über soziale Folgen und neue Bedürfnisse im Zusammenhang mit Automations- und Informationstechnologien angebracht, die von der Kommission in Verbindung mit dem Europaparlament, dem Ministerrat und dem Wirtschafts- und Sozialausschuß in Angriff genommen werden sollte. Diese sollten insbesondere versuchen, die verfügbaren Möglichkeiten der Mitgliedsländer zusammenzubringen und mit den Mitteln der Erhebung, statistischen Analysen, europäischen Seminaren und parlamentarischen Hearings diesen Fragen nachzugehen, und die gegenwärtigen oder möglichen Optionen für die Menschen in Europa zu identifizieren.

3. Nutzung der „Europäischen Stiftung" in Dublin und des „Europäischen Zentrums für die Förderung der beruflichen Bildung" in Berlin für Modellprojekte in den Bereichen Biologie und Sozialwissenschaften

Diese beiden noch jungen Institute haben bereits viel Erfahrung gesammelt, die nun in die Bemühungen der Europäischen Gesellschaft um die Beherrschung des technologischen und sozialen Wandels eingebracht werden können. Aufgrund ihrer Expertise, besonders auf dem Gebiet der Beziehungen zwischen Wissenschaft, Technologie, Beschäftigung und Arbeit, sowie ihrer institutionellen Ziele (die Förderung konkreter Feldforschung), haben sie in den kommenden Jahren im Bereich der Berufsausbildung und im Verhältnis von Mensch und Maschine, weniger durch theoretische und methodologische Studien als vielmehr via Pilotprojekte, die die gesellschaftliche Innovation (technologisch und sozial) betreffen, einen wichtigen Beitrag zu leisten.

Somit kann die Gemeinschaft zwei Instrumentarien „handlungsorientierten" Wissens anbieten, die genutzt werden sollten – dies um so mehr, da sie als Fokus der Kooperation (die manchmal schwer zu erreichen ist), zwischen wechselnden Sozialpartnern – wie etwa Industriellen, Gewerkschaftern, öffentlichen Institutionen und anderen Gruppen – fungieren kann.

4.2.1 Maßnahmen mit Bezug auf das wissenschaftliche Umfeld und den generellen sozioökonomischen Kontext

Wissenschaftliche und technologische Innovation findet in einem Kontext statt, in dem, in welcher Richtung auch immer, durch ökonomische, politische, institutionelle und soziokulturelle Faktoren eingegriffen wird. Außerdem ergeben sich immer unvorhergesehene Einflüsse, die manchmal höchste Bedeutung erlangen. Aus diesem Grund führt die F & E-Politik in jedem Mitgliedsstaat auch zu solchen Maßnahmen, die speziell der Anregung von wissenschaftlichen und technischen Potentialen, der Strukturierung von Forschung, der Mobilität von Forschern, Investitionen und verschiedenen Regelungssystemen zur Förderung von Innovation dienen. Auf diesem Gebiet muß die Gemeinschaft allerdings selektiv vorgehen, und deshalb ist es angemessen, nur die Maßnahmen zu erwähnen, die besondere Aufmerksamkeit verdienen:

- Ausbau der Mobilität der europäischen Forscher zur Durchführung einer begrenzten Anzahl von wissenschaftlichen und interdisziplinären ad-hoc-Projekten.
- Die internationale Regulierung der Patente im Bereich der Biotechnologie; es ist notwendig, daß die Europäer einen gemeinsamen Standpunkt zu diesem wichtigen Thema entwickeln.
- Die Einrichtung eines gemeinsamen Standards für Sicherheits- und Schutzbestimmungen (neue Nahrungsmittel, Biodigestion, Speicherung und Übertragung von Daten, etc.).
- Die Ausarbeitung einer Gemeinschaftspolitik in bezug auf die Regeln, die in Zukunft den internationalen Austausch von Dienstleistungen bestimmen werden (einem Sektor, der seit 1960 beständig anwächst). Wie, in welchem Ausmaß und auf welchen Gebieten ist es notwendig, seine „Liberalisierung" zu beschleunigen oder zu verlangsamen?
- Die „Drei-D"-Politik – die Förderung der Verbreitung des benötigten Wissens, sowohl im Sinne des Stands der Technik (der aktuellen wie der noch zu entwickelnden), als auch im Sinne der Identifizierung von Bedarf (gegenwärtige und zukünftige Nachfrage). Die Verbreitung des Wissens ist notwendig, um aus Forschungsanstrengungen Nutzen ziehen zu können und somit ebenso wichtig wie die Entwicklung und Durchführung der Forschungsarbeiten.
- Die Entwicklung einer Telekommunikationspolitik der Gemeinschaft.
- Die Einrichtung neuer Arbeitszeiten und -bedingungen, die den Bedürfnissen der Beschäftigten und der Industrie besser angepaßt sind und außerdem eine flexiblere Zeiteinteilung zwischen beruflicher Tätigkeit und Freizeit erlauben.

5 Versuch einer Synthese

Über die beschriebenen Veränderungen und Spannungen hinaus werden drei Tatsachen deutlich:

1. Wissenschaft und Technologie werden in den kommenden Jahrzehnten einen Bedeutungsgewinn erleben. Industrielle Tätigkeiten werden zunehmend verwissenschaftlicht und gegenwärtige wissenschaftliche Durchbrüche ebnen den Weg für profitable Aktivitäten: die Industrie wird verwissenschaftlicht, Wissenschaft wird industrialisiert. Zur gleichen Zeit und aus ähnlichen Gründen wird die Diskussion um technologischen Wandel, besonders auf dem Hintergrund der Beschäftigungsproblematik, zunehmend politisch.
2. In einer Reihe von Schlüsselsektoren sieht sich die europäische Industrie einer technologischen Überlegenheit ihrer Hauptkonkurrenten ausgesetzt. Obwohl ihre Qualität befriedigend ist, reflektiert die Forschung der Gemeinschaft zu oft Themen der Vergangenheit. Deshalb muß Europa gemeinsam große Anstrengungen zum Ausbau und zur Neuorientierung seiner F & E-Tätigkeiten unternehmen, um den gegenwärtigen Herausforderungen besser gerecht werden zu können.
3. Trotzdem garantiert die technologische Entwicklung von sich aus weder ökonomisches Wachstum und langfristige Konkurrenzfähigkeit, noch soziales Wohl von Unternehmen, Regionen oder Staaten. Alles wird von der Fähigkeit unserer Gesellschaftssysteme abhängen, den Prozeß des technologischen Wandels zu meistern. Wie kann Wissenschaft und Technologie in Europa so entwickelt werden, daß sie uns aus der Krise heraushilft, ohne die Spaltung und die Ungleichgewichte zwischen Unternehmen, Branchen, Regionen oder Einzelnen zu verstärken?

5.1 Eine neue Art von Krise

Während die 70er Jahre durch die Energiekrise gekennzeichnet waren, werden die 80er Jahre durch die Beschäftigungskrise charakterisiert sein. Außer dieser Verlagerung, die sich in politischen Reden ebenso zeigt wie auf internationalen Konferenzen und in den Medien, gibt es wahrscheinlich auch eine Veränderung in der Natur dessen, was wir „die Krise" nennen: es scheint sich dabei mehr um die „Software", weniger um die „Hardware" der Gesellschaft zu handeln, mehr um unsere (Un-)Fähigkeit zu verstehen und zu handeln, denn unsere Möglichkeit, physikalische Grenzen zu überschreiten oder materiellen Bedürfnissen zu begegnen.

In zunehmendem Maße ist die Anpassungsfähigkeit unserer Gesellschaften ebenso wichtig wie unsere industrielle und finanzielle Stärke, was vielleicht den Erfolg der Japaner in den letzten Jahren erklärt. Der Spielraum politischer Institutionen und anderer Akteure im Wirtschafts- wie im Sozialsystem ist bereits im Schwinden begriffen. In einer Reihe von Bereichen bauen sich Spannungen auf, die sich wechselseitig verstärken und uns auf verschiedene Weise dem Scheitern näher bringen:

— Spaltung zwischen reichen und armen Ländern — kann man sich die Erhaltung des status quo, mit seiner größer werdenden Kluft hinsichtlich des Lebensstandards vorstellen?
— Bruch im Gleichgewicht unserer Umwelt — Auslaugung oder Erosion des Bodens, Waldsterben, Ausbreitung von Wüsten, saurer Regen, Anreicherung der Atmosphäre mit Kohlendioxid, Verlust genetischer Vielfalt, Müll, etc.
— Zusammenbruch des internationalen Finanz- und Währungssystems — wenn die ganze Welt verschuldet ist, von wem und für wie lange wird dann die Zahlungsfähigkeit aufrechterhalten?
— Spaltung zwischen Mensch und Arbeit (durch Arbeitslosigkeit und Automation), zwischen einer produzierenden Gesellschaft und einer konsumierenden Gesellschaft und zwischen dem, was man lernt und dem, was man tatsächlich wissen muß.
— Ein Zusammenbruch der urbanen Stabilität, etc.

Unter diesen Umständen ist offenkundig, daß Wissenschaft und Technologie der Gemeinschaft zwar nur eine kleine, aber zunehmend entscheidende Rolle spielen können, namentlich die europäischen Gesellschaften in die Lage zu versetzen, ihre Anpassungsfähigkeiten an externe wie interne Herausforderungen zu vergrößern.

5.2 Radikale Veränderungen in der Arbeitswelt?

Die Arbeiten, die im Rahmen des FAST-Programms durchgeführt wurden, demonstrieren sowohl die Grenzen als auch die Chancen, die die aktuellen und zukünftigen technologischen Entwicklungen innerhalb der untersuchten Gebiete, besonders aber hinsichtlich des Beschäftigungsproblems und des Wachstums, mit sich bringen. Die Mitgliedsstaaten der Gemeinschaft werden während der nächsten 10 oder 15 Jahre mit Beschäftigungsproblemen größten Ausmaßes konfrontiert sein. Es ist sehr wahrscheinlich, daß 1985 das Niveau von 15 Millionen Arbeitslosen erreicht sein wird, und daß für bestimmte Regionen, wie für bestimmte gesellschaftliche Gruppen (Frauen, Unter- oder Unqualifizierte, Alte) der Zugang zum Arbeitsmarkt immer schwieriger, riskanter und unsicherer wird.

Arbeitslosigkeit ist nicht vollständig vermeidbar. Technologische Innovation kann (weil sie zu neuen Produktionsformen, neuer Arbeitsorganisation oder neuen Formen der Arbeitsteilung führen kann), sofern sie mit sozialer Innovation verknüpft wird (neue Besteuerungssysteme, flexiblere, offenere und variationsreichere Arbeitsbedingungen), zu einer radikalen Veränderung in der Natur der Arbeit beitragen: zu einer weniger starren Einteilung zwischen Arbeit auf der einen Seite (acht Stunden täglich in der Fabrik oder im Büro), und „Nicht-Arbeit" auf der anderen Seite (Freizeit, unbezahlte Tätigkeiten, etc.) und eventuell zu neuen Formen der „Vollbeschäftigung" führen, die besser an die technologischen, ökonomischen und sozialen Bedingungen, die am Ende dieses Jahrhunderts maßgebend sein werden, angepaßt ist. Hier und dort finden in Europa Modellversuche, besonders im Zusammenhang mit Informationstechnologie und Automation statt. Die europäische Forschung sollte mit Vorrang weitere Projekte vorantreiben, Vergleiche anzustellen und aus ihnen zu lernen. Die Realität ist davon jedoch noch weit entfernt.

5.3 Bereiche, die durch Innovation angekurbelt werden könnten

Wirtschaftliches Wachstum bringt für die Mitgliedsstaaten der Gemeinschaft, aus vielen Gründen und in vielfältigen Erscheinungsformen, auch beträchtliche Probleme mit sich. *Frühere Wachstumsmotoren* (Stahl-, Automobil-, Chemie-, Elektroindustrie) sind entweder völlig überholt, sorgen anderswo für Wachstum (wie etwa die Automobilindustrie), der Markt ist gesättigt (wie bei den Haushaltsgeräten) oder sie befinden sich in einer zunehmend verwundbaren Position (chemische Industrie).

Aktuelle und zukünftige Wachstumsmotoren (Mikroelektronik, Telekommunikation, Energieeinsparung, Dienstleistungen, Werkstoffe, Biotechnologie) werden ohne die erforderliche Nachdrücklichkeit und Geschwindigkeit kaum auf den Weg zu bringen sein (wie es für die verschiedenen Elemente des Weltraum−Elektronik-Komplexes der Fall ist). Wieder besteht die Gefahr, daß sie in den kommenden Jahren in Europa auf bestimmten Gebieten überhaupt nicht eingesetzt werden (dies könnte beispielsweise in bestimmten Schlüsselsektoren der Biotechnologie passieren).

Wie die Arbeitslosigkeit, ist auch die internationale Arbeitsteilung nicht festgeschrieben. Die bisherigen Beschäftigungsquoten der Europäer stammen ab von bestimmten Vorteilen, die Europa bisher hatte und weiter haben wird. Diese Vorteile werden aber, besonders bei technologischem Wandel, zunehmend unter Druck geraten. Dennoch gibt es keinen Grund, eine bestimmte Region oder eine bestimmte Branche aufzugeben. Sie kann nämlich zu einem offenen Feld für technologische Innovation werden. Dies trifft besonders für die Kraftfahrzeugindustrie zu („Roboterisierung" des Fertigungsprozesses, die Einführung von Mikroelektronik und neuen Werkstoffen in das Produkt). Das trifft auch für die chemische Industrie zu, wo eine Wettbewerbsstrategie der weiteren Steigerung schon vorhandener Überkapazitäten, Zweige der chemischen Industrie Europas − ähnlich der Stahlindustrie − zum Sorgenkind der 90er Jahre machen würde. Andererseits könnte eine Innovationsstrategie den Wandel der chemischen Industrie hin zu „chemischen Dienstleistungen" für die Teile der Wirtschaft vorantreiben, die sich gerade in einer Phase der Erneuerung oder Expansion befinden (Nahrung – Gesundheit; Energie – Landwirtschaft; Werkstoffe – Weltraum – Telekommunikation; Elektronik, etc.).

Ebenso wichtig ist, daß die notwendigen Forschungs- und Innovationsstrategien bald etabliert werden, daß sie die Rolle und Position aller Beteiligten berücksichtigen (kleinere und mittlere Betriebe, große Firmen, politische Institutionen, lokale Initiativen, soziale Gruppierungen) und daß sie sich nicht nur auf kurzfristige Verbesserungen zur Produktivitätssteigerung konzentrieren. Eine Neuorientierung der Innovationsmaßnahmen sollte zum Ziel haben, die Balance zwischen Prozeß- und Produktinnovation wiederherzustellen, außerdem ein Gleichgewicht zwischen der Entwicklung von Welttechnologien, wie dem Mikroprozessor (ein Produkt, das global angewandt werden kann) und der Entwicklung „lokaler" Technologien (so der Einsatz von Biomasse) zur Nutzung lokaler Ressourcen und Potentiale, herzustellen; und schließlich ein Gleichgewicht zwischen technischer und sozialer Innovation zu schaffen. Dies ist der Preis, der bezahlt werden muß, wenn Technologie einmal mehr ein Hebel für ökonomische und soziale Entwicklung werden soll.

5.4 Informationstechnologie: Die Kontrolle unseres „Nervensystems"

Die genannte Dualität ist aktueller Ausdruck der Notwendigkeit, sich ständig und gleichzeitig einer doppelten Herausforderung zu stellen — im Verhältnis zu den Konkurrenten stark zu sein und andererseits den internen sozialen Zusammenhalt zu erhalten. Für Europäer wird diese doppelte Herausforderung besonders durch die Informationstechnologie kritisch. Die Schlußfolgerungen des Berichts sind eindeutig: falls die Europäer die neue Informationstechnologie nicht sowohl im industriellen wie im sozialen Kontext handhaben können, kann weder das Überleben der europäischen Industrie im Rahmen der freien Marktwirtschaft, noch die Kontinuität Europas als sozialer Einheit, mittel- bis langfristig garantiert werden.

Die industrielle Seite dieser Herausforderung ist im großen und ganzen mittlerweile deutlich erkannt, auch wenn die Antworten noch auf sich warten lassen. Die soziale Herausforderung geht allerdings über die Sicherung des Privaten hinaus. Jede Gesellschaft, in der lediglich einige Priviligierte an der Förderung des gewaltigen Wandels durch die Informationstechnologie beteiligt sind, und in der weite Kreise von Menschen, große soziale Gruppen und Unternehmen sowie Regionen dieser Entwicklung passiv ausgesetzt sind oder außerhalb dieser Entwicklung stehen, ist eine Gesellschaft mit hohem sozialpolitischem Risiko. Viel hängt davon ab, wie diese technologischen Veränderungen, (die hier als unvermeidlich bezeichnet werden) vorbereitet und ausgeführt werden. Im Bereich von Beschäftigung deutet einiges daraus hin, daß — sofern es die Gemeinschaft betrifft — 4 – 5 Mio Arbeitsplätze in den kommenden zehn Jahren auf dem Spiel stehen in Abhängigkeit davon, ob neue Anwendungsbereiche für Informationstechnologie von den Europäern selbst oder aber von anderen entwickelt werden, und ob diese Anwendungsbereiche die Befriedigung authentischer Bedürfnisse versprechen oder nicht.

Das Problem geht allerdings über die Frage der Beschäftigung hinaus: können wir anderen die Aufgabe überlassen, die Produkte und Infrastrukturen zu gestalten und zu realisieren, die das „Nervensystem" unserer Gesellschaft ausmachen werden, mit all den ökonomischen, kulturellen und politischen Konsequenzen, die das impliziert? Der Entwurf, der Austausch, sowie die Umsetzung und Anwendung von Information muß von denjenigen und zu deren Nutzen bewerkstelligt werden, die sie letzlich gebrauchen. Wie sonst können wir Anspruch darauf erheben, die Zukunft zu meistern?

Das Aufkommen einer neuen, internationalen Informationsordnung setzt deshalb die technologische, industrielle und soziale Beherrschung der Produkte, Dienstleistungen und der entsprechenden Strukturen voraus, nicht nur um das Überleben der europäischen Industrie und Wirtschaft sicherzustellen, sondern ebenfalls, um die Autonomie der europäischen Gesellschaften zu garantieren – in kultureller, sozialer oder politischer Hinsicht. Europa ist aber noch weit von dieser notwendigen Beherrschung entfernt.

Es ist bedauerlich, daß diese Aspekte (die technologisch-industrielle und die soziale Herausforderung) so oft getrennt voneinander behandelt werden oder gar so, als ob sie konfligierende Ziele sein würden. Nur in dem Maße, in dem soziale und individuelle Bedürfnisse von Beginn an die Entwicklung neuer Technologien direkt beeinflussen, können diese zu einem mächtigen Wachstumsinstrument werden und sind in der Lage, zur Lösung bestimmter Probleme beizutragen, die z. B. mit Beschäftigung, Energiesicherung, wachsender landwirtschaftlicher Produktivität, Berufsausbildung, Kommunikation, dem Umgang mit Freizeit, etc. zusammenhängen.

5.5 Biotechnologie – keine Stärke ohne Einheit

Auch Biotechnologie eröffnet neue Wachstumsoptionen. Wie im Falle der Informationstechnologie, kann sie diejenigen Bedingungen verändern, die die internationale Arbeitsteilung und die Wettbewerbsfähigkeit durch Prozeßinnovation determinieren (neue Wege zu Insulin, Isoglykose, usw.) bestimmen. Vor allem aber gilt: durch einen langfristig gesicherten Zugriff auf eine Reihe fundamentaler Innovationen auf den Gebieten der Gesundheit, der Ernährung und Landwirtschaft, der Energie und Umwelt, werden die aktuellen Durchbrüche der Naturwissenschaften und der Biotechnologie neue Möglichkeiten für industrielle Veränderungen und Erneuerungen schaffen, die Entwicklung neuer Bereiche anstoßen, die auf neuen Produkten und neuen Anwendungsbereichen basieren und möglicherweise die Handelsbeziehungen zur Dritten Welt verändern. Die Innovationen werden zudem zentrale Fragen sozialer und ethischer Art aufwerfen, die den selektiven Eingriff in grundlegende Prozesse von Geburt, Leben, Tod und Handeln betreffen.

Die Analyse kann fortgesetzt werden: Dank der Fortschritte der Biotechnologie muß der Mensch immer mehr seine Verantwortung als „Biomanager", der sich der Balance und des Verhaltens lebender Systeme bewußt ist, erkennen, und zwar nicht nur im Labor, sondern vor allem im Weltmaßstab, wo immer größerer Bedarf an rechtzeitiger Antizipation entsteht.

Es gibt dabei zwei Hauptprobleme: die Vielfalt der technologischen Möglichkeiten, die eine Marktvorhersage problematisch macht und die noch nicht angemessen ausgebildete Fähigkeit, interdisziplinäre Anstrengungen großen Ausmaßes zu planen und durchzuführen. Diese zwei Schwierigkeiten könnten die derzeit in den Staaten Europas getrennt laufenden Anstrengungen zunichte machen. Die Entwicklung der Biotechnologie impliziert Risiken (sowohl finanzieller als auch industrieller Art) eines Ausmaßes, das gemeinsame Anstrengungen verlangt. Die Europäer waren zwar anfangs in einer guten Ausgangslage, aber es besteht die wachsende Gefahr, durch unangemessene Forschungsbemühungen an Boden zu verlieren, besonders im Vergleich mit dem Umfang und der Organisation der Initiativen und der Marktvorbereitung, wie sie in den USA und Japan unternommen werden. Die Forschungsbemühungen werden immer noch durch die Rivalität zwischen den Mitgliedsstaaten und das Fehlen einer koordinierten und zusammenhängenden strategischen Orientierung aufgehalten.

Die Gemeinschaft als solche nimmt offensichtlich in dieser Hinsicht eine Schlüsselrolle ein. FAST schlägt dafür einen ersten Schritt vor: die Entwicklung oder Verstärkung einer begrenzten Anzahl von gemeinsamen „Ressourcen-Zentren", oder dezentralen Gruppierungen zur Bildung eines „Netzwerks von Grundlagenkompetenzen". Jedes Mitgliedsland würde sich auf einige Bereiche spezialisieren und seine Schwerpunkte in diesen Feldern würde die Entwicklung als entsprechendes „Ressourcen-Zentrum" erleichtern; die Förderung des Personalaustausches und die Bildung einer ad-hoc-Zusammenarbeit für spezifische Problemlösungen würde die notwendige Interdisziplinarität sicherstellen.

5.6 Vom europäischen Warenmarkt zum Weltmarkt für Dienstleistungen

In gleicher Weise wird langfristig der Sektor der Dienstleistungen zweifellos der Motor für stabiles, neues Wachstum sein. Dieses Wachstum darf nicht nur in der Expansion bereits existierender Dienste bestehen, sondern vor allem in der Entwicklung einer neuen Generation von Dienstleistungen, die weitgehend aus technologischer und sozialer Innovation sowie der wachsenden „Tertiarisierung" der Produktion in fortgeschrittenen Industriegesellschaften resultieren (ein Phänomen, das durch den Satz „zukünftige Industrie wird intelligent sein, oder nicht existieren" ausgedrückt werden kann).

Dieser Trend wird für Europa eine gewaltige Herausforderung darstellen. Die Anzeichen einer internationalen Arbeitsteilung im Dienstleistungssektor sind erkennbar: in Europa benutzen wir bereits Datenbanken, Satelliten, Expertenwissen und Forschungsmöglichkeiten transatlantischen Ursprungs. Und wenn der Markt von morgen zu einem weltweiten Dienstleistungsmarkt wird, ist fraglich, welche Rolle Europa dann spielen wird.

Schon die Vorbereitungen für diese „Internationalisierung" der Dienstleistungen stellt die Gemeinschaft vor eine ganze Reihe von Herausforderungen. Die größte davon betrifft natürlich die Infrastrukturen der europäischen Telekommunikation. Wenn diese Infrastrukturen nicht schon bald entworfen und installiert werden, besteht die beträchtliche Gefahr, daß Europa nicht länger zu den zentralen ökonomischen Kräften des 21. Jahrhunderts gehören wird. Für mittel- und langfristige Wachstumspolitik heißt das, unverzüglich mit Planung und Umsetzung der europäischen Infrastrukturen für die nächsten 30 Jahre, besonders in den Bereichen Telekommunikation (auf dem viele der neuen Dienstleistungen basieren werden) und Transport zu beginnen.

5.7 Die Beherrschung des technologischen Wandels: Vorbereitung von Verhandlungen

Wissenschaft und Technologie erweitern somit die Optionen. Aber Ökonomien verhalten sich ähnlich wie Athleten: das Aufputschen mit Injektionen (z. B. mit Technologie) kann stimulierend sein – oder fatal. Das Verhältnis zwischen wissenschaftlichem und technologischem Fortschritt auf der einen Seite und der sozialen und wirtschaftlichen Entwicklung auf der anderen kann nicht auf ein Kräfteverhältnis reduziert werden bei dem die erste Seite die zweite dominiert. Obwohl mittlerweile weithin anerkannt, wird dieser Sachverhalt aber nur in wenigen Analysen, besonders ökonomischen, behandelt oder in der Wissenschafts- und Technologiepolitik berücksichtigt.

Diese Situation erscheint paradox insofern, als hinsichtlich des Markts und des sozialen Werts eines Produkts oder einer Dienstleistung, wissenschaftliche und technologische Aspekte mehr und mehr Bedeutung gewinnen. Wenn Technologie beginnt, an der „software" unserer Gesellschaft zu rühren (den Beziehungen zwischen Mensch und Maschine, Kommunikation, dem Verhältnis des Menschen zum Ökosystem), wird die einseitige Betonung nur einer Sichtweise immer weniger akzeptabel, (industriell versus sozial, regional versus weltweit, kurz- versus langfristig, etc.).

Die unterschiedlichen, betroffenen Akteure und Institutionen sind sich über die Art der Situation zunehmend im klaren. Sollten sie nicht deshalb der Frage des technologischen Wandels und entsprechender Verhandlungen – ob nun auf der Ebene von Unternehmen, Branchen, Regionen oder dem Staat – und der Frage der internationalen Arbeitsteilung mehr Aufmerksamkeit schenken? Zum Beispiel stoßen Verhandlungen über internationalen Handel an Fragen des Technologietransfers.

Bewegen wir uns daher in Richtung auf ein GATCH-Abkommen (General Agreement on Technological Change; Allgemeines Abkommen über technologischen Wandel) in Anlehnung an das GATT-Abkommen (General Agreement on Tariffs and Trade)?

Folglich sollten die öffentlichen Institutionen, die mit Wissenschafts- und Technologiepolitik beschäftigt sind, ihre Bemühungen auch in Richtung auf die Vorbereitung solcher Verhandlungen lenken: – durch die Vorbereitung von

Modellversuchen in Bereichen, in denen die Folgen technologischen Wandels unklar sind, ferner durch die Entwicklung einer technischen Kultur, die Verbreitung technischer Informationen und die Organisation von Diskussionsforen für die betroffenen Vertreter. Zweifellos sollte die Gemeinschaft auf ihren eigenen institutionellen Ebenen ebenfalls geeignete Maßnahmen ergreifen.

Daraus folgt, daß die Mobilisierung von Wissenschaft und Technologie für den Ausweg aus der Krise offensichtlich zu einer Hauptforderung wird, weil sie neue Freiheitsgrade schafft und Spielräume vergrößert: unsere Arbeiten auf dem Gebiet von Arbeit und Beschäftigung, Informations- und Biotechnologie sind weit davon entfernt, alle Felder und Probleme erforscht zu haben, aber sie zeigen dennoch, daß prinzipiell Möglichkeiten bestehen. Sie demonstrieren aber ebenfalls die Gefahr, diese Möglichkeiten nicht hinreichend auszuschöpfen und daß die europäischen Institutionen deshalb in dieser Hinsicht eine wichtige Rolle spielen müssen.

Tatsächlich ist die F & E-Politik der Gemeinschaft, die durch die Krise der 70er Jahre angeregt wurde, nur ungenügend auf die am Ende dieses Jahrhunderts bestehenden Probleme zugeschnitten. Deshalb ist eine Umorientierung und Erweiterung von F & E-Aktivitäten dringend erforderlich. Wir schlagen deshalb vor, daß F & E-Maßnahmen der Gemeinschaft:

- noch deutlicher auf die Herausforderungen bezogen sein sollten, denen sich die Gemeinschaft in den 80er Jahren gegenübersieht, eine Umorientierung, die verlangt, daß die Maßnahmen
- sich mehr auf die Dynamik von langfristigen Strukturveränderungen beziehen und
- offener gegenüber den jüngsten Entwicklungen in Wissenschaft und Technologie sein sollten.

Die F & E-Maßnahmen in der Gemeinschaft sollten in den kommenden Jahren unter Rückgriff auf fünf Hauptorientierungen ertragreicher gemacht werden:

1. Die Unterstützung und Stimulierung einer Konsolidierung und Erneuerung der industriellen Basis Europas um zwei Achsen: die Landwirtschaft – Chemie – Energie-Achse und die Weltraum-Elektronik-Achse.
2. Der Beitrag zum Entwurf und zur Entwicklung von Dienstleistungs-Infrastrukturen für die nächsten 30 Jahre.
3. Die Begleitung der Veränderungen in der Beschäftigung und die Etablierung eines neuen Verhältnisses zwischen Mensch und Maschine.
4. Die Inspiration und Stimulierung von Wissenschaft und Technologie, die für die Lösung einiger der zentralen Probleme der Dritte-Welt-Länder benötigt werden, sowie die Entwicklung ihrer eigenen wissenschaftlichen und technischen Möglichkeiten.
5. Die Ausstattung der Institutionen der Gemeinschaft mit dem notwendigen und unentbehrlichen Wissen, um eine gemeinsame Bewältigung des technologischen Wandels zu leisten.

Obwohl in qualitativer Hinsicht befriedigend, reflektiert die Forschung der Gemeinschaft noch zu sehr die Prioritäten, die der Vergangenheit angehören. Wenn sie die Beherrschung des industriellen und sozialen Wandels erreichen will, und die Gemeinschaft nicht in einem Untervertragsverhältnis für Technologie verharren und zu einer Region passiven Konsums verurteilt werden soll, muß Europa gemeinsam gewaltige Anstrengungen unternehmen, seine F&E Initiativen auszuweiten und neu auszurichten, um sie zu ihren eigentlichen Aufgaben zurückzuführen, nämlich Probleme zu antizipieren und Optionen zu eröffnen, statt nur auf externe Anstöße zu reagieren, Fehler zu korrigieren und Verzögerungen aufzufangen.

5.8 Schlußfolgerungen

Eine langfristige Wissenschafts- und Technologiestrategie der Gemeinschaft sollte sich auf industriellen Wandel im Kontext einer Ökonomie zunehmend globalen Zuschnitts, wie auf Probleme sozialer Transformationen beziehen, und dabei die Beschäftigungsproblematik und die Umwälzungen im Bereich der Arbeit an die erste Stelle setzen. Nur eine umfassende Politik, die industrielle, wissenschaftliche und soziale Komponenten integriert und die auch der Bildung und Ausbildung eine führende Rolle beimißt, kann Erfolg haben. Wandel ist ein globaler, sozialer Prozeß: seine verschiedenen Aspekte separat zu behandeln, ist der sicherste Weg, die Kontrolle über ihn zu verlieren.

Die Durchführung dieser Strategie ist umso dringender, als die nahe Zukunft für die Institutionen der Gemeinschaft nicht leicht sein wird. Der Handlungsspielraum der Gemeinschaft wird zunehmend unübersichtlich und stellt immer weniger den Bezugsrahmen für eine Strategieentwicklung der verschiedenen sozioökonomischen Gruppen (Unternehmer, Gewerkschafter, politische Institutionen, Vereinigungen, etc.) dar. Und die öffentlichen Institutionen ziehen sich manchmal, auch als ein Resultat der Krise, auf die Erhaltung oder Re-Etablierung der rechtlichen, finanziellen und institutionellen Ressourcen nationaler Politik und Verwaltung zurück, bevorzugen bisweilen aber doch im Sinne einer globalen Politik zu argumentieren. „Der Gemeinsame Markt" schrumpft oder expandiert somit je nach Gelegenheit. Die Arbeit von FAST betont die gefährlichen Bornierungen dieses Verhaltens für einige der untersuchten Felder, weil keine Gegend der Welt so interdependent ist wie Europa; weil ohne aktive Kooperation die Gefahr besteht, daß die Europäer zu passiven Konsumenten von anderswo entworfenen Produkten und Dienstleistungen werden und so die Kontrolle über ihr Schicksal verlieren (die Geschichte der Elektronik und der Informationstechnologie demonstrieren dies); und weil es im Grunde Politiken der Gemeinschaft gibt, die Berücksichtigung finden müssen.

Eine gemeinsame Entwicklungsstrategie für F&E erscheint somit als *natürlich, unumgänglich und unverzichtbar.* Die Arbeit von FAST zeigt im allgemeinen, daß die Länder Europas mit vier Hauptaufgaben konfrontiert sein werden, bei denen Initiativen auf europäischer Ebene als besonders sinnvoll erscheinen und der Europäischen Gemeinschaft eine neue „Übersichtlichkeit" geben könnten, um ihr eine wachsende ökonomische, politische und kulturelle Bedeutung zu verleihen. Die vier Aufgaben sind:

1. Ebnung des Wegs zur Veränderung der Unternehmen in ökonomischer, technologischer und sozialer Hinsicht in den kommenden Jahren. Ob es die Einführung neuer Technologien oder die Ausbildung sein wird, oder, wieder einmal, die Durchsetzung einer radikalen Veränderung in der Arbeitsorganisation, die Unternehmen werden im Zentrum des Wandlungsprozesses stehen. Das „Stimmungstief" des mittleren Managements, abnehmende Investitionsbereitschaft, eine rasante Entwicklung sogenannter alternativer Betriebe und die Krise der „traditionellen" Gewerkschaften sind nur die ersten Anzeichen dieser Veränderung.
2. Definition und Entwicklung einer gemeinsamen Infrastruktur der Gemeinschaft für die Dienstleistungen der nächsten 30 Jahre, um neues Wachstum zu ermöglichen. Allein die Vorbereitung dafür stellt die Gemeinschaft vor eine ganze Serie von Herausforderungen. Die wichtigste betrifft die europäische Infrastruktur für Telekommunikationssysteme.
3. Bewältigung der doppelten Herausforderung (technisch-industriell und sozial), die durch die weltweite Entwicklung neuer Informationstechnologien gestellt wird. Es ist bedauerlich, daß diese beiden Aspekte so oft getrennt voneinander behandelt werden, gerade so, als ob sie konfligierende Ziele widerspiegeln. Tatsächlich aber beeinflussen gesellschaftliche und individuelle Bedürfnisse von Beginn an direkt die Entwicklung neuer Informationstechnologien, so daß diese schnell zu mächtigen Wachstumsinstrumentarien werden und zur Lösung verschiedener Probleme beitragen können, die die Arbeitswelt, die Energieeinsparung, wachsende landwirtschaftliche Produktivität, die Berufsausbildung, die Kommunikation, den Umgang mit Freizeit, etc. betreffen.
4. Entwicklung eines Systems der integrierten Bodenbestellung und regenerierbarer Ressourcen, wobei *inter alia* die Möglichkeiten der Biotechnologie genauso genutzt werden sollten wie deren Kombination mit neuer Automations- und Informationstechnologie auf örtlicher, nationaler, kontinentaler oder globaler Ebene. In Zukunft wird immer mehr das Denken und das Handeln, nicht nur im Hinblick auf Produkte und Mengen, sondern auch im Sinne von Funktionen und Systemen (zum Beispiel das System der Proteinversorgung oder der Wasserkreislauf) immer wichtiger werden.

Diese Aufgaben setzen eine große Mobilisierung von Wissenschaft und Technologie in gemeinsamen Projekten auf europäischer Ebene voraus, und dies, insofern es wichtig ist, angesichts des Vorhersageproblems der in 15 oder 20 Jahren vermutlich vielversprechendsten „Nischen", die gesamte Anzahl technologischer Optionen offenzuhalten und in einer Reihe von Bereichen gleichzeitig Fortschritte zu erzielen. Dies übersteigt aber bei weitem die Möglichkeiten einzelner Mitgliedsstaaten, wie stark ihre Position auch immer sein mag.

Die Mobilisierung funktioniert nicht ohne Teilnahme an und Organisation von Verhandlungen über den sozialen und technologischen Wandel mit allen Betroffenen an den Orten, an denen die Probleme auftreten. Aufgrund dieser Bedingungen sind Wissenschaft und Technologie in der Lage, machtvolle Faktoren in der weiteren Entwicklung zu sein.

Anhang 1

Die Entscheidung des Rates vom 25. Juli 1978 über ein Forschungsprogramm der Europäischen Wirtschaftsgemeinschaft zur Vorausschau und Bewertung in Wissenschaft und Technologie (FAST).

(Indirekte Aktion)

1. Das Hauptziel des Forschungsprogramms ist, zur Festlegung langfristiger Forschungs- und Entwicklungs-Ziele und -Prioritäten der Gemeinschaft und damit zur Gestaltung einer kohärenten Wissenschafts- und Technologiepolitik auf lange Sicht beizutragen.

2. Die Arbeiten konzentrieren sich auf die folgenden drei vorrangigen Gebiete: Langzeitversorgung mit Ressourcen, technischer und struktureller Wandel auf lange Sicht sowie sozialer Wandel auf lange Sicht.

3. Damit das Ziel des Absatzes 1 erreicht werden kann, enthält das Programm drei Hauptaufgaben innerhalb der in Absatz 2 genannten vorrangigen Gebiete:

   a) Analyse der vorhandenen Forschungsaktivitäten im Bereich Vorausschau und Bewertung innerhalb und außerhalb der Gemeinschaft in ihrer Bedeutung für die Entwicklung der Wissenschafts- und Technologiepolitik der Gemeinschaft.

   b) Ermittlung der Aussichten, Probleme und möglichen Konflikte, die auf lange Sicht die Entwicklung der Gemeinschaft beeinträchtigen können, und Vorschläge von Alternativen für die gemeinschaftliche Forschungs- und Entwicklungs-Aktion, die zur Lösung oder Konkretisierung der genannten Punkte und Fragen beitragen. Die Untersuchungen gelten spezifischen Problemen, die ganz besonders den praktischen Bedarf der Gemeinschaftsinstitutionen und der Regierungen der Mitgliedstaaten betreffen; sie werden auf der Grundlage geeigneter Kriterien ausgewählt. So werden ausschließlich aktuelle oder langfristige Probleme von gemeinschaftlicher Bedeutung geprüft, die noch nicht anderswo vertieft wurden oder die mehrere Sektoren oder Disziplinen betreffen und deren Lösung zur Entwicklung der gemeinschaftlichen Politik als ganzer auf dem Gebiet von Wissenschaft und Technologie beitragen. Die Anpassung und Verbesserung der Vorausschau-Methoden findet dabei ebenfalls besondere Beachtung.

Quelle: Amtsblatt der Europäischen Gemeinschaften, Nr. L 225/40 vom 16. August 1978

c) Im Zusammenwirken mit den Mitgliedstaaten Errichtung eines Ad-hoc-Systems der Zusammenarbeit zwischen den spezialisierten Forschungs-gruppen innerhalb der Gemeinschaft und damit Schaffung einer Reihe von Prognosenetzen für die Gemeinschaft. Für das jeweils untersuchte Problem geschaffen und diesem besonders angepaßt, müssen die Progno-senetze so flexibel und zwanglos wie möglich sein. Sie müssen die doppel-te Funktion haben, einen aktiven Beitrag zu dem Programm zu liefern und durch Informationsaustausch und den Austausch von Forschern unter den beteiligten Zentren Anreiz zur Koordination zu geben.

Anhang 2

Der beratende Programmausschuß (Stand 15. 07. 1982) ist ein konsultatives Organ, das sich aus Vertretern der Regierungen der Mitgliedsstaaten zusammensetzt. Seine Aufgabe ist die Unterstützung der Kommission bei der Durchführung des Programms.

Belgien

Monsieur J. Bernard
Service de Programmation de
    Politique Scientifique
Rue de la Science 8
B-1040 Bruxelles

Monsieur R. Tollet
Bureau du Plan
Avenue des Arts, 47/49
B-1040 Bruxelles

Professor A. P. Frognier
CACS–UCL
Bat. J. Leclerc
1. Pl. Montesquieu
1348 Louvain-la-Neuve

Stellvertreter:

Madame Dubois
Service Programmation de
    Politique Scientifique

Professor Vanwormhoudt
Rijksuniversiteit Gent
Labo voor Electronica en Meettechniek
St Petersnieuwstraat 41
9000 Gent

Dänemark

Fuldmaegtig Vibeke Hein Olsen
Forskningssekretariatet
Holmens Kanal 7
DK-1060 Copenhagen K

Dr. E. Andersen
Økonomisch Institut
Studiestraede 6
DK-1455 Copenhagen K

Professor Arne Jensen
IMSOR
Bygning 349

Danmarks Tekniske Hoejskole
DK-Lyngby

Frankreich

Professor C. Burg
Conseiller d'Etat
Conseil d'Etat
Palais Royal
75100 Paris RP

Monsieur Michel Godet
CESTA (Centre d'Etudes des Systèmes et
    des Technologies Advancées)
5, rue Descartes
Paris 75005

Monsieur Jean Bernard
Assistant du Chef du
    Département des Programmes
Commissariat à l'Energie Atomique
23-33, rue de la Fédération
75015 Paris

Bundesrepublik Deutschland

Herr Helmut Schulz
Bundesministerium für Forschung und
    Technologie
Postfach 20 07 06
5300 Bonn 2

Herr D. E. Geissler
Programmgruppe Systemforschung und
Technologische Entwicklung (STE)
Kernforschungsanlage Jülich
Postfach 19 13
5170 Jülich 1

Herr O. Friedrich
Bundesministerium für Bildung
    und Wissenschaft
Postfach 20 01 08
5300 Bonn 2

Griechenland

Dr D. Agrafiotis
Director
Agence Scientifique et Technique
Ministère de la Coordination
32, rue Akademias
Athens

Irland

Mr Michael Manahan
Department of the Prime Minister
Dublin 2

Mr M. Healy
National Board for Science and Technology
Shelbourne House
Shelbourne Road
Dublin 4

Mr J. Roughan
The Economic and Social Research
    Institute
4, Burlington Road
Dublin 4

Stellvertreter:

Miss Helen Donoghue
Department of the Prime Minister
Dublin 2

Mrs Ursula Barry
National Board for Science and Technology
Dublin 4

Mr P. Daly
National Board for Science
    and Technology
Dublin 4

Luxemburg

Monsieur Pierre Seck
Membre du Conseil Luxembourgeois
    pour la Recherche Scientifique
9, rue de l'Ordre-de-la-Couronne-de-Chêne
L-Luxembourg

Italien

Dr L. Felici
Confindustria
Viale dell'Astronomia, 30
Rome

Dr Mario Raveggi
Pirelli S.p.A.
Centro Pirelli
Piazza Cadorna, 5
Milano 20 123

Dr Maurizio Rocchi
ISDRS/CNR
Via Cesare de Lollis, 12
00100 Rome

Niederlande

De Heer W. C. L. Zegveld
Hoofd van de Stafgroep
Strategische Verkenningen van de
    Centrale Organisatie TNO
Postbus 215
NL-2600 AE Delft

Ir A. C. Sjoerdsma
Directeur van de Stichting
    Toekomstbeeld der Techniek
Prinsessegracht 23
NL-2514 AP's-Gravenhage

Großbritannien

Professor Christoper Freeman
Science Policy Research Unit
Mantell Building
University of Sussex
Falmer
Brighton
Sussex BN1 9RF
Dr Peter C. Roberts
Department of the Environment
    and Transport
Room S 12/03
2, Marsham Street
London SW 1P 3EB

Dr Perry Goodman
Department of Industry
Abell House
John Islip House
London SW1P 4LN

Anhang 3

Forschungsprojekte und -teams

A) Arbeit und Beschäftigung

Projekte	Teams
(A1) Regionale Beschäftigungsperspektiven in Europa	Netherlands Economic Institute (NL) in Zusammenarbeit mit: Association Développement et Aménagement (F) Toegepast Natuurwetenschappelijk Onderzoek (NL) University of Malaga (E) SVIMEZ (I) Centre for Environmental Studies Ltd (GB)
(A2-CH) Perspektiven für die europäische chemische Industrie	Bureau d'Economique Théorique et Appliquée (F) Group d'Etude et de Recherche sur la Science de l'Université (F) in Zusammenarbeit mit: Centre d'Economie des Problèmes de L'Emploi et du Chômage (B)
(A2-C) Perspektiven für die Bauindustrie	Bureau d'Informations et de Prévisions Economiques (F)
(A2-R) Die Zukunft der Instandhaltungsindustrie	Associazione Italiana per la Ricerca Industriale (I)
(A2-E) Entwicklung der Umweltschutzindustrie	Joint Unit for Research on Urban Environment (GB) in Zusammenarbeit mit: Institut für Umweltschutz (D) Institut d'Urbanisme de Paris (F) Warren Spring Laboratory (GB) Geografisch en Planologisch Instituut (NL)
(A3) Biomasse, Regionen und Beschäftigung	General Technology Systems (GB) Operational Analysis Corporation (DK) Facultés Universitaires de Notre-Dame de Paix, Namur (B)

(A6) Einstellungen zur
Arbeit (Seminar)

Laboratoire de Prospective et de
Conjoncture (F)

(A7) Soziale Innovation
in den 80er Jahren
(Seminar)

Association Internationale Futuribles (F)

(A5) Produktivität und
Fortschritt

An Foras Taluntais (IRL)

(A4) Klein- und Mittelbetriebe:
Technischer Wandel und
Beschäftigung

Association pour la Recherche Economique
et Sociale en Europe (F)

(A8) Die Zukunft der
Beschäftigung im
Dienstleistungsbereich

Science Policy Research Unit (GB)
in Zusammenarbeit mit:
Istituto di Studi delle Relazioni Ind (I)

B) Die Informationsgesellschaft

(B1) Mikroelektronische
Innovationen im Kontext
der internationalen Ar-
beitsteilung

Battelle-Institut (D)

(B2) Das Arbeitsplatz-
beschaffungspotential
der Informationstechno-
logie

SEMA (F)
in association with:
International Systems Corporation of
Lancaster (GB)
IRIS (F)

(B3) Langfristige Optionen
und Vorhersagen für das
Transportwesen in Europa

Institute for Transport Studies,
University of Leeds (GB)

(B4) Interessenvertre-
tung und Machtvertei-
lung in einer Informa-
tionsgesellschaft

BIPE (F)
BISBALLE Plaenlaegning (DK)
in Zusammenarbeit mit:
Telecommunications Directorate (DK)

(B5) Die Auswirkungen
der Informationstechno-
logie auf das Alltags-
leben — Arbeit, Freizeit,
Transport und Kommuni-
kation

Laboratoire d'Economie des Transports,
Université de Lyon (F)
Centre des Etudes Sociologiques, Paris (F)
National Board for Science and
Technology (IRL)

(B6) Verteilung von
Nutzen und Risiken im
Zusammenhang mit Anwen-
dungen der Mikroelektronik

Manchester Business School (GB)

Projekte	Teams
(B7) Mensch—Maschine-Beziehungen — Gefahren und Auswege	Machine Intelligence Research Unit (GB)

C) Die Biogesellschaft

Projekte	Teams
(C1-1) Eine Gemeinschaftsstrategie für europäische Biotechnologie (Symposium — Seminar)	Dechema (D) for the European Federation of Biotechnology
(C1-2) Biotechnologie in der Produktion chemischer Ausgangsstoffe und abgeleiteter Produkte	International Research and Development Co Ltd (GB)
(C1-3) Proteine — mögliche Auswirkungen und Entwicklungsstrategien für Biotechnologie in europäischen Nahrungsmittelsystemen	Association Promotech (Institut National Polytechnique de Lorraine) (F)
(C1-4) Gemeinschaftsstrategie für Biotechnologie: Analyse für die Biotechnologie relevanter wissenschaftlicher Disziplinen	Technology Policy Unit (GB) in Zusammenarbeit mit: Gorlaeus Laboratory, Chemistry and Society Programme (NL)
(C1-5) Informationstechnologien in der Entwicklung der Biotechnologie (Bioinformatik)	eigenes Projekt
(C2) Implikationen für Arbeitskräfte und deren Ausbildung durch die Ausbreitung biotechnologischer Industrie (Symposium—Seminar)	Société de Chimie Industrielle (F) for the European Federation of Biotechnology

(C3) Soziale Akzeptanz
der Biotechnologie

(C6) Soziale und poli-
tische Entscheidungs-
möglichkeiten, die
durch Fortschritt in
der Biotechnologie ge-
schaffen werden

eigene Projekte

(C4-1) Proteine — Im-
plikationen der Bio-
technologie für die
Entwicklungsländer und
den internationalen Handel

Centre de Recherche en Gestion
Internationale (B)

(C4-2) Implikationen
der Biotechnologie für
die Dritte Welt

Conservatoire National des Arts et
Métiers, Centre Science—Technologie—
Société (F)

(C5-1) Technologische Vorhersage von Downstream-
Prozessen in der Bio-
technologie

University of Manchester, Institute
for Science and Technology (GB)

(C5-2) Detoxifizierung
als therapeutische
Technik — Probleme und
Perspektiven

Assoreni (I)

(C7) Umwelt-Biotechno-
logie — Zukunftsper-
spektiven (Seminar)

Society of Chemical Industry (GB)
for the European Federation of
Biotechnology

Weitere Projekte

---

(1) Industrielle Spe-
zialisierung in europä-
ischen Ländern vor und
nach 1973

Centre d'Etudes Prospectives et
d'Informations Internationales
(CEPII) (F)

(2) Die europäische
Automobilindustrie —
Zukunftsprobleme und
F & E-Optionen

Georg Koopmann, Institut für
Wirtschaftsforschung (IWF) (D)

Projekte	Teams
(3) Widerstand gegen technologischen Wandel	Jean-Jacques Salomon, Conservatoire National des Arts et Métiers (F)
(4) Vorhersagen von und für Regierungen	Association Internationale Futuribles (F)
(5) Neue Informationstechnologie und Beschäftigung von Frauen	Science Policy Research Unit, University of Sussex (GB)
(6) Langfristige Wirtschaftszyklen und ihre Implikationen für Wissenschafts- und Technologiepolitik	Societé Internationale des Conseillers de Synthèse (F)

Anhang 4

FAST – Publikationen

Die FAST Publikationen können in vier Kategorien unterteilt werden:

1. FAST Dokumente (FD). Dieses sind Berichte und Dokumente, die als Referenzpunkte für das Programm dienen. Sie sind erhältlich bei FAST.
2. Reihe FAST (FS). Sie wird in der Reihe Wissenschafts- und Technologiepolitik der Kommission der Europäischen Gemeinschaft publiziert und ist in Buchhandlungen und bei den Verkaufsstellen der EG erhältlich, kann aber auch direkt bei FAST bezogen werden.
3. FAST Arbeitspapiere (FOP). Diese hektographierten Schriften sind bei FAST erhältlich.
4. Bücher, Berichte und Artikel, die von verschiedenen privaten und öffentlichen Herausgebern publiziert wurden. Diese Publikationen sind allgemein im Buchhandel erhältlich.

Die Publikationen werden nachfolgend gemäß den vier Kategorien aufgelistet.

FAST Dokumente

Diese Schriften sind ebenfalls in Französisch verfügbar.

FD 1   "The Fast mandate", 1978, 3 Seiten.
FD 2   "FAST, research activities", EUR 7102, 1980, 30 Seiten.
FD 3   "FAST, Subprogramme work and employment, research activities", EUR 7103, 1980, 61 Seiten.
FD 4   "Fast, Subprogramme information society, research activities", EUR 7104, 1980, 54 Seiten.
FD 5   "FAST, Subprogramme bio-society, research activities", EUR 7105, 1980, 56 Seiten.
FD 6   "The FAST programme", 1982, Band 1: "Results and recommendations", 278 Seiten; Band 2: "Summaries of the 36 research projects", 113 Seiten.
FD 7   "The evaluation of the community programme on forecasting and assessment in the field of science and technology (FAST)", EUR 8274, 1982, 100 Seiten.
FD 8   "Appraisal of the FAST programme by the Advisory Committee for Programme Management", 1983, 65 Seiten.

Reihe FAST

FS 1   CEPII, "Industrial specialization in twelve European countries before and after 1973", 1980, 72 Seiten; auch in Französisch erhältlich.
FS 2   BETA-GERSULP, "Perspectives de la chimie en Europe", Bericht eines Seminars in Strassburg, 2.–4. April 1981, 1981, 177 Seiten.

FS 3   Olav Holst, "European transport: crucial problems and research needs, a long-term analysis", 1982, 107 Seiten.
FS 4   Jay Gershuny, Ian Miles, "Service employment: trends and prospects", 1982, 194 Seiten.
FS 5   EUROCONSTRUCT, "Les innovations potentielles dans le bâtiment en Europe et leurs conséquences sur l'emploi", 1982, 178 Seiten.
FS 6   B. Atkinson, P. Sainter, "Technological forecasting for downstream processing in biotechnology, phase 1; criteria for successful developments in product recovery operations", 1982, 75 Seiten.
FS 7   P. Sainter, B. Atkinson, "Technological forecasting for downstream processing in biotechnology, phase 2; process and unit operation development needs", 1983, 112 Seiten.
FS 8   R. Allport, K. Gwilliam, "Long-term options and forecasts for transport in Europe: summary report", 1983, 100 Seiten.
FS 9   D. Kopec, D. Michie, "Mismatch between machine representation and human concepts: dangers and remedies", 1983, 200 Seiten.
FS 10   P.A. Mercier, F. Plassard, V. Scardigli, " Vie quotidienne et nouvelles technologies de l'information", 1983, 137 Seiten.
FS 11   J.P. Barbier, W. Riblier, "Nouvelles technologies de l'information et création d'emplois: les équipements de la maison du futur", 1983, 106 Seiten.
FS 12   W. Riblier, J.P. Barbier, "Nouvelles technologies de l'information et création d'emplois: l'industrie audio-visuelle", 1983, 96 Seiten.
FS 13   Iain Perring, "Information technology and job creation; software and the software industry", 1983, 129 Seiten.
FS 14   C. Buydens, F. Louveaux, G. Schepens, "Biomasses et régions: rapport de synthèse", 1983, 85 Seiten.
FS 15   M.A. Farget, "Valorisation énergétique de la biomasse d'origine agricole", 1983, 121 Seiten.
FS 16   J.P. Barbier, R. Barnett, I. Perring, W. Riblier, "The potential of information technology for job creation: synthesis report", 120 Seiten.
FS 17   Marc Choplet, Elisabeth Gabillard, Corinne Hermant-Barchechath, "Le micro-ordinateur: eléments prospectifs", 1983, 200 Seiten.
FS 18   F.E. Joyce et al. "The environmental industry in the EEC: Employment and research and development in the next decade", 100 Seiten.

FAST Arbeitspapiere

FOP 1   Mark Cantley, "Biotechnology: what will it change?", 1980, 20 Seiten.
FOP 2   Roland Hübner, "New information and communication technology", 1980, 20 Seiten.
FOP 3   CONSULTRONIQUE, "Assessing future trends in the information handling industry for job creation evaluation", 1980, 121 Seiten.
FOP 4   G. Koopmann, "R&D options concerning future problems of the European car industry", 1981, 85 Seiten.
FOP 4A   Riccardo Petrella, Olivier Ruyssen, "L'industrie automobile en mutation", 23 Seiten.
FOP 5   ISCOL, SEMA, "The potential of information technologies for job creation; report on the first phase", 1981, 284 Seiten.
FOP 6   Olav Holst (Hrsg), "The potential of information technologies for job creation; report on a workshop", 1981, 53 Seiten.
FOP 7   Riccardo Petrella, "The practice choice and assessment — The FAST programme", 1981, 17 Seiten.
FOP 8   Roland Hüber, "Technology trade and industrial strategies", 1981, 25 Seiten.
FOP 9   Olivier Ruyssen, "Les carburants alternatifs", 1981, 20 Seiten.
FOP 10   GTS, "Energy from biomass technologies: state of the art review", 1981, 43 Seiten.
FOP 11   GTS, "The distribution of biomass opportunities in the European regions", 1981, 50 Seiten.

FOP 12   C. Buydens, G. Schepens, "Etude d'impact sur le développement régional et l'emploi d'une activité énergétique de la biomasse", 1981, 36 Seiten.

FOP 13   C. Buydens, G. Schepens, "Evaluation de la rentabilité de l'impact régional des procédés de valorisation de la biomasse–synthèse", 1981, 120 Seiten.

FOP 14   GTS, "Biomass and regions; regional case study, Scotland", 1981, 170 Seiten.

FOP 15   Hugues de Jouvenel, "La recherche prospective par et pour les pouvoirs publics", 1982, 54 Seiten.

FOP 16   I.J. Boeckhout, W.T.M. Molle, "Technical change, location patterns and regional development", 1982, 163 Seiten.

FOP 17   ISCOL, "Continuing education and information technology: needs and opportunities", 1981, 174 Seiten.

FOP 18   OAC, "Biomass and regions: regional case study, Denmark", 1982, 180 Seiten.

FOP 19   OAC, "Biomass and regions: regional case study, Midi–Pyrénées", 1982, 75 Seiten.

FOP 20   C. Buydens, G. Schepens, "Biomasse et régions: étude de cas Belgique, introduction", 1982, 86 Seiten.

FOP 21   C. Buydens, G. Schepens, "Biomasse et régions: étude de cas Belgique; le région Limoneuse", 1982, 130 Seiten.

FOP 22   C. Buydens, G. Schepens, "Biomasse et régions: étude de cas Belgique; Les Ardennes", 1982, 71 Seiten.

FOP 23   C. Buydens, G. Schepens, "Biomasse et régions: étude de cas Belgique; conclusions", 1982, 17 Seiten.

FOP 24   C. Buydens, G. Schepens, "Biomasse et régions: étude de cas Pouilles", 1982, 155 Seiten.

FOP 25   Roger Allport, Ken Gwilliam, "Long-term options and forecasts for transport in Europe", 1982, 284 Seiten.

FOP 26   Ken Sargeant, "Notes on three French biotechnology reports; a review paper", 1982, 50 Seiten.

FOP 27   ISCOL, "Information technology and job creation potential; synthesis of specific studies: conclusions and recommendations", 1982, 73 Seiten.

FOP 28   BETA–GERSULP, "Les perspectives de la chimie en Europe", 1982, 240 Seiten.

FOP 29   R. De Schutter, M. Stroobants, "Les perspectives d'emploi dans la chimie Européenne", 1982, 250 Seiten.

FOP 30   J.R. Cuadrado, J. Aurioles, V. Granados, "PRESTO project; case study, Andalusia", 1982, 234 Seiten.

FOP 31   W. Molle, "Prospects of regional employment and scanning of technological options (PRESTO): synthesis", 1982, 95 Seiten.

FOP 32   G. de Gregorio, "Maintenance and repair activities, main report", 1982, 97 Seiten.

FOP 33   Olivier Ruyssen (Hrsg.) "Maintenance and repair activities, case studies", 1982, 96 Seiten.

FOP 34   *Futuribles:* "Innovation et emplois nouveaux", 1982, 95 Seiten.

FOP 35   G. d'Ambrosio, "L'occupazione del terziario", 1982, 42 Seiten.

FOP 36   Daniel Baroin, Patrick Fracheboud, "Recherches sur les déterminants de l'emploi: le rôle des PME", 1982, 174 Seiten.

FOP 37   Sean Cooney, "Productivity, progress and innovation", 1982, 410 Seiten.

FOP 38   Bisballe Planlaegning, "Representation and sharing of power in an information society", 1982, 69 Seiten.

FOP 39   BATTELLE (R. von Gizycki, F. Schubert), "Microelectronic innovations in the context of international division of labour", 1982, 202 Seiten.

FOP 40   Mark Cantley, Ken Sargeant, "Bio-Feedback: contributions from the FAST Biosociety network towards a Community strategy for European biotechnology", 1982, 170 Seiten.

FOP 41   R. Crott, "The EEC policy on isoglucose; a case study of a rapidly growing field of biotechnology, its history, development and commercial opportunities", 1982, 116 Seiten.

FOP 42   F. Prakke, E.J. Tuininga, G.A. Fahrenkrog, "Technology and economic development ", 1981, 141 Seiten.

FOP 43   J.I. Gershuny, I.D. Miles, "The future of service employment in Europe", 1982, 309 Seiten.

FOP 44   D. Parkinson, "Monoclonal antibodies: another success for biotechnology?", 1981, 165 Seiten.

FOP 45   Promotech, "Impacts prévisibles et stratégies de développement de la biotechnologie dans les filières agro-alimentaires Européennes: cas des filières protéiques", 1982, 43 Seiten.

FOP 46   Patrick Rousseau, "Impacts prévisibles du développement des biotechnologies sur les pays en voie de développement et sur les échanges avec l'Europe", 1982, 135 Seiten.

FOP 47   NEI, "Prospects of regional employment scanning of technological options (PRESTO) – regionalized scenarios", 1982, 95 Seiten.

FOP 48   SVIMEZ, "Technological progress and development–prospects in the mezzogiorno in the 80s", 1982, 122 Seiten.

FOP 49   BETA–GERSULP, "The prospects for chemistry in Europe", Seminar am 2. und 3. April 1981, 1981, 216 Seiten.

FOP 50   EFB, "Environmental biotechnology: future prospects", Band I (Kurzbericht), 1983, 50 Seiten.

FOP 51   EFB, "Environmental biotechnology: future prospects", Band II (Zentraler Informationsbericht), 1983, 250 Seiten.

FOP 52   H. Blachère (Hrsg.), "Manpower and training implications of the expansion of biotechnology-based industries", 1982, 180 Seiten.

FOP 53   Bernard Morel, "L'evolution des attitudes envers le travail" (Zusammenfassender Bericht vom Marseiller Kolloquium), 1983, 200 Seiten.

FOP 54   Chris Zmroczek, Felicity Henwood, "New information technology and women's employment", 1983, 160 Seiten.

FOP 55   Jean-Jacques Salomon (Hrsg.), "L'impact des biotechnologies sur le tiers-monde", 1983, 300 Seiten.

FOP 56   Paul Hanappe, Augustin Antunes, "Technologie, emploi et régions: trois scénarios pour l'Europe", 1981, 110 Seiten.

FOP 57   T.A. Broadbant, R.A. Meegan, "New technology and employment change in older industrial regions; a case study on West Midlands and Scotland", 1983, 110 Seiten.

FOP 58   Z. Towalski, "Biotechnology patents: a quantitative indicator of activity?", 1982, 180 Seiten.

FOP 59   Dechema, "Biotechnology in Europe", 1981, 260 Seiten.

FOP 60   J. Queron, J.P. Quentin, "Mouvements économiques de long terme et politique de l'innovation", 1982, 240 Seiten.

FOP 61   J. Carson, "Microbiology: a scientometric analysis", 1981, 100 Seiten.

FOP 62   Mark Cantley, K. Sargeant, "A Community strategy for biotechnology in Europe", 1983, 60 Seiten.

FOP 63   "Biotechnology in Greece, opinions and developments", 1983, 50 Seiten.

FOP 64   Riccardo Petrella, "Les changements dans l'environnement externe de la R&D: la dimension Européenne", Jahreskonferenz 1983, EIRMA, 23 Seiten.

FOP 65   Riccardo Petrella, "Science et technologie: implications et enjeux pour l'Europe", 1983, 13 Seiten.

Bücher, Berichte und Artikel

1 *Futuribles:* "Europe: the challenges of the future", Zusammenfassung der Vorträge und Diskussionen auf dem 3. Europäischen Workshop über Zukunftsstudien, Arc-et-Senans, 19.–22. September 1979.[1]

---

[1] Auch in Französisch erhältlich.

2 Michel Godet, Olivier Ruyssen, "The old world and the new technologies", *European Perspectives*, Kommission der Europäischen Gemeinschaften, Luxemburg, 1981.[2]

3 Riccardo Petrella, "Modernisme et expérimentation sociale", in "L'université et la région", Bildungsministerium, Belgien, 1981, 20 Seiten.

4 Mark Cantley, Olav Holst, "Europe in a changing world: open society or purposeful system?" in J. P. Braun (Hrsg.) *IFORS '81* (North-Holland, 1981).

5 Jean-Jacques Salomon, "Le résistance au changement technique", in *Collection Futuribles* (Paris, Pergamon Press, 1981).

6 Mark Cantley, Ken Sargeant, "Biotechnology: The challenge to Europe", *Revue d'Economie Industrielle, 18*, 4. Trimester, 1981, 15 Seiten.

7 Olav Holst, "A long-term analysis of transport in Europe: some implications for transport policy and research", *European Journal of Operational Research*, 11, 1982, Seite 26–34.

8 Niels Bjørn-Andersen, Michael Earl, Olav Holst, Enid Mumford (Hrsg.) "Information society: for richer, for poorer", ausgewählte Papiere der FAST-Konferenz zur Informationsgesellschaft, London. 25.–29. Januar 1982 (North-Holland, 1982).[3]

9 Liam Bannon, Ursula Barry, Olav Holst (Hrsg), "Information technology: impact on the way of life", Auswahl von Papieren der EWG-Konferenz zur Informationsgesellschaft, 18.–20. November 1981, Dublin (Dublin, Tycooly International Publishing, 1982).[3]

10 Elvio Mantovani, Walter Marconi, Rosanna Mosti, *Aspects of Biomedicine: Progress and Perspectives of Blood Detoxification* (London, Frances Pinter, 1982).[3]

11 Jonathan Gershuny, Ian Miles, *The New Service Economy* (London, Frances Pinter, 1983).[3]

12 D.F. Gibbs, M.E. Greenhalgh, *Biotechnology, Chemical Feedstocks and Energy Utilization* (London, Frances Pinter, 1983).[3]

13 R.V. Gizycki, I. Schubert, *Microelectronics: A Challenge for Europe's Industrial Survival* (R. Oldenbourg Verlag, 1984).[3]

14 K.W. Grewlich, F.H. Pedersen, "Power and participation in an information society", Luxemburg, Kommission der Europäischen Gemeinschaft, 1984.

15 D. Behrens, K. Buchholz, H.J. Rehm, "Biotechnology in Europe – a Community strategy for European biotechnology", Dechema, 1983.[3]

---

[2] Auch in Dänisch, Holländisch, Französisch, Deutsch, Italienisch, Portugiesisch und Spanisch erhältlich.

[3] Erhältlich in der FAST-Bibliothek.